人工智能应用技术研究系列

人工智能与作物生产深度融合关键技术研究

谭 峰 田芳明 张东杰 著

哈尔滨工程大学出版社
Harbin Engineering University Press

内容简介

本书以作物生产为切入点，以人工智能与作物生产深度融合技术为主线，简要阐述了农业大数据采集与控制、数据存储、现代农业人工智能算法和系统集成方法。

本书首先对人工智能与作物生产深度融合算法理论基础进行了介绍；其次，具体阐述了农业生产数据采集方法，包括棚室生产环境数据与植物电信号数据采集的硬件和软件设计方法；再次，重点介绍了人工智能技术在农业生产方面的应用，主要涵盖了基于人工智能算法的水稻生长阶段优劣长势判别、基于人工智能算法的水稻病害短期分级预警系统、基于人工智能算法的作物图像种类自动识别、基于卷积神经网络的水稻病害识别方法、基于图像的稻花香水稻种子鉴别方法。

本书是基础理论和作物生产实践相结合的产物，旨在将人工智能技术与现代农业深度融合，以达到进一步指导农业生产的目的。本书可作为农业院校师生和农业技术人员的参考用书。

图书在版编目(CIP)数据

人工智能与作物生产深度融合关键技术研究／谭峰，田芳明，张东杰著.—哈尔滨：哈尔滨工程大学出版社，2021.3
ISBN 978-7-5661-3006-8

①人… Ⅱ.①谭… ②田… ③张… Ⅲ.①人工智能-应用-寒冷地区-水稻栽培-研究 Ⅳ.①S511

中国版本图书馆CIP数据核字(2021)第041085号

人工智能与作物生产深度融合关键技术研究
RENGONG ZHINENG YU ZUOWU SHENGCHAN SHENDU RONGHE GUANJIAN JISHU YANJIU

选题策划 姜 珊
责任编辑 丁月华
封面设计 刘长友

出版发行 哈尔滨工程大学出版社
社　　址 哈尔滨市南岗区南通大街145号
邮政编码 150001
发行电话 0451-82519328
传　　真 0451-82519699
经　　销 新华书店
印　　刷 北京中石油彩色印刷有限责任公司
开　　本 787 mm×1 092 mm 1/16
印　　张 15.25
字　　数 366千字
版　　次 2021年3月第1版
印　　次 2021年3月第1次印刷
定　　价 48.00元
http://www.hrbeupress.com
E-mail:heupress@hrbeu.edu.cn

前 言

农业农村农民问题是关系国计民生的根本性问题。没有农业农村的现代化，就没有国家的现代化。随着互联网、大数据、云计算和物联网等技术的不断发展，人工智能正引发可产生链式反应的科学突破，催生一批颠覆性技术，加速培育经济发展新动能，塑造新型产业体系，引领新一轮科技革命和产业变革。我国正处于全面建成小康社会的决胜阶段，人民对美好生活的需要和经济高质量发展的要求，使提高农业生产科技水平成为当前社会的重点发展目标，新一代人工智能技术为农业发展提供了新的机遇。党的十九大报告提出，实施食品安全战略，让人民吃得放心。农产品安全生产和农产品产地溯源已经成为迫切需要解决的全球性问题。2017 年，国务院印发《新一代人工智能发展规划》，提出了人工智能发展三步走的战略目标，工业和信息化部印发了《促进新一代人工智能产业发展三年行动计划(2018—2020 年)》，对未来三年人工智能产业的具体行动目标、重点突破领域、核心基础及相关支撑体系提出了明确的计划，给出了数字化的目标。党的十八大以来，国务院积极推进“互联网 +”行动，2016 年，农业部等 8 部门印发了《“互联网 +”现代农业三年行动实施方案》，国家发展改革委员会等 4 部门印发了《“互联网 +”人工智能三年行动实施方案》。2019 年度黑龙江省自然科学基金项目申报指南明确重点支持人工智能与医疗、农业、林业、安防、家居等行业深度融合研究。

本书在前期研究已获得数亿条数据和数十万张图片的基础上，以作物生产为切入点研究人工智能与作物生产深度融合技术，重点突破大数据采集与控制、数据存储、现代农业人工智能算法和系统集成等关键技术。本书通过研究大数据采集技术为水稻人工智能技术提供基础，通过研究数据存储技术为水稻人工智能技术提供数据支撑，通过研究基于水稻图像、植物电信号和环境感知的人工智能算法推动水稻生产大数据的应用，通过研究系统集成技术实现人工智能与作物生产深度融合，提高水稻科学种植水平，为农业发展培育新动能，为乡村振兴提供新途径，为推动“互联网 +”现代农业提供新方式，引领我国人工智能与作物生产融合领域科技创新，带动我国人工智能总体实力的提升。

本书分为基础理论部分和实践部分。基础理论部分涵盖了后续建模的主要基础理论，阐述了卷积神经网络的结构、特征和算法，模糊推理典型的算法和理论基础，粒子群算法理论、主成分分析理论基础等。实践部分主要涵盖农业数据的获取技术、传输技术、存储技术、农业大数据的建模方法与模型应用及相关应用软件的开发技术等。

本书旨在从理论和实践角度解决农业生产现实问题，以达到检测精确、传输可靠、应用落地的效果，同时也为农业数据智能应用的深入研究打下基础。全书共分 8 章，其中第 1

章、第4章和第6章由黑龙江八一农垦大学张东杰撰写,第5章、第7章和第8章的8.4节由黑龙江八一农垦大学谭峰撰写,第2章、第3章及第8章的8.1节、8.2节和8.3节由黑龙江八一农垦大学田芳明撰写。

本书在编写和出版过程中,得到了黑龙江省自然科学基金项目(ZD2019F002)的支持,以及黑龙江八一农垦大学各位领导和同仁的帮助,在此表示衷心的感谢,特别要感谢课题组已毕业研究生(薛龄季轩、姜珊、冷小梅、李冬、于洋、韩国鑫、张乃夫和辛元明等)在校期间的辛苦付出!

由于著者水平有限,书中难免存在错误和不足之处,恳请读者批评指正。

著 者

2020年6月

目　录

第1章　人工智能与作物生产深度融合算法理论基础

1.1　卷积神经网络

卷积神经网络(constitutional neural networks,CNN)主要是在人工神经网络的基础上发展而来的,权值共享的网络结构特征与生物神经网络的区别在于它降低了参数比例和网络模型的复杂度,当图像作为输入时,其网络表现得尤为突出。对于卷积神经网络来说,图像数据可以直接作为网络输入到模型中。与传统的神经网络不同,它避免了人工提取图像特征的过程,卷积神经网络的结构可以适应二维图像的尺度大小、位置变化、旋转或形变等情况。

卷积神经网络是一种深度学习的基本框架。它是针对图像分类和识别而特别设计的一种深度学习方法,并且它是由模拟人脑机制发展起来的,通过组合低端特征演变成更加深层的特征,避免了显示的特征提取,隐式地从训练数据中进行学习,特别是多维的图像数据可以直接作为网络输入的特征。卷积神经网络是一种先进的计算机视觉技术。从卷积神经网络如今的研究热度来看,该研究已应用于不同领域且在改善网络性能方面还有一定的提升空间,并且为以后各领域应用的智能化和自动化发展奠定了基础。

1.1.1　卷积神经网络的特征

1. 稀疏连接

(1)局部感受野意味着每个网络层中的神经元与上一个网络层中的局部神经元相连接。局部连接的形式不仅能简化网络的运算,还能有效提取方向线段、端点、拐点等视觉特征。

(2)权重共享意味着同一特征平面上的所有神经元共享相同的权重,有效地减少了网络中的参数数量,并且在局部感受野的作用下,卷积神经网络具有位移不变性的特点。

(3)池采样是指在第一次卷积结果的基础上再次进行的空间域或时间域的采样过程。池采样可有效降低网络复杂度,降低特征图的分辨率,减少对位移、旋转和缩放等特性的影响。图1-1为稀疏方式连接示意图。

假设图1-1中$m-1$层是输入层。假设BP神经网络的特征是每层的神经元是一维线性排列的,其中每层的状态完全连接,所以m层的神经元会与$m-1$层所有神经元全部进行连接。对于卷积神经网络,神经元层之间的局部连接大大减少了神经网络架构,并简化了网络中的参数。

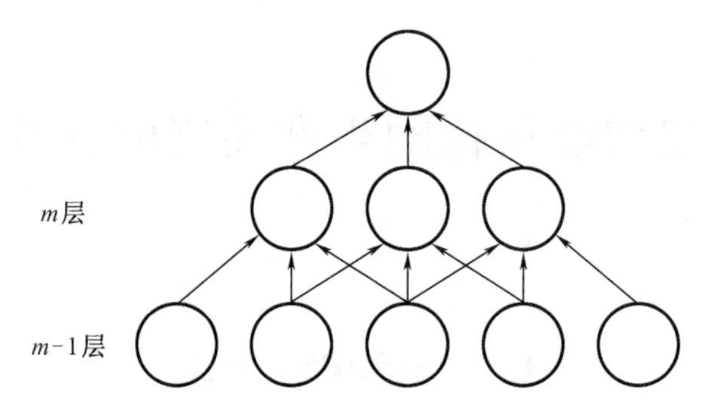

图 1-1　稀疏方式连接示意图

2. 权重共享

卷积神经网络结构提取图像中的局部特征，每个卷积核（滤波器）的参数共享，权重矩阵和偏置项也共享。图 1-2 为权重共享示意图。

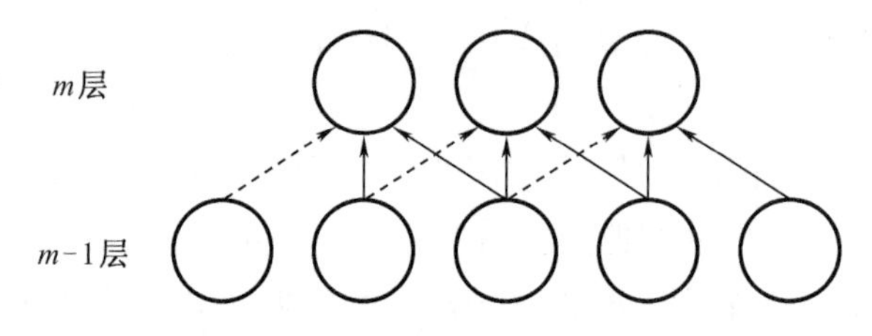

图 1-2　权重共享示意图

图 1-2 中，m 层特征图像包含三个神经节点，不同的连接线之间的权重参数是共享的。共享权重的梯度是共享连接参数的梯度的总和。图 1-3 体现的是全连接图与局部感受野、权值共享的对比图。

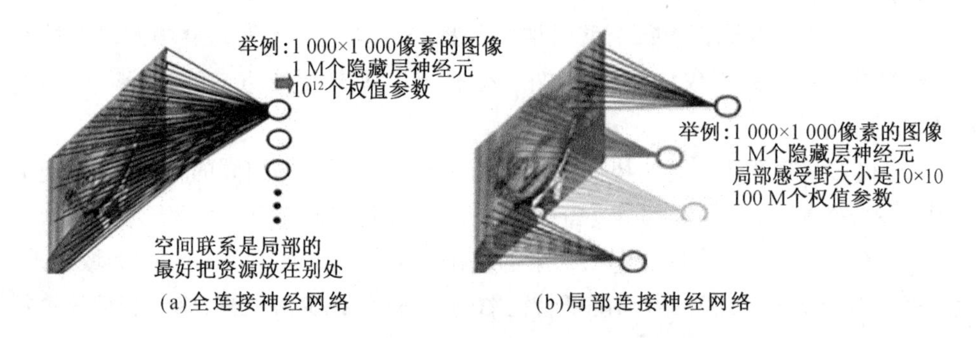

图 1-3　全连接图与局部感受野、权值共享的对比图

3. 最大池采样

池化层也叫下采样层，它的操作方式与卷积操作方式大致相同，只不过池化层对于特征映射图相应位置运算有最大值、平均值、随机三种方式。均值采样对相邻邻域内特征点

进行平均操作,其特点是对背景保留的效果更好;最大池采样是在邻域中取最大的特征点,对纹理特征具有更好的提取作用。

卷积神经网络的最大特征是基于非线性递减采样方法的最大池采样。通过卷积获得的图像特征常被用于分类,提取到的特征数据被用于分类器训练。对于 96 ×96 像素的图像,假设输入 400 个定义在 5 ×5 输入上的特征,每一个特征通过卷积运算有(96 -5 +1) ×(96 -5 +1) = 8 464 维的特征量,由于输入 400 个特征,每个样本得到 8 464 ×400 = 3 385 600 维卷积特征向量。由于分类器对一个 300 多万的特征进行分类十分困难,并且过程中还会出现过拟合现象,得不到理想的结果,因此采用相应的池化方式就显得尤为重要。

1.1.2　卷积神经网络结构层介绍

在卷积神经网络的卷积层中,神经元仅连接到相邻层神经元的一部分,通常包含若干特征图,并共享相同特征平面的神经元权重。

1. 卷积层

卷积层用于对输入数据实施卷积运算,包含多个卷积核,前一层数据的所有特征由不同的卷积核函数在新层中表示。卷积层主要包括权重矩阵 **W** 和偏置项 b。假设 I 层的特征图具有与第 k 层的输入层特征值位置对应的神经元位置(i,j),然后第一层的特征层神经元如公式(1 -1)所示:

$$Z_{i,j,k}^{l} = \boldsymbol{W}_{k}^{l\mathrm{T}} X_{i,j}^{l} + b_{k}^{l} \tag{1-1}$$

式中,$\boldsymbol{W}_k^l$ 和 b_k^l 分别表示权重向量和 I 层对应的 k 层滤波偏置参数;$X_{i,j}^l$表示 I 层神经元对应的输入层相关位置特征;$Z_{i,j,k}^l$表示特征图。

卷积运算的结果通过激活函数映射构成从输入到输出的特征映射关系,并且每个卷积核通过整个特征映射采用滑动窗口。对二维图像进行卷积变换,公式为

$$z(x,y) = f(x,y) * g(x,y) = m \sum_{n} f(x - m, y - n) g(m,n) \tag{1-2}$$

式中,f 为输入,通常是二维图像;g 为卷积核;m 和 n 为卷积核的维数。

2. 池化层

池化层是用于减小数据大小的非线性计算层,并且池化单元计算特征映射中的一个局部块的局部值,对图像进行二次采样以确保数据的平移不变性,并起到二次特征提取的作用。池化类型主要包括最大下采样、均值下采样和随机下采样。池化核的大小用 k 表示,池化核的滑动间隔用 s 表示。图 1 -4 为 $k=2$,$s=2$ 的池化层示意图。

3. 全连接层

全连接层可以作为特征提取层或最终分类层。如图 1 -5 所示,每个输出神经元均连接到输入神经元,连接的权重可能不相同,输出神经元的值为输入神经元值的加权和。

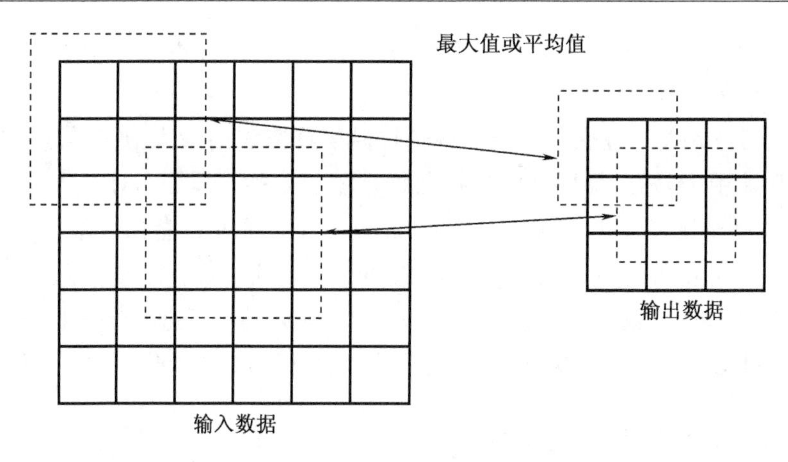

图1-4 池化层示意图

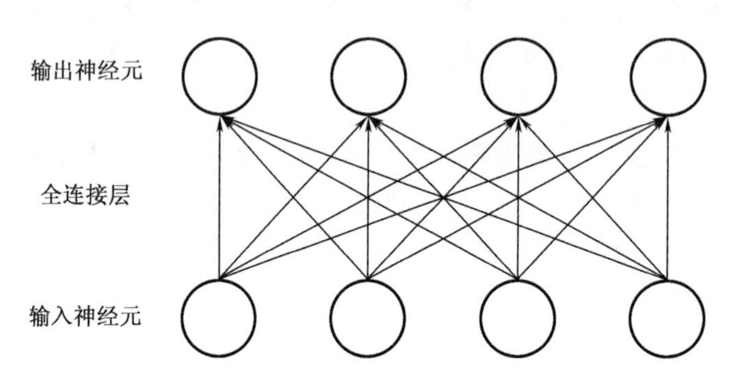

图1-5 全连接层示意图

1.1.3 卷积神经网络算法

1. 前向传播算法

卷积神经网络的前向传播算法主要包含卷积运算、采样运算等操作。

卷积运算的作用如下:

(1)为了增强原始图像的特征信息,在卷积核和输入图像中的像素之间进行卷积运算,忽略图像中无用信息;

(2)卷积运算是局部感受野和权值共享的体现;

(3)卷积操作可以通过卷积核自动学习图像中的特征,避免了传统的手工目视检查的工作。

卷积层运算的公式如下:

$$X_j^{\varepsilon} = f\left(\sum_{i \in M_i} \left(X_i^{\varepsilon-1} * K_{ij}^{\varepsilon} + b_j^{\varepsilon}\right)\right) \tag{1-3}$$

式中,X_j^{ε} 为第 ε 层第 j 个特征图;$*$ 为卷积运算;$X_i^{\varepsilon-1}$ 为第 $\varepsilon-1$ 层第 i 个特征图;K_{ij}^{ε}为第 ε 层的第 j 个特征图和第 $\varepsilon-1$ 层的第 i 个特征图连接的卷积核(滤波器);b_j^{ε} 为偏置;$f(\cdot)$为神经元非线性激活函数。

图1-6展示了一个5×5大小的卷积核在11×11大小图像上做卷积得到7×7大小的

特征图过程。

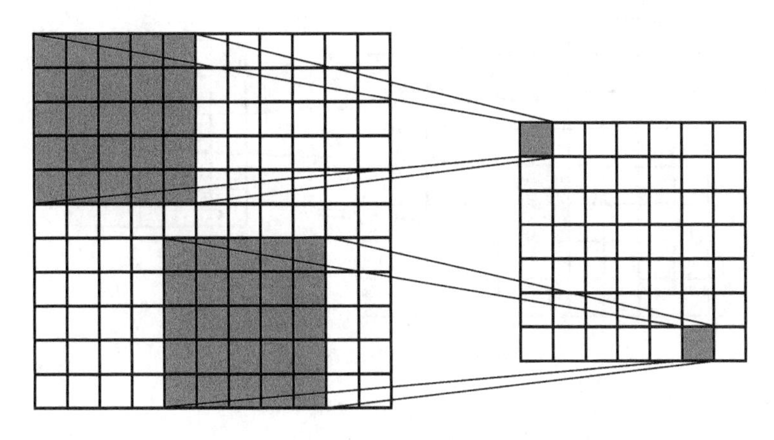

图 1 - 6　卷积过程

卷积层之后为池化层,又叫采样层,池化层是对卷积运算后得到的特征映射图做池化处理,一般池化层的采样方式有三种:最大池采样、均值采样和随机采样。池采样过程就是通过卷积操作得到特征图后,对特征图保留图像中有价值的信息,剔除不必要的信息,减少了模型中运算的量。在池化过程需要设置参数对卷积运算后得到的特征图像进行最大或者平均的池化操作。假设需要池化区域为 2 × 2,表示在卷积后取特征映射的相邻 2 × 2 区域中的多个值中最大值的操作,得到的池化层的大小就变为原来大小的四分之一,这个过程是池化过程。

池化层的作用如下:

(1)为了保存图像中有价值的信息并从图像中删除冗余数据而采样;

(2)在图像位移不变性的前提下,池化层能够降低图像的维度。

池化层运算的公式如下:

$$X_j^{\varepsilon} = f(\mathrm{down}(X_i^{\varepsilon-1}) + b_j^{\varepsilon}) \tag{1-4}$$

式中,down(·)为池化函数;X_j^{ε} 为第 ε 层第 j 个特征图;$X_j^{\varepsilon-1}$ 为第 $\varepsilon-1$ 层第 i 个特征图;b_j^{ε} 为偏置;$f(\cdot)$ 为神经元非线性激活函数。

图 1 - 7 展示了 10 × 10 的特征图在 2 × 2 规模大小矩阵下,通过子采样运算得到特征图的过程。

对于卷积神经网络的前向传播,卷积和子采样的过程如图 1 - 8 所示。

前向传播的具体过程:首先输入图像 Input,进行特征提取。特征提取的过程是使用已知和可训练的滤波器(卷积核心 F_X)对输入图像进行卷积运算,在该运算的基础上增加参数偏差 B_X。在特征提取之后,获得特征图 C_X,并且在特征图的相邻区域上进行最大池化操作或平均池化操作。相应的权重 $W_X + 1$ 和偏差 $B_X + 1$ 被添加到池化处理中,并且输出由激活函数获得。在之后的操作中,原理同上,即下一个卷积层的输入是上一个经过卷积过程与池化过程的输出。

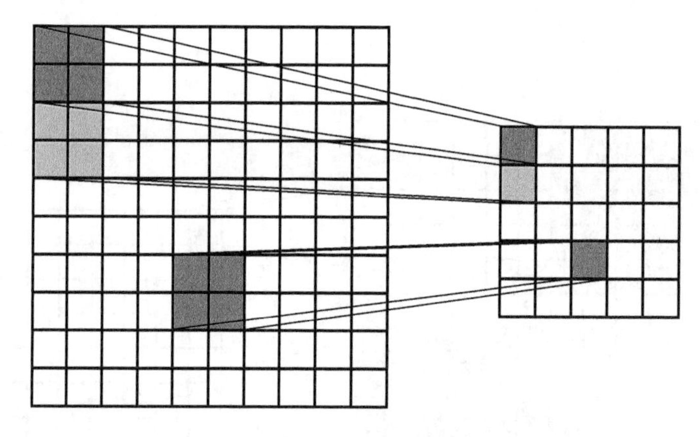

图1-7 子采样的过程

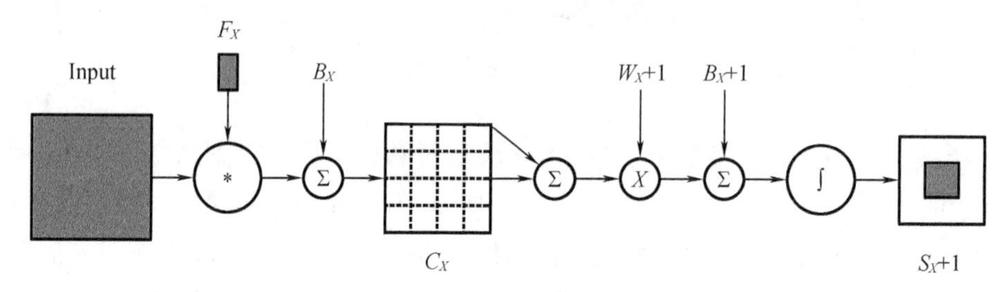

图1-8 卷积和子采样的过程

2. 反向传播算法

(1)卷积层

卷积神经网络的反向传播需要计算损失函数对卷积核的偏导数,卷积核作用于同一图像的多个不同位置。如果卷积核的矩阵表示为

$$\begin{bmatrix} k_{11} & k_{12} & k_{13} \\ k_{21} & k_{22} & k_{23} \\ k_{31} & k_{32} & k_{33} \end{bmatrix}$$

输入图像为

$$\begin{bmatrix} x_{11} & x_{12} & x_{13} & x_{14} \\ x_{21} & x_{22} & x_{23} & x_{24} \\ x_{31} & x_{32} & x_{33} & x_{34} \\ x_{41} & x_{42} & x_{43} & x_{44} \end{bmatrix}$$

卷积后产生的输出图像为 U,并执行卷积和加偏置项操作:

$$\begin{bmatrix} u_{11} & u_{12} \\ u_{21} & u_{22} \end{bmatrix}$$

正向传播时的卷积操作表示为

$$\begin{bmatrix} u_{11} & u_{12} \\ u_{21} & u_{22} \end{bmatrix} = \begin{bmatrix} x_{11} & x_{12} & x_{13} & x_{14} \\ x_{21} & x_{22} & x_{23} & x_{24} \\ x_{31} & x_{32} & x_{33} & x_{34} \\ x_{41} & x_{42} & x_{43} & x_{44} \end{bmatrix} * \begin{bmatrix} k_{11} & k_{12} & k_{13} \\ k_{21} & k_{22} & k_{23} \\ k_{31} & k_{32} & k_{33} \end{bmatrix} + \begin{bmatrix} b & b \\ b & b \end{bmatrix}$$

$$=\begin{bmatrix} x_{11}k_{11}+x_{12}k_{12}+x_{13}k_{13}+ & x_{12}k_{11}+x_{13}k_{12}+x_{14}k_{13}+ \\ x_{21}k_{21}+x_{22}k_{22}+x_{23}k_{23}+ & x_{22}k_{21}+x_{23}k_{22}+x_{24}k_{23}+ \\ x_{31}k_{31}+x_{32}k_{32}+x_{33}k_{33}+b & x_{32}k_{31}+x_{33}k_{32}+x_{34}k_{33}+b \\ x_{21}k_{11}+x_{22}k_{12}+x_{23}k_{13}+ & x_{22}k_{11}+x_{23}k_{12}+x_{24}k_{13}+ \\ x_{31}k_{21}+x_{32}k_{22}+x_{33}k_{23}+ & x_{32}k_{21}+x_{33}k_{22}+x_{34}k_{23}+ \\ x_{41}k_{31}+x_{42}k_{32}+x_{43}k_{33}+b & x_{42}k_{31}+x_{43}k_{32}+x_{44}k_{33}+b \end{bmatrix}$$

在反向传播中,需要计算损失函数对卷积核和偏置项的偏导,并且将卷积核反复作用于同一个图像的多个不同位置。根据链式法则,损失函数对第 1 层的卷积核的偏导如公式(1－5)所示:

$$\frac{\partial L}{\partial k_{pq}^{(l)}}=\sum_{i}\sum_{j}\left(\frac{\partial L}{\partial x_{ij}^{(l)}}\frac{\partial x_{ij}^{(l)}}{\partial k_{pq}^{(l)}}\right)=\sum_{i}\sum_{j}\left(\frac{\partial L}{\partial x_{ij}^{(l)}}\frac{\partial x_{ij}^{(l)}}{\partial u_{ij}^{(l)}}\frac{\partial u_{ij}^{(l)}}{\partial k_{pq}^{(l)}}\right) \quad (1-5)$$

式中,i 和 j 分别表示卷积输出图像的行和列下标;k、p、q 表示元素。公式(1－5)右侧等式(第二项乘积项)激活函数对输入值的导数表示为

$$\frac{\partial x_{ij}^{(l)}}{\partial u_{ij}^{(l)}}=f'(u_{ij}^{(l)}) \quad (1-6)$$

激活函数作用于每个元素以产生相同大小的输出图像,和全连接网络相同,公式(1－5)右侧等式(第三项乘积项)如公式(1－7)所示:

$$\frac{\partial u_{ij}^{(l)}}{\partial k_{pq}^{(l)}}=\frac{\partial\left(\sum_{p=1}^{s}\sum_{q=1}^{s}x_{i+p-1,j+q-1}^{(l-1)}\times k_{pq}^{(l)}+b^{(l)}\right)}{\partial k_{pq}^{(l)}}=x_{i+p-1,j+q-1}^{(l-1)} \quad (1-7)$$

根据公式(1－7)推导,得出卷积核的偏导数公式为

$$\frac{\partial L}{\partial k_{pq}^{(l)}}=\sum_{i}\sum_{j}\left(\frac{\partial L}{\partial x_{ij}^{(l)}}f'(u_{ij}^{(l)})x_{i+p-1,j+q-1}^{(l-1)}\right) \quad (1-8)$$

偏置项偏导数的数学表达式为

$$\frac{\partial L}{\partial b^{(l)}}=\sum_{i}\sum_{j}\left(\frac{\partial L}{\partial x_{ij}^{(l)}}\frac{\partial x_{ij}^{(l)}}{\partial u_{ij}^{(l)}}\frac{\partial u_{ij}^{(l)}}{\partial b^{(l)}}\right)=\sum_{i}\sum_{j}\left(\frac{\partial L}{\partial x_{ij}^{(l)}}f'(u_{ij}^{(l)})\right) \quad (1-9)$$

损失函数对卷积核的偏导可以表示为输入图像矩阵和误差矩阵的卷积:

$$\begin{bmatrix} x_{11} & x_{12} & x_{13} & x_{14} \\ x_{21} & x_{22} & x_{23} & x_{24} \\ x_{31} & x_{32} & x_{33} & x_{34} \\ x_{41} & x_{42} & x_{43} & x_{44} \end{bmatrix} * \begin{bmatrix} \delta_{11} & \delta_{12} \\ \delta_{21} & \delta_{22} \end{bmatrix}$$

其中,“ * ”表示卷积运算,矩阵形式如公式(1－10)所示:

$$\nabla_{K^{(l)}}L=\mathrm{conv}(\delta^{(l-1)},\delta^{(l)}) \quad (1-10)$$

其中,conv 表示卷积运算;$\delta^{(l)}$ 是卷积层接收的误差;$\delta^{(l-1)}$ 是传播到前一层的误差。根据上述矩阵分析及定义,可以得到公式

$$u_{11}=x_{11}k_{11}+x_{12}k_{12}+x_{13}k_{13}+x_{21}k_{21}+x_{22}k_{22}+x_{23}k_{23}+x_{31}k_{31}+x_{32}k_{32}+x_{33}k_{33}+b \quad (1-11)$$

因此,可以得到公式

$$\frac{\partial u_{11}}{\partial x_{11}} = k_{11} \tag{1-12}$$

同理,可以得到公式

$$\frac{\partial u_{12}}{\partial u_{11}} = 0, \frac{\partial u_{21}}{\partial x_{11}} = 0, \frac{\partial u_{22}}{\partial x_{11}} = 0 \tag{1-13}$$

进而得到公式

$$\delta_{11}^{(l-1)} = (\delta_{11}^{(l)} k_{11}) f'(u_{11}^{(l-1)}) \tag{1-14}$$

通过上述公式推导可知,实际上是将 $\delta^{(l-1)}$ 上下左右各扩充两个“0”的矩阵和卷积核(k)顺时针旋转 180°的矩阵的卷积,矩阵表示为

$$\begin{bmatrix} 0 & 0 & 0 & 0 & 0 & 0 \\ 0 & 0 & 0 & 0 & 0 & 0 \\ 0 & 0 & \delta_{11} & \delta_{12} & 0 & 0 \\ 0 & 0 & \delta_{21} & \delta_{22} & 0 & 0 \\ 0 & 0 & 0 & 0 & 0 & 0 \\ 0 & 0 & 0 & 0 & 0 & 0 \end{bmatrix} * \begin{bmatrix} k_{33} & k_{12} & k_{13} \\ k_{23} & k_{22} & k_{21} \\ k_{13} & k_{12} & k_{11} \end{bmatrix}$$

通过上述推导,得到误差项的递推公式

$$\delta^{(l-1)} = \delta^{(l)} * \mathbf{rot}\ 180(\boldsymbol{K}) \tag{1-15}$$

其中,**rot** 180(***K***)表示矩阵顺时针旋转 180°。根据误差项获得卷积层的权重和偏置项的偏导数,并且误差项通过卷积层传播到前一层。

(2)池化层

池化层不涉及权重和偏置项,主要是将误差项传播到前一层。假设池化层的输入图像是 $X^{(l-1)}$,输出图像是 $X^{(l)}$,变换定义如公式(1-16)所示:

$$X^{(l)} = \text{down}(X^{(l-1)}) \tag{1-16}$$

其中,down 表示子采样操作,输入数据在正向传播过程中被压缩。反向传播过程中,接受的误差为 $\delta^{(l)}$,尺寸和 $X^{(l)}$ 相同,传递的误差为 $\delta^{(l-1)}$,尺寸和 $X^{(l-1)}$ 相同。通过上采样计算误差项为

$$\delta^{(l-1)} = up(\delta^{(l)}) \tag{1-17}$$

其中,up 表示上采样操作,如果池化块大小为 $s \times s$,反向传播过程中是将 $\delta^{(l)}$ 的误差项值扩展为 $\delta^{(l-1)}$ 的对应位置 $s \times s$ 个误差值。

3. 梯度下降算法

梯度下降法是机器学习中较常使用的优化算法,通过迭代更新一个参数,沿着梯度的反方向使得参数向损失更小的地方更新,通过找到最小值来实现收敛过程。梯度下降有三种不同的形式:批量梯度下降(batch gradient descent)、随机梯度下降(stochastic gradient descent)及小批量梯度下降(Mini-batch gradient descent)。本研究中 AlexNet 模型选择原模型使用的随机梯度下降算法进行反向传播,LeNet-m 模型选择小批量梯度下降算法进行权值更新。其中,小批量梯度下降算法需要在每次迭代使用批量样本(batch_size 为批量样本的数量)对参数进行更新。小批量梯度下降算法的优点主要如下。

(1)通过矩阵运算,一个批处理优化神经网络参数不会慢于单个数据很多。

(2)使用一个批处理可以减少收敛所需的迭代次数,同时可以使得到的结果更接近梯度下降效果。

小批量梯度下降算法存在的不足表现为:batch_size 的不当选择可能会带来一些问题,为了防止这个问题,本研究在优化试验部分进行相关参数的对比试验。算法更新的数学表达式为

$$\theta_i = \theta_i - \alpha \sum_{j=t}^{t+x-1} (h_\theta(x_0^{(j)}, x_1^{(j)}, \cdots, x_n^{(j)}) - y_j) x_i^{(j)} \tag{1-18}$$

算法实现过程:

(1)确定当前的损失函数梯度,针对向量 $\boldsymbol{\theta}$,其梯度表达式为$\frac{\partial}{\partial \boldsymbol{\theta}} J(\boldsymbol{\theta})$;

(2)步长损失函数的梯度相乘以获得当前位置下降的距离为 $\alpha \frac{\partial}{\partial \boldsymbol{\theta}} J(\boldsymbol{\theta})$;

(3)确定向量 $\boldsymbol{\theta}$ 中的每个值;

(4)更新向量 $\boldsymbol{\theta}$,其更新表达如公式(1-19)所示,更新完毕后继续转入第一步。

$$\boldsymbol{\theta} = \boldsymbol{\theta} - \alpha \frac{\partial}{\partial \boldsymbol{\theta}} J(\boldsymbol{\theta}) \tag{1-19}$$

1.1.4　网络层函数的选择

卷积神经网络主要通过卷积层和池化层实现特征提取。

卷积层通过不同的卷积核函数表示新层中前一层数据的所有特征。常用的激活函数有 Sigmoid、Relu、tanh 等,参照相关文献,在本研究中,AlexNet 模型使用的激活函数为 Relu,LeNet-m 模型使用的激活函数为 Sigmoid。

Sigmoid 函数主要用作隐层神经元输出。Sigmoid 函数单调且连续,优化且稳定。当输入信号(实数值)取值范围为(0,1)时,它可以将实数映射到(0,1)的间隔。数学表达如公式(1-20)所示。Sigmoid 函数曲线图如图 1-9 所示。

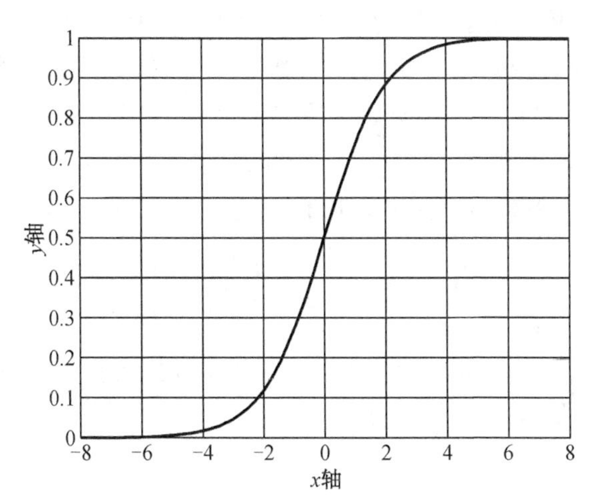

图 1-9　Sigmoid 函数曲线图

其中,x 轴和 y 轴表示研究对象标签。

$$f(z)=\frac{1}{1+\exp(-z)} \tag{1-20}$$

式中,z 代表输入阈值;$f(z)$代表输出值。

Relu 激活函数是卷积神经网络中广泛使用的激活函数之一。其具有避免梯度消失和加快网络训练速度、简化计算过程等优势。Relu 激活函数表达如公式(1－21)所示,当输入信号大小小于0 时,输出均为0;当信号大小大于0 时,输出与输入相等。Relu 函数曲线图如图1－10 所示,其中,x 轴和 y 轴表示研究对象标签。

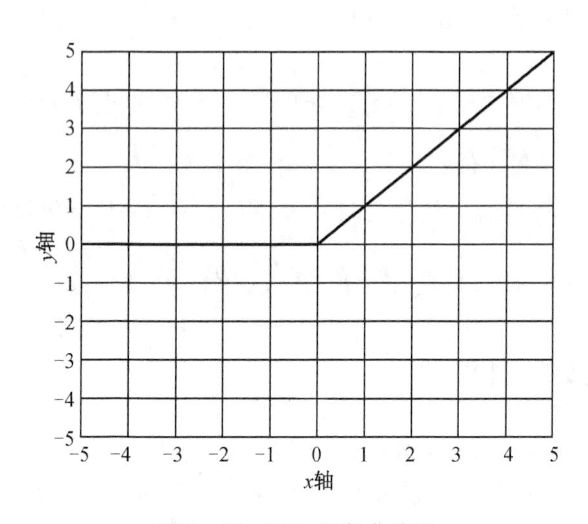

图1－10　Relu 函数曲线图

$$f(x)=\max(0,x) \tag{1-21}$$

式中,x 代表输入阈值;$f(x)$代表输出阈值。

池化层主要是根据特征矩阵的空间位置对二维空间中的输入数据进行采样,本研究采用现阶段较流行的最大值采样方式进行池化。最大值采样过程如图1－11 所示。卷积核中的位置输入(X)是卷积核最大值的位置。卷积核在原始图像的输入(X)上的滑动步长是2,并且最大采样的效果是将原始图像减小1/4 并保持每个2×2 区域的输入。

全连接层通常位于最后一个池化层和输出层之间,其输入特征和输出特征完全连接,输出层通常使用Softmax 分类器进行分类。Softmax 的输出为归一化的分类概率,输出的是一个向量元素为0～1 的概率值。其函数形式如公式(1－22)所示:

$$\boldsymbol{\sigma}(z)_j=\frac{e^{z}j}{\sum_{k=1}^{K}e^{z}k} \tag{1-22}$$

式中,k 代表维数;z 代表向量;$\boldsymbol{\sigma}(z)$代表实向量;j 代表分类项数,通常可以为1,2,…,K。

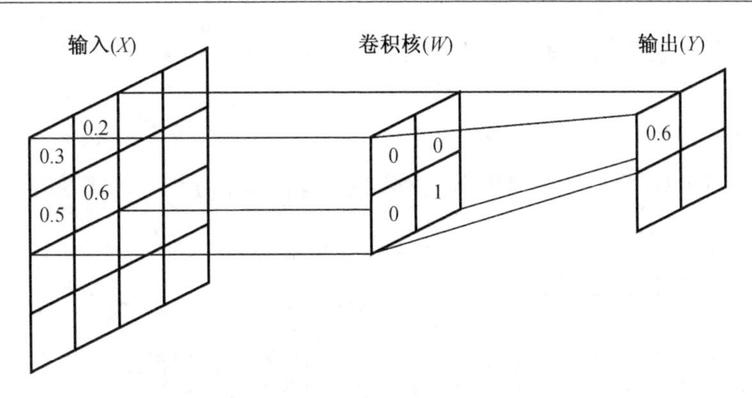

图 1-11　最大值采样过程图

1.1.5　损失函数

为了训练解决分类问题的模型,通常定义损失函数来描述问题求解的准确度。损失越小,表示模型获得的结果与真实值的偏差越小,模型的精度越高。Softmax 函数是一种常用的分类方法,假设原始的网络输出为 $y_1, y_2, \cdots, y_n$,那么经过 Softmax 回归处理后的输出可以表示为

$$\text{Softmax}(y_i) = \frac{\exp(y_i)}{\sum_{j=1}^{n} \exp(y_j)} \tag{1-23}$$

式中,y_i 表示输入到 Softmax 前每一个单元的值;i 表示经过 Softmax 后的每一个单元;y_j 表示对应的单元进行 Softmax 处理前的值,经过 Softmax 处理之后,这个值变成 y_i'。对于回归问题,最常用的损失函数为均方误差(mean aquared error,MSE)损失函数,定义为

$$\text{MSE}(y, y') = \frac{\sum_{i=1}^{n} (y_i - y'_i)^2}{n} \tag{1-24}$$

式中,y_i 表示一个批处理中第 i 个数据的答案值;y_i'表示网络的预测值。

1.1.6　卷积神经网络模型结构的选择

现阶段有许多优秀的卷积神经网络结构,如 LeNet、AlexNet、GoogLeNet 等。本研究使用的数据集的样本量虽达到上万张,但大量样本数量还不足,如果使用如 GoogLeNet 等深层网络结构,可能会产生过拟合的现象,并且这些结构对计算机的硬件配置等要求较高。

与近几年的卷积神经网络相比,LeNet-5 的网络规模相对较小,不但包含了构成卷积神经网络的基本组件,而且可以作为学习更复杂卷积神经网络的基础。AlexNet 模型是 2012 年提出的深度卷积神经网络,已经成为卷积神经网络领域中相对典型的网络模型。

1. LeNet-5 模型

LeNet-5 模型首先应用于 MNIST 手写数字数据库,其训练集和测试集分别为 60 000 和 10 000。基于 MNIST 数据集,LeNet-5 模型准确率可以达到 99%。参照 Yann LeCun 教

授的论文,LeNet-5包括输入层和输出层等共8层网络结构,LeNet-5的网络连接结构如图1-12所示。

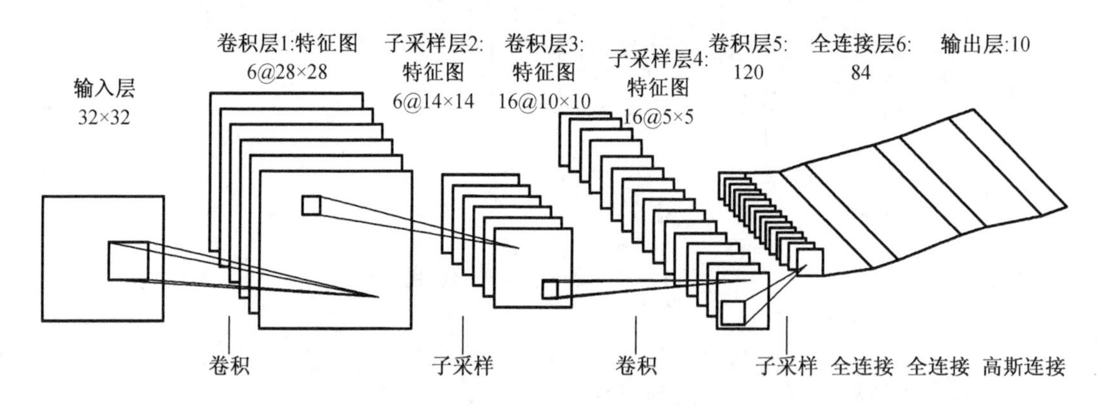

图1-12 LeNet-5网络连接结构示意图

网络输入层为32×32黑白图像,第一层卷积层包含6个特征图,并且图像采用5×5的卷积核进行卷积,步长为1,得到的每个特征图有28×28个神经元。第一层池化层(S_2)有6个14×14大小的特征图,并且通过2×2最大池化操作获得第二层池化层每个特征图,步长为2。通过卷积操作得到第二卷积层(C_3),卷积核大小为5×5。第二池化层(S_4)基于第二卷积层(C_3)执行下采样操作,并具有16个5×5大小的特征图,每个特征图均通过第四层2×2的最大池化操作得到,步长为2。第三层卷积层(C_5)以全连接的方式对第二层池化层(S_4)执行卷积运算,包含120个特征图,卷积核尺寸为5×5,步长为1。基于第三层卷积层(C_5),全连接层(f_6)包含84个神经元。经过Sigmoid激活函数传递到输出层,输出层包含10个单元,该层的单元计算为径向基函数,具有840个参数。

2. AlexNet模型

AlexNet模型具有八层网络结构,包括五层卷积层、三层池化层和三层全连接层。最后一个全连接层的输出是1 000类Softmax层,网络最大化使用多类Logistic回归。其中,响应归一化层位于第一和第二卷积层之后,最大池化层位于响应归一化层和第五卷积层之间,Relu激活功能应用于每个卷积层和全连接层的输出。AlexNet的网络连接结构如图1-13所示。

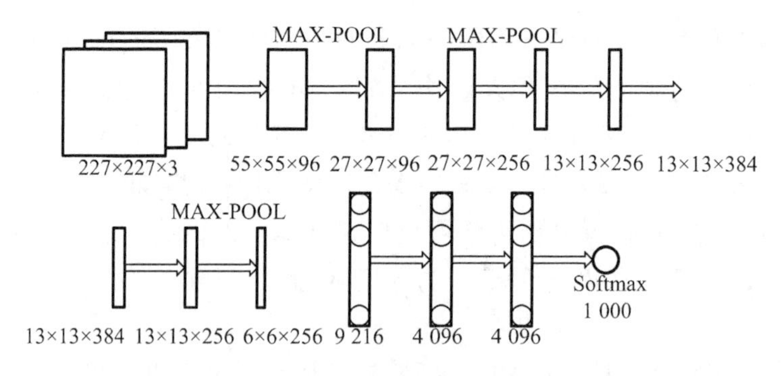

图1-13 AlexNet的网络连接结构示意图

为了避免在 AlexNet 模型训练期间过度拟合网络模型，使用 Dropout 随机忽略后几个全连接层中的部分神经元；卷积中使用最大采样，局部响应归一化层（local response normalization，LRN）可以抑制其他较小反馈的神经元。原始的 AlexNet 模型主要由五个卷积层和三个全连接层组成，如图 1－14 所示。

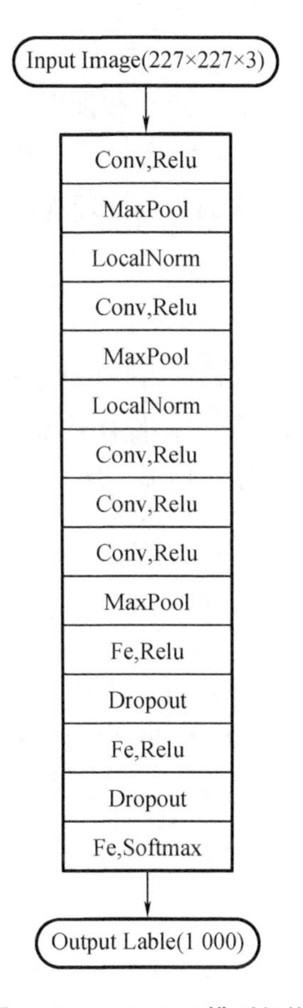

图 1－14　AlexNet 模型架构

本研究作物图像背景复杂，远景图像中包括天空、公路、房子等，但作物特征明显。LeNet－5 是一种经典的神经网络结构，网络层数较浅，适合整幅图像的网络训练。AlexNet 模型成功应用了 Relu、Dropout 和 LRN 等，增强了模型的泛化能力。本研究结合作物的特点，设计了以下三种试验方法：

（1）AlexNet 深度网络模型的迁移学习；

（2）基于 AlexNet 网络模型与 PSO 算法结合；

（3）参照 LeNet－5 的结构，重新设计作物识别模型 LeNet－m。

1.2 模糊推理算法

模糊推理算法不需要建立精准的数学模型,而是模拟人为的概念模式和推理经验,在多个模糊集合上对多个对象及其关系进行判断和推理,从而运用非定量语词根据事物表现出来的整体特点和主要矛盾,对事物的性质、发展和变化等做出判断。概括而言,模糊推理算法就是针对一系列由丰富经验总结出的模糊推理规则进行的逻辑运算。

1.2.1 模糊推理典型算法的分析

模糊假言推理(fuzzy modus ponens,FMP)是一种基本的模糊推理算法,其推理过程为:已知模糊命题 A(大前提)蕴含模糊命题 B。若存在与 A 不完全相同的模糊命题 A'(小前提),则能推出相应的结论 B'。其推理规则表达式为

大前提　若 x 是 A,则 y 是 B

小前提　x 是 A'

结论　　y 是 B'

其中,A、A'是论域 X 上的模糊集,B、B'是论域 $\boldsymbol{Y}$ 上的模糊集。

多重模糊推理(multiple conditional fuzzy modus ponens,mcFMP)能够在多个模糊条件下进行推理,其推理规则的表达式为

大前提　若 x 是 A_1,则 y 是 B_1

　　　　若 x 是 A_2,则 y 是 B_2

　　　　⋮

　　　　若 x 是 A_n,则 y 是 B_n

小前提　x 是 A'

结论　　y 是 B'

其中,A_i、A'是论域 X 上的模糊集,B_i、B'是论域 $\boldsymbol{Y}$ 上的模糊集,$i=1,2,\cdots,n(n\geqslant 2)$。

多维模糊推理(multi dimensional fuzzy modus ponens,mdFMP)可以在多类复杂的模糊条件下进行推理,并且具有很好的条件扩展性,其推理规则的表达式为

大前提　若 x_1 是 A_1,x_2 是 A_2,$\cdots$,x_n 是 A_n,则 y 是 B

小前提　x_1 是 A'_1,x_2 是 A'_2,$\cdots$,x_n 是 A'_n

结论　　y 是 B'

其中,A_i、A'_i 是论域 X_i 上的模糊集,B_i、B'_i 是论域 Y 上的模糊集,$i=1,2,\cdots,n(n\geqslant 2)$。

1.2.2 模糊推理算法的理论基础

在传统的经典集合中,每个元素与集合之间的所属关系只存在两种情况,即属于或者

不属于,一般数字0代表不属于,而1则代表属于,两种情况必居其一。而模糊集的基本思想就是将经典集合中的绝对隶属关系进行模糊化,当某个元素属于某个集合时,利用模糊集的思想,二者之间的关系便不再局限于属于或者不属于,而是一个0到1之间的数值,这个数值便代表隶属程度,此时该元素便部分地属于某个集合。模糊推理就是将模糊集的思想与科学经验形成的模糊逻辑相结合,从而达到针对一些复杂问题或系统进行准确识别、自动预测、智能控制等目的。通过对模糊推理典型算法的分析,总结出模糊推理算法主要包括模糊假言推理、多重模糊推理和多维模糊推理。下面分别对这几类模糊推理算法的理论基础进行研究,从而证明模糊推理算法理论上的可靠性。

【定理1】　关于模糊假言推理,设 A 和 A' 为论域 X 上的模糊集,B 和 B' 为论域 Y 上的模糊集。存在 X 到 $[0,1]$ 之间的有界函数 F,使任意的 $x\in X$,并具备 $y\in Y$,构造表示模糊"与"、模糊"或"、模糊"非"的三个基础算子分别为 $t\wedge$、$t\vee$、tc,利用模糊假言推理的算法进行运算得到结论 $B'(y)$ 即为 $F(x)$。

证明:由于 A、A' 和 B、B' 分别为属于论域 X 和 Y 上的模糊集,因此 $A(x)$、$A*(x)$、$B(y)$、$B*(x)\in[0,1]$,$x\in X,y\in Y$。设蕴含算子 $R[0,1]^2\to[0,1]$,那么大前提的 $A\to B$(模糊蕴含)可由 R 转化为 $X\times Y$ 上的一个模糊关系 $R(x,y)$:

$$R(x,y)=R(A(x),B(y)),(X,Y)\in X\times Y$$

以 $A'(x)$ 与 $R(A(x),B(y))$ 为计算对象,通过以 $t\wedge$、$t\vee$、tc 作为基础算子的模糊推理算法对于模糊假言推理进行计算从而得出结论 $B'(y)$。

根据模糊假言推理的大前提,表明存在一个 X 到 Y 的映射 $f:X\to Y,x\mapsto f(x)=y\in Y$。根据模糊集理论,由 f 能够诱导出映射 $f:U(X)\to U(Y)$,这里 $U(X)$、$U(Y)$ 分别表示 X、Y 上的全体模糊集。由于 A、$A'\in U(X)$,B、$B'\in U(Y)$,根据模糊假言推理的含义,有 $A\mapsto f(A)=B$,$A'\mapsto f(A')=B'$。那么,对于任意的 $x\in X$,如果 $x\in A'$,则 Y 中存在 y,$f(x)=y\in B'$,即 $0<B'(y)\leqslant 1$;如果 $x\notin A'$,则 Y 中存在 y,$f(x)=y\notin B'$,即 $B'(y)=0$。又因为 B' 是论域 Y 上的模糊集,故有映射:

$$\mu_B':Y\to[0,1]$$

因此,存在一个由 X 到 $[0,1]$ 的复合映射:$\mu_B'\circ f$, $\forall x\in X$, $\exists y\in Y$,故有

$$(\mu_B'\circ f)(x)=\mu_B'(f(x))=\mu_B'(y)\in[0,1]$$

即 $(\mu_B'\circ f)(x)=B'(y)$,令 $F=\mu_B'\circ f$,且由于 $F(x)\in[0,1]$,因此可以证明 F 有界,证毕。

同理可以针对多重模糊推理和多维模糊推理证明以下定理。

【定理2】　关于多重模糊推理,设 A_i、A' 是论域 X 上的模糊集,B_i、B' 是论域 Y 上的模糊集,$i=1,2,\cdots,n(n\geqslant 2)$。存在 X 到 $[0,1]$ 的有界函数 F,使任意的 $x\in X$,并且具备 $y\in Y$,构造表示模糊"与"、模糊"或"、模糊"非"的三个基础算子分别为 $t\wedge$、$t\vee$、tc,利用多重模糊推理的算法进行运算得到结论 $B'(y)$ 即为 $F(x)$。

【定理3】　关于多维模糊推理,A_i、A_i' 是论域 X_i 上的模糊集,B_i、B_i' 是论域 Y 上的模糊集,$i=1,2,\cdots,n(n\geqslant 2)$。存在一个 $X(X=X_1\times X_2\times\cdots\times X_n)$ 到 $[0,1]$ 的有界函数 F,使任意的 $x_j\in X_j$,并且具备 $y\in Y$,构造表示模糊"与"、模糊"或"、模糊"非"的三个基础算子分别为 $t\wedge$、$t\vee$、tc,利用多维模糊推理的算法进行运算得到结论 $B'(y)$ 即为 $F(x)$。

根据上述所得出的结论表明，通过利用基础算子对各模糊推理算法的推理前提进行计算，所得到的推理结论是一个论域在[0,1]上有解释函数值，而模糊推理的各类算法实际上是这一函数的具体构造。因此，在模糊推理算法中这种将逻辑推理转化为数学算法的方法是有理论依据的，并且基础是可靠的。

1.2.3 模糊推理算法的特点与应用

模糊推理算法适用于许多难以建立精确数学模型的复杂系统和繁难工艺，这些实际系统或研究对象往往具备非线性、时变性、不确定性或大滞后性等特点，只有利用模糊推理算法将相应的人类智慧与经验融入应用系统中，才能得出正确的推理结论或达成相应的控制目的。模糊推理算法自诞生以来已经取得了突飞猛进的发展与应用，其特点包括以下几点。

1. 模糊推理系统的实现不依赖于研究对象的精确数学模型

模糊推理是以人对研究对象的科学认知为逻辑依据而设计推理语言和方法的，因此无须知道被控对象的内部结构及其数学模型，这对于常规的演绎推理和精确逻辑无法实现自动化的复杂系统进行自动计算和判断是非常有利的。

2. 模糊推理算法易于研究人员的掌握与运用

作为模糊推理系统核心的推理规则是用自然语言表达的，很容易被研究人员接受，提高了模糊推理系统的人机交互性能。

3. 模糊推理算法有利于利用计算机软件实现自动的推理过程

模糊推理算法是通过模糊集合论和模糊逻辑推理实现的，可以将研究对象的科学经验转换成数学函数，并结合其他的物理规律，通过计算机软件实现自动推理并得出结论。

4. 模糊推理系统的鲁棒性和适应性较强

根据专家的科学经验所设计的模糊规则，可以对各复杂变量之间的关系进行有效的分析，经实际调试以后其鲁棒性和适应性都很容易达到要求。

自20世纪90年代起，模糊数学已经在诸多领域取得了长足的发展与应用。目前，模糊推理算法已经成功运用到风险预测、信息处理、综合评估、意见决策、模式识别和专家系统等方面，尤其在模糊预测和控制方面表现出优良的性能，能够使人与生产工具更好地进行配合，具有广泛的实用价值和发展潜力。

1.3 粒子群算法

模型精度和模型的泛化能力是机器学习算法不可避免的两个重要因素，提高模型精度和泛化能力都是优化的一部分。粒子群算法是一种全局搜索算法，它利用多个粒子根据特定策略并行搜索解空间，同时避免局部优化，从而获得更好的全局解。其简单、易实现及搜索速度快的优点，使得网络收敛于全局最优点或者更好的局部极值点，要比随机梯度下降法拥有更快的收敛速度和更低的误差 。

粒子群算法是一种有效的全局优化算法，也是一种智能优化算法，1995年由美国心理学家Kenedy和电气工程师Eberhart所提出。该算法是模拟鸟群觅食的简化模型。受这个模型的启发，每个粒子都是独立的、带有记忆的，可以根据自己的记忆搜索最佳位置。对于整个群体来说，粒子间的信息是共享的，粒子可以相互学习经验，促进全局的发展，搜索全局的最优解。将该算法应用于解决优化的问题上其过程不需要过多的人为干扰，因此该算法目前已经广泛用于函数优化、模式识别、神经网络训练、决策支持、系统辨识等领域。

粒子群算法最初为每个粒子提供一个随机解，并通过迭代次数逐渐搜索最优解。在每次迭代中，粒子用两个极值更新其速度和位置。第一个极值是粒子本身所找到的当前最优解，这个解叫作个体极值(JBest)；另一个极值是整个群体中所找到的最优解，这个解叫作全局极值(QBest)。

粒子群算法求解过程如下：

(1)粒子的随机初始化。

(2)计算群体中每个粒子的自适应值。

(3)更新个体最优 P_{id} 和全局最优 P_{gd}。

(4)根据 P_{id} 和 P_{gd} 公式更新粒子的速度和位置。

$$v_{id}=wv_{id}+c_1+\mathrm{Rand}(\,)(p_{id}-x_{id})c_1+\mathrm{Rand}(\,)(p_{id}-x_{id})c_2 \tag{1-25}$$

$$x_{id}=x_{id}+v_{id} \tag{1-26}$$

(5)如果满足终止条件，则停止，否则回到步骤(2)。

式(1-25中)中，d 是维数，w 是惯性权重，c_1、c_2 是学习因子，并且生成Rand函数。[0,1]随机数，P_{id} 是JBest的最优值，P_{gd} 是QBest的最优值。粒子群算法流程图如图1-15所示。

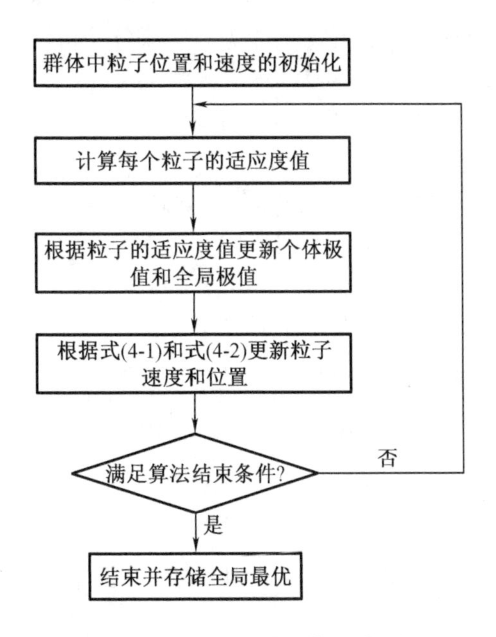

图1-15 粒子群优化算法流程图

1.4 主成分分析法

主成分分析法也称主成分量分析法,主旨是把所测量的多项指标利用降维的方式转化成少量几个主要成分,转化的每个成分都可以代表原成分的大量信息,并且各个成分间不存在重叠。这种将多变量转化为少量几个主成分的方法称作主成分分析法。在许多课题研究中,为了更加准确无误地分析并解决问题,更多的影响因素应该被考虑,但是所测量的众多变量在某种程度上存在信息重叠,变量之间彼此有一定的相关性。主成分分析法旨在从原始变量中取若干线性组合,并且实现对原始信息最大程度的保留。

主成分分析法把给定的一组具有相关性的变量转换成了另外一组不相干的变量,转换的新变量依照方差递减的顺序排列。在转换过程中保持方差总和不变,最大方差的第一变量称为第一主成分,次大方差的第二变量称为第二主成分,同时与第一主成分没有相关性。虽然主成分分析法对于主成分的个数没有具体要求,但是最好在保证主成分累计贡献率大于85%的前提下使主成分个数最小化。累计贡献率的数值越大,主成分分析的结果就会越准确,因此既要使主成分个数少,又能够表达原始数据的大部分信息。若测量的自变量种类较多,则需对所测量的样本进行大量取样,这样才能尽可能地保证主成分分析的准确性。

水稻分类运用主成分分析法的主要原因就是因为需要对水稻种子进行大量取样,同时有关水稻种子物理形态的自变量种类较多,所以采用该方法能够较为精确地对水稻种子是否为稻花香2号进行鉴别。测量水稻种子的自变量有重心 X、重心 Y、面积、周长、圆度、复杂度、深长度、球状性、长短轴比以及变动系数等。主成分分析法的计算步骤如下:

采集 p 维随机向量 $\boldsymbol{x}=(x_1,x_2,\cdots,x_p)^{\mathrm{T}}$ 的 n 个样品 $x_i=(x_{i1},x_{i2},\cdots,x_{ip})^{\mathrm{T}},i=1,2,\cdots,n$, $n>p$,构造样本阵,对样本阵元进行如下标准化变换:

$$Z_{ij}=\frac{x_{ij}-\overline{x_j}}{S_j},\quad i=1,2,\cdots,n;j=1,2,\cdots,p \tag{1-27}$$

$$\overline{x_j}=\frac{\sum_{i=1}^{n}x_{ij}}{n},s_j^2=\frac{\sum_{i=1}^{n}(x_{ij}-\bar{x})^2}{n-1} \tag{1-28}$$

利用标准化阵 $\boldsymbol{Z}$,求相关系数矩阵

$$\boldsymbol{R}=[r_{ij}]_p x_p=\frac{\boldsymbol{Z}^{\mathrm{T}}\boldsymbol{Z}}{n-1} \tag{1-29}$$

$$r_{ij}=\frac{\sum Z_{kj}\cdot Z_{kj}}{n-1},\quad i,j=1,2,\cdots,p \tag{1-30}$$

解样本相关矩阵 $\boldsymbol{R}$ 的特征方程 $|\boldsymbol{R}-\lambda\boldsymbol{I}_p|=0$ 得 p 个特征根,确定主成分,按照方差提取度值 $\left(\frac{\sum_{j=1}^{m}\lambda_j}{\sum_{j=1}^{p}\lambda_j}\geqslant 0.85\right)$ 确定 m 值,使信息提取度达到85%以上,对每个 $\lambda_j,j=1,2,\cdots,m$,解

方程组 $\boldsymbol{R}\boldsymbol{b}=\lambda_j\boldsymbol{b}$ 得单位特征向量 $\boldsymbol{b}_j^{\circ}$。

标准化后的变量转换为主成分

$$\boldsymbol{U}_{ij}=\boldsymbol{z}_i^{\mathrm{T}}\boldsymbol{b}_j^{\circ},\quad j=1,2,\cdots,m \tag{1-31}$$

U_1 为第 1 主成分，U_2 为第 2 主成分，$\cdots$，U_p 为第 p 主成分。

对 m 个主成分的方差贡献率进行相加求和，获得最后的评价值。

1.4.1　主成分分析法的几何含义

为了更加清晰地了解主成分分析法的含义，本节主要介绍在二维空间中主成分分析的几何意义。以水稻种子为例，假如有 m 个水稻种子，每个水稻种子有 2 个观测指标 x_1 和 x_2，由 2 个观测指标组成的坐标可看到有 m 个水稻种子的样本点，如图 1－16 所示。

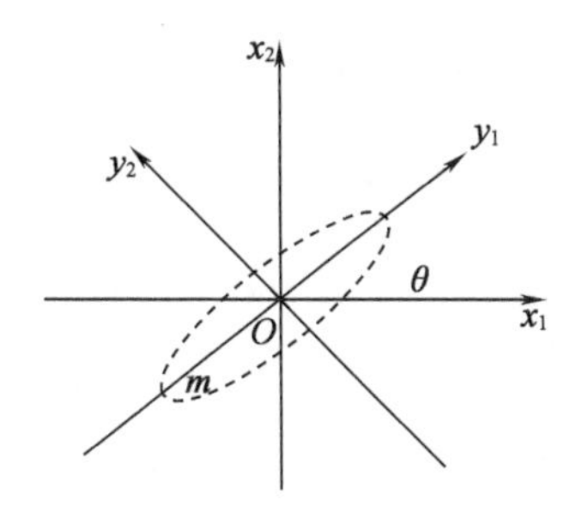

图 1－16　主成分分析的几何意义

由图 1－16 可知，m 个水稻种子样本与 x_1 轴、x_2 轴都有离散性，所以只考虑 2 个指标中的 1 个。无论选择哪个指标都会造成水稻种子样本信息缺失，所以考虑到 2 个指标的线性组合，用新变量表示水稻种子样本的原始数据。用几何图形表示就是把坐标轴逆时针旋转 θ 角度，y_1 和 y_2 为旋转之后的新坐标轴，旋转坐标的公式如下：

$$\begin{cases} y_1=x_1\cos\theta+x_2\sin\theta \\ y_2=-x_1\sin\theta+x_2\cos\theta \end{cases} \tag{1-32}$$

通过旋转后获得的新坐标可知，m 个水稻种子样本点在 y_1 轴上离散程度最大，所以说 y_1 代表了水稻种子原始数据中的大量信息。水稻种子的原始数据经过坐标轴旋转变换之后聚集到了 y_1 轴上，对信息起到了压缩的作用。

由 y_1Oy_2 坐标可知，m 个散点坐标 y_1 和 y_2 几乎不相关，散点沿着 y_1、y_2 的 2 个方向分布，散点在 y_1 轴上的方差最大，在 y_2 轴上的方差次之，即 y_1 为第 1 主成分，y_2 为第 2 主成分。第 1 主成分概括能力的大小由图中椭圆形状决定，当椭圆的长短轴相等时，说明第 1 主成分与第 2 主成分各自概括原始数据一半的信息，产生这种问题的原因就是原始变量 x_1、x_2 不相关，所以 2 个主成分概括的信息不重叠；当椭圆的长轴远远大于短轴时，第 1 主成分几乎概括了原始数据的绝大部分信息，这样的分析结果是非常理想的。

1.4.2　主成分分析法的优缺点

由于在运用主成分分析法解决问题的过程中，对多个指标进行降维处理，因此所获得的主成分之间没有相关性。通过对主成分分析法的大量运用与实践发现,指标之间呈现的线性相关度越高,就说明该方法所产生的效果越好。相较于其他需消除各个指标间的相互影响并且在选择指标时费时费力的方法,主成分分析法在指标选择上较为简便。该方法中每一个主成分是按照方差大小排列的,即按每个主成分贡献率的大小排列,当各个主成分的累计贡献率大于85%时,即可以运用主成分分析法计算,减少了部分工作量。主成分分析法在计算中较为科学,同时便于在计算机中实现。但是由于各个主成分的定义无法像原始变量的定义那样清晰明确,这也是原始变量聚合后所产生的弊端,因此通过聚合后所获得的主成分需明显小于原变量的个数,这样主成分分析法才能在计算中有意义。

第2章　棚室生产环境数据获取与智能控制

棚室是一个半开放的系统,它实时与外界发生着物质和能量的交换,作物生长的环境直接影响其产量,若缺少科学合理的监控方法,则棚室内环境的变化很难满足作物的生长需求,因此通过科学、有效的方法对棚室内作物的生长环境进行监测、调控,是提高作物产量、作物品质的关键。

棚室环境远程监控是一项综合性技术,它能充分利用信息技术对棚室环境进行自动监测和调控,营造适宜的作物生长环境,准确、及时地掌握环境数据,并根据实时监测的数据,实时预测作物生长情况,建立精准、有效的棚室监测和综合控制系统。基于云平台的棚室环境远程监控系统针对农业棚室对远程智能化监控的需求,将云平台技术、Internet 技术、Socket 远程通信技术、传感器感知技术、计算机控制技术和数据存储技术结合起来,根据棚室监控的特点,研究基于云平台的远程监控方法,开发支持云平台的棚室监控器、远程数据中心和实时棚室远程监控系统,结合移动通信和数据宽带构建全网通的数据通信链路,从而提高棚室的自动化水平,实现农户实时对棚室环境进行远程监测与控制。经过试验,该系统稳定且实用,适合于农业棚室的生产及管理。

2.1　系统采用的关键技术

2.1.1　棚室环境感知技术

随着传感器技术和物联网技术的发展,采用现代传感器、摄像设备以及物联网技术来获取异地现场或物体的信息和状态,也就是数据采集,对于农业棚室环境监测具有基本的应用价值。

传感器是棚室环境远程监控系统中拥有“智慧”的重要器件。任何事物都具有生化及物化的特性,传感器就是通过此种特性,将被监测对象的生物量、物理量或化学量,按照设定好的标准协议,转变为电信号、数字信号或其他形式易于传输的信息量。传感器作为获取外界环境参数的重要设备,与通信技术和计算机技术共同构成信息科技的三大支柱。

作为感知层的核心部件,传感器的主要功能是用来采集或测量棚室内部的环境信息。其内部除感知元器件外,还包含单片机、电阻、放大器以及通信接口等。

传感器未来的发展方向如下。

(1)智能材料:在设计生产过程中,参考材料的机械、物化、电量及其他参数,研发出具有人工生物性能的优异材料。

(2)新工艺:随着半导体工艺的发展,电子束、激光束和微电子中使用的化学刻蚀工艺,已经广泛地在传感器中使用。

(3)网络化传感器:传感器中可加入网络接口和协议,从而实现网络化的传感器。

(4)智能化:智能化传感器是结合传感器技术与 LSI 技术发展起来的,随着高新技术的不断进步,智能化传感器必将实现。

2.1.2 Socket 远程通信技术

数据远程传输子系统的主要功能是实现数据的远程传输以及棚室设备指令的收发。远程传输系统所采用的 Socket 通信,是基于 TCP/IP 所发展起来的,也是目前应用最广泛的通信核心技术。

Socket 又称"套接字",属于应用程序与网络之间的桥梁,双方通过"套接字"来应答彼此的请求。程序员在网络开发时,TCP/IP 要向其提供的接口就是 Socket 编程接口,HTTP 是"汽车"提供封装或者显示数据的具体形式,Socket 则是网络通信能力的"发动机"。Socket 通信体系结构如图 2-1 所示。

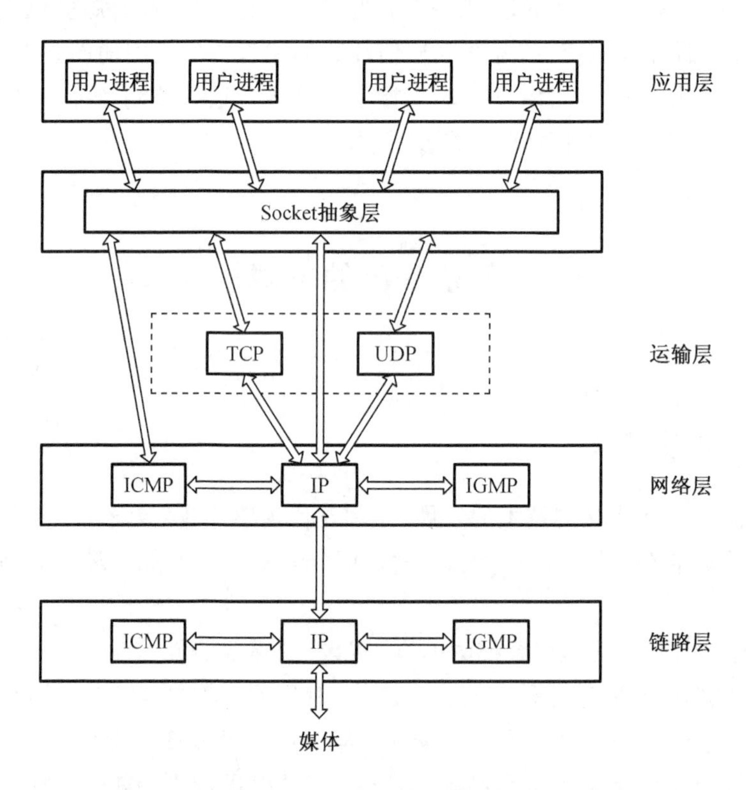

图 2-1 Socket 通信体系结构

根据 Socket 远程通信的特征,可将 Socket 比作可供两台主机之间进行双向通信的端点,这两个端点分别为本地主机进程和远程主机进程,两个端点共同形成网络通信中的编程界面。其网络连接图如图 2-2 所示。

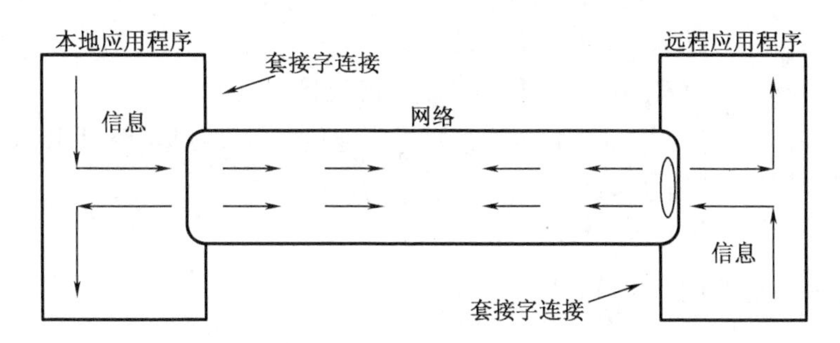

图 2-2　Socket 网络连接图

在每台计算机上,Socket 都会为其提供一个通信接口,所以任意两台带有 Socket 接口的计算机都可以相互通信,且能够实现应用程序与服务器之间的数据传输。Socket 远程通信的方法有以下 3 种。

(1)流式套接字:此类接口多用于 TCP 的面向连接,数据可以完整、准确地进行收发,且接口处也设置了流量范围控制,防止数据超过限制,是一种可靠的数据传输方法。

(2)原始式套接字:此类接口可以访问如 IP、ICMP 一类的低层协议,常用于访问服务配置中的新型配置等。

(3)数据报式套接字:此类接口常用于 UDP 协议中无连接的数据传输,不需要考虑接收端是否响应,直接发送数据包,所以无法保证数据的完整性和准确性,也可能产生数据格式不对等错误。

棚室环境远程监控系统需保证通信服务器的持久稳定性,因此应选用流式套接字法进行通信,具体流程如图 2-3 所示。

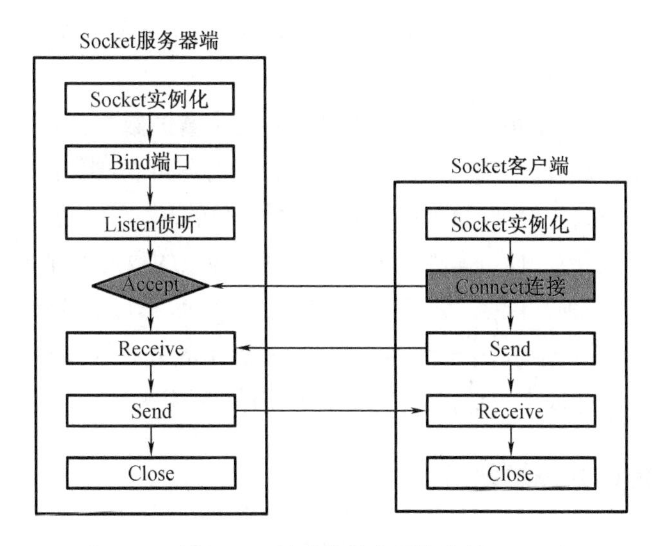

图 2-3　流式套接字通信流程

服务器端:

(1)首先将 Socket 各种参数初始化。

(2)再绑定(Bind)端口,确定端口 IP 地址。

(3)监听(Listen)所绑定端口,等待客户端方的连接。

(4)响应并建立连接(Connect),与客户端进行通信并收发数据(Send,Receive)

(5)通信完毕后,关闭 Socket。

客户端:

(1)系统参数初始化,寻找端口。

(2)发送连接请求。

(3)连接成功后,可以进行数据的收发。

(4)通信完毕后,关闭 Socket。

2.1.3 棚室环境数据存储技术

棚室环境数据存储技术,是将获得的监控棚室的实时数据信息及影像,通过 LTE、GSM、Wi-Fi 等无线网络,上传至服务器进行处理或存储。数据是棚室监控系统的灵魂,没有数据便没有标准和参照来对棚室环境进行智能化检测及自动化控制,所以数据的处理和存储是棚室监控系统的核心部分。根据不同的棚室远程监控系统,可总结出数据的以下两个特征。

(1)数据海量性。在实时的棚室环境监控中,采集设备、棚室数量的增加以及采集频率的缩小,都会使得整个系统网络的数据量大幅度增长,久而久之便会造成服务器压力过大,所以在处理数据的过程中,需要对数据进行优化,来提高系统服务器的稳定性。

(2)数据实时性。数据的实时性是棚室环境远程监控的基本需求,特别是在作物生长时期,棚室环境信息的实时性对于农户及工作人员显得尤为重要,通过了解棚室内实时采集上来的数据及影像,可及时做出相应的决策及处理,且需具备发现数据错误和遗漏的能力,从而保证棚室内环境信息的完整性和准确性。

监控系统内的每个棚室每天都会向云服务器传送大量的数据信息,阿里云平台对数据进行处理时,最关键的部分就是数据管理,主要是数据的分析、分类,存储,维护以及快速检索。应用数据库的方法,来对海量的棚室数据进行有效管理,也就是将海量数据分别以文件的形式,进行调用及保存,便可实现一种稳定有序且高效的数据管理模式。

本系统采用的是一种性能强大且易于扩展的关系型数据库 SQL Server,可与 Windows NT 完美结合,是美国 Microsoft 公司为客户端/服务器端的分布式计算而设计的数据库系统,且 SQL Server 数据库成本较低,具有更高的实用性和稳定性。

2.1.4 远程监控网站开发技术

远程监控网站开发技术是基于计算机监控系统所发展起来的,是可以在计算机、平板电脑、手机等设备上运行,实现可视监控的软件系统。其囊括了实时采集、数据信息显示、数据处理、控制被监控对象以及人机交互等功能,可大幅度地提高工作效率,且更利于数据的共享。

伴随"物联网＋"技术在农业领域的快速发展，尤其是远程监控手段的多元化以及监控技术水平的提高，计算机及手机登录网站远程监控得到广泛的应用。

2.2　系统总体设计

2.2.1　系统需求分析

1. 系统的功能需求

农业棚室环境远程监控系统是将农业棚室内的环境信息、作物生长的影像信息，棚室执行机构的状态信息与时间、地域信息，按照设定好的统一规格协议，通过全网通移动网络上传至阿里云服务器，实现系统化及规范化的数据采集、上传、分析、存储和统计，从而使系统可以适应不同种类的棚室环境。

为使棚室监控系统不受时间、地域的限制和不受开发平台的影响，系统功能应该具有完善、清晰的用户权限制，保证用户每次都可安全、方便地访问。工作人员只需在有互联网的条件下，通过客户端输入登录账号、密码，通过验证后即可进入系统界面，可以查询所有棚室的当前或历史数据信息，下载高清图片查看作物长势及病虫害征兆，还可以随时远程控制监控棚室的执行机构，并检查设备工作状态。

2. 可行性分析

首先阿里云平台的技术开发已足够成熟；其次在硬件方面，现有的计算机、采集传感器、通信设备等硬件性能可靠，3G/4G 移动通信网络速度的逐步提升，使得采集终端可以准确、实时地向服务器发送数据，并可让服务器迅速、无误地响应工作人员的请求；软件方面，成熟的 Delphi 语言编程技术、SOL 数据库开发技术、系统自身处理能力的增强，这些关键性因素都为系统的稳定运行奠定了基础。

2.2.2　基于云平台的系统总体框架

整个系统由数据采集终端、远程通信传输、阿里云平台、应用控制终端四部分组成。总体框架如图 2－4 所示。采集终端即各类精密传感器，各组传感器与采集器相连，实时采集棚室内部环境参数，经处理整合后由远程传输系统传输至阿里云服务器，并进行处理分析、数据库存储。控制终端为通用电机、阀门。

1. 感知层

棚室内环境信息的感知层，是将多种不同类别的传感器集合起来，组成一个精密有效的传感器网络，可以实时地采集棚室内的环境数据信息以及作物生长情况的影像信息。感知层是物联网＋农业的根基，位于本章整个系统架构的最底端。我国传统的农业棚室环境监控方法中，农民是根据以往的种植经验，通过物理测量方法或是凭自身感觉来对作物生长环境的好坏做出相应判断的,此方法不但费时费力,而且缺少科学数据的支撑,不利于棚室管理体系的建立。通过大量的调查研究发现,不同的时间段、不同的地域,棚室内各项环境因子都在不停地发生变化。因此,实时、精确地获取棚室内的数据影像信息是非常重要的,精准、实时的棚室信息感知可使工作人员及时对多个棚室做出相应的控制决策,既可省时省力,又可有效地防治作物病变,最大化地提高生产效率以及经济效益。

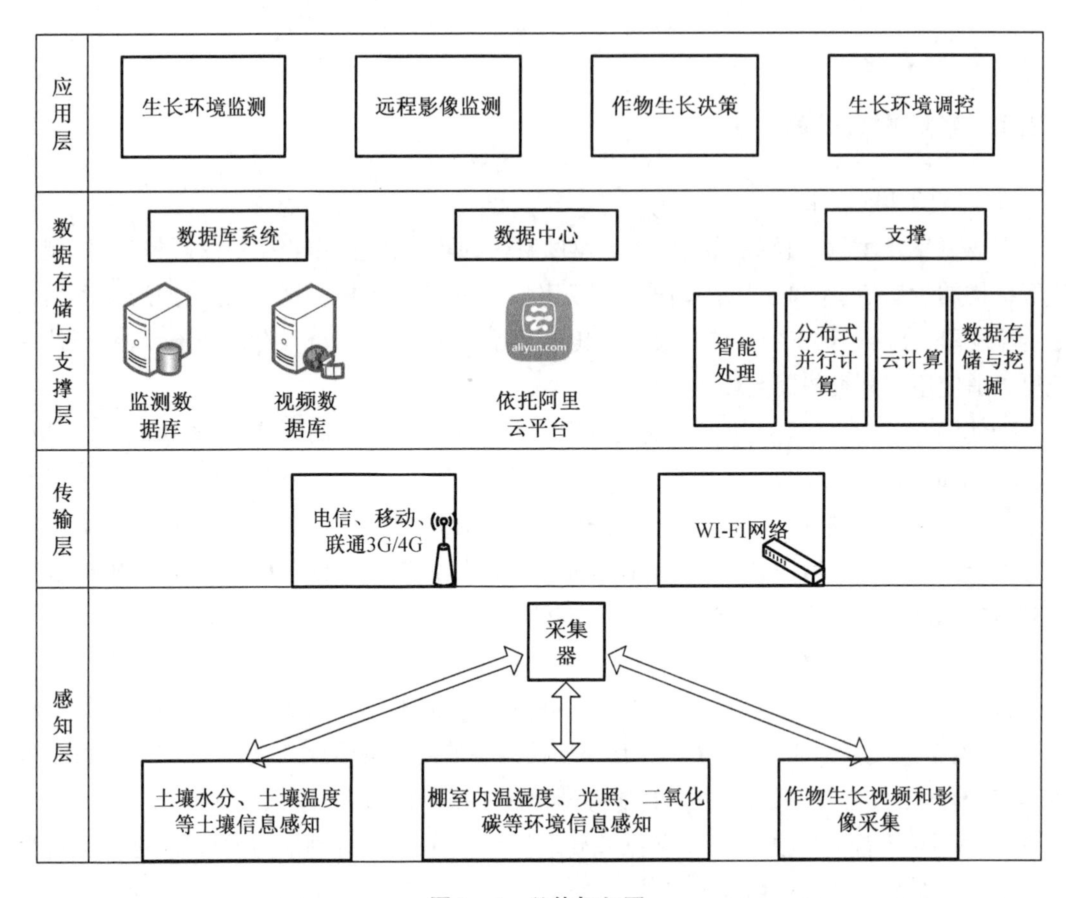

图 2-4 总体框架图

2. 传输层

数据信息传输层,是整个系统的桥梁,传输感知层采集到的数据及影像信息,还可以传输工作人员下达的棚室设备控制指令。物联网 + 农业的第二层,也是决定系统能否正常运行的重要一层。通过 Wi-Fi 技术、全网通移动网络通信技术等多种远程无线方式传输途径,结合 Socket 通信以及制定的集成数据协议,将各个棚室的数据信息传输到系统服务器。由于感知层采集到的数据和影像信息量巨大,传输层将采用数据与影像分开传送的方法,且工作人员通过高清晰的影像或图片来判断当前棚室内作物的长势情况及病变情况,需要拍摄出高清图像,因此影像信息在传输时采用了分割图像再上传,服务器接受后拼接的方式。

3. 数据存储与支撑层

数据存储与支撑层可搭建稳定可靠的信息数据库，对传输层上传的数据及影像进行处理、分析，最后存储至服务器，为系统的第三层。本系统依托阿里云平台建立农业集成数据中心及数据库，简称云服务器（elastic compute service，ECS），其独特的管理、开发方式相比于物理服务器更加的简易、高效且稳定，服务可用性 99.95%，数据可靠性 99.999%，具有自动宕机迁移、数据备份和回滚、系统性能报警等特点；在安全方面具有防 DDOS 系统、安全组规则保护、多用户隔离防密码破解等特点。系统采用的云服务器，主要功能为影像监测与存储、参数设置、环境监测数据显示、卷帘与微喷控制、视频和数据下载等业务，可以减少系统维护对技术人员的要求和服务器维护成本，提高了系统运行的可靠性。

4. 应用层

系统的最后一层为应用层，是体现整个系统作用和价值的一层。其作用是首先开发了手机、计算机的远程监测客户端以及农业综合服务网站，搭建了具有棚室作物数据信息显示、作物生长影像监测、生长环境监测、控制开关与调节参数等功能的网络平台。其界面设计简洁明了，便于操作。同时该系统还留有很多端口，在后期应用中根据实际需求再陆续加入界面。农户及工作人员可以做到足不出户或是随时随地都可对系统检测区域中各个棚室内的作物生长环境信息进行检测和调控，也可通过历史数据进行总结和推断，将每种作物所需的最优生长环境总结出来，为以后的棚室监控和决策信息积累经验，达到未雨绸缪的效果。

2.2.3　系统的主要功能

棚室环境远程监控系统的主要功能是能在远离棚室现场的地点，通过在棚室内部布置安装的多组精密传感器，对多个棚室的空气温度、空气湿度、土壤温度、土壤水分含量、光照强度、空气中二氧化碳（CO_2）浓度、空气 pH 值等环境因素的状态进行实时感知，再通过高清摄像头对棚室作物进行多角度的高清图片抓拍或实时影像，农户及工作人员随时随地都可登录监测平台、网站或计算机、手机客户端来查看被监测棚室中实时的环境信息以及作物生长的情况，判断当前的棚室内环境是否达到农作物可以最佳生长的条件，同时能够看到高清的作物图片或视频，可及时发现作物是否有病变或虫害的发生。

农户及工作人员可根据以上所查看的实时数据影像信息，再结合天气情况，调控棚室的相关设备、阀门，对这些环境因素进行相应的调整及优化，预判是否具备病虫害发生的条件，提早预防病虫害的发生，从而达到为农作物生长创造有利环境的目的，实现农业棚室监控的智能化与自动化，为提高棚室作物的产量及质量打下基础；也能为作物生长的研究积累宝贵的数据，通过大量数据的对比及分析，为以后的农业生产提供指导意见和理论支撑。系统主要功能如图 2－5 所示。

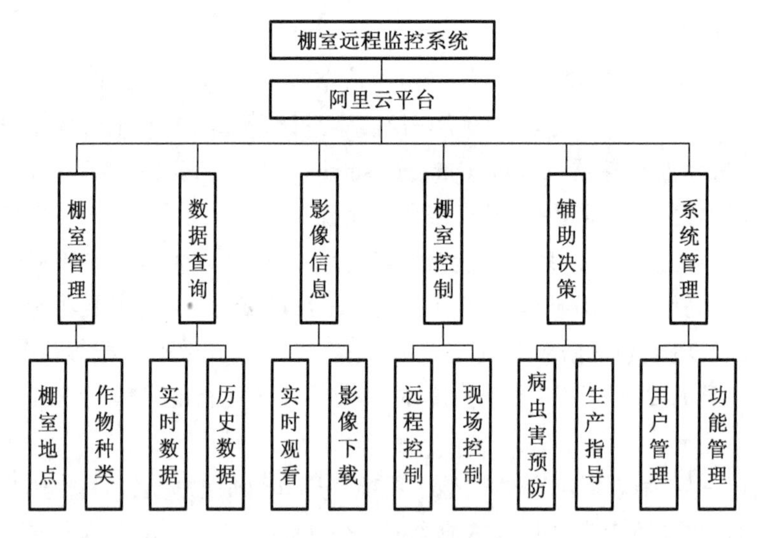

图 2-5　系统主要功能

2.2.4 棚室远程监控系统

棚室远程监控系统由监测系统以及控制系统两部分构成。监测系统集合感知、传输以及存储,负责采集和传输棚室信息。控制系统负责通过棚室信息发送控制命令和调节棚室中的最佳生长环境。

采用适合北方棚室的精密环境传感器,利用 RS485 串行通信,将数据实时采集到中央采集器,数据可由 JM12864 显示屏显示,采集器将数据经由 RS485 转 232 模块转换为 RS232 协议传输到工业 3G/4G 无线路由器,再发送至云平台存储。棚室远程监测系统如图 2-6 所示。工作人员可通过观看实时数据和影像来控制棚室内电机和阀门,调节棚室内最适宜的生长环境。本系统是一个成本低、实用性高的远程监控系统,可在种植过程中,通过现场观看数据调控和异地远程监测调控双模式进行监控。棚室远程控制系统如图 2-7 所示。

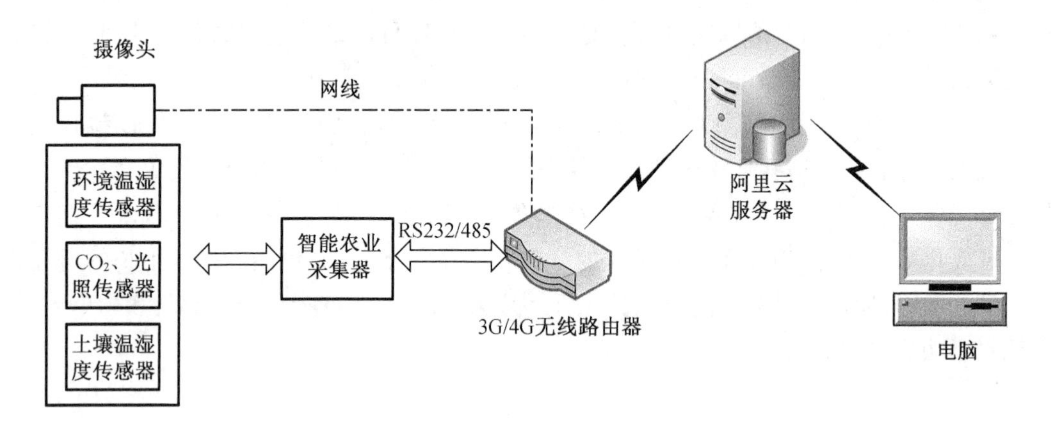

图 2-6　棚室远程监测系统

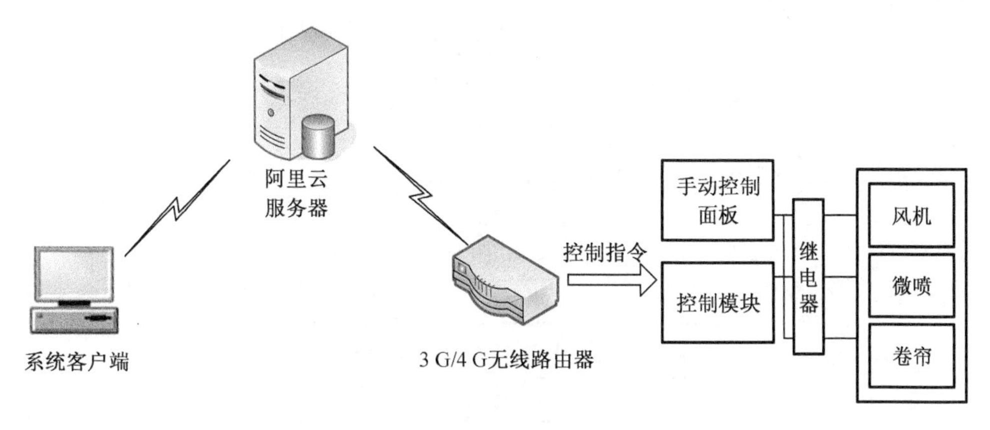

图 2-7　棚室远程控制系统

2.2.5　棚室远程通信系统

1. 远程通信系统概述

远程通信系统的设计将以 Socket 通信为基础，集合串口通信等技术实现整个棚室系统中各个环节和区间之间的远程通信。

在构建棚室远程通信系统时，需要重点注意以下几方面。

(1)与阿里云服务器进行远程通信时的稳定性与实时性

远程通信系统作为棚室远程监控的桥梁，其本身却不具备向工作人员展示数据和信息的功能，当工作人员想要了解棚室现场的环境信息或是执行机构的运行状况时，则需要向云服务器发送连接请求再进行通信及信息传递，因此要保证与服务器远程连接时的实时性与稳定性，确保多个用户同时进行访问时，工作人员可以准确、快速地了解实时的棚室环境信息。

(2)棚室现场各种设备通信连接时的稳定性与实时性

由于棚室的分布不均，以及所处地域的远近不同，每一个棚室都配备专门的工作人员来维护并不现实，因此，分布式的棚室系统管理只可以通过远程监控来完成。确保稳定连接的同时，还需注意连接的实时性以及数据的安全性等问题，避免因数据信息没有实时上传，而导致工作人员下达错误的控制指令，造成不必要的损失。这对通信系统中的通信模块、性能、材质要求很高。

2. 远程通信协议的设计

通信协议(communications protocol)是指在网络系统中，要使两个终端设备相互完成通信后，实现数据信息的交换或资源的共享所必须遵循的准则和规定。其本身具有可靠性、层次性和有效性三种特性，且通信协议的设定主要包含以下三个要素。

(1)语意：所要通信的内容，如数据的内容、表达的含义或要控制的指令等。

(2)语法：如何进行通信，需要弄清如数据信息的格式、编码、信号电平的高低。

(3)定时规则：什么时间通信，弄清通信时的顺序、排序、速率的匹配等。

通信系统工作时，服务器端一直处于监听状态，当与棚室的监控终端响应连接后，便可进行双方通信。数据传输格式如图 2-8 所示。

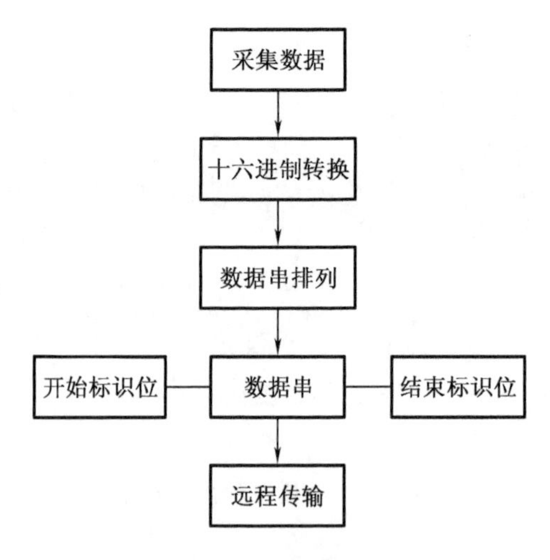

图 2-8 数据传输格式

通信系统内数据的传输格式为:将采集到的所有数据进行十六进制转换后,按照以下规定的方式排列:

开始标识位 040404 + 环境温度 2 个字节 + 环境湿度 2 个字节 + CO_2 浓度 2 个字节 + 光照强度 2 个字节 + 土壤湿度 2 个字节 + 土壤温度 8 个字节。

数据串上传至服务器后,由数据集成中心进行解析转换:将接收到的数据串按所占字节数及排列顺序分别取出,并由十六进制转成十进制数,按照精度保留小数位,并填写对应的计量单位后,在数据库进行存储,如表 2-1 所示。

表 2-1 数据解析表

参数	所占字节数	小数点保留	单位
环境温度	2 个	1	℃
环境湿度	2 个	1	%(RH)
CO_2 浓度	2 个	0	ppm①
光照强度	2 个	0	lx
土壤湿度	2 个	1	%(RH)
土壤温度	8 个	1	℃

2.2.6 数据远程存储系统

当前各类领域的监控系统中,优秀的数据存储系统必须要有一个优秀的数据库为基础。所以,数据库的开发是整个系统的核心部分,通过数据库对数据进行有效的管理和操作将是重中之重。数据库的设计是在指定的应用程序环境中搭建出合理的数据框架,建立稳定优化的数据库系统,使得系统内的数据可以高效稳定地保存,方便工作人员随时随地地查看。其主要分为三个部分:数据存储、数据管理、数据的使用。

① 1 ppm $=10^{-6}$。

1. 数据库需求分析

搭建数据库的第一个环节就是需求分析,也是其设计理念中最重要的部分。因为它是软件的根基部位,设计开发人员必须通过大量考察和深入分析,来确定系统数据库所需要掌控和管理的种类、数量及大小等信息,最终整理确定出整个数据库体系的设计理念和逻辑,以及各类数据信息的处理方式和职责范围。

2. 数据库的逻辑结构

一个应用程序是否能够稳定且流畅地运行,能否准确无误地反映数据信息,都需要有一个逻辑结构完美的数据库来实现,它是数据库设计搭建中的主要环节之一。关于逻辑结构的设计,其主要内容是构建一种现实的数据信息可与计算机中的虚拟数据正确映射。

关于数据库的逻辑结构,设计时要注意两个重要原则:

(1)建立的数据表必须保证在有效的情况下尽量做到简洁明了,防止多个数据表对应同一信息,导致产生冗余的信息,也不利于未来的维护措施;

(2)建立数据表时,需严谨且合理构思,注意其中数据的准确性、完整性和一致性,保证建立在能够正确表达现实数据的基础之上,这样可避免以后存储数据时因错误或偏差而造成数据丢失。

3. 数据库的三层架构

在明确需求分析以及逻辑架构之后,就可以根据数据库的三层体系结构来完成数据库的搭建,如图 2－9 所示。

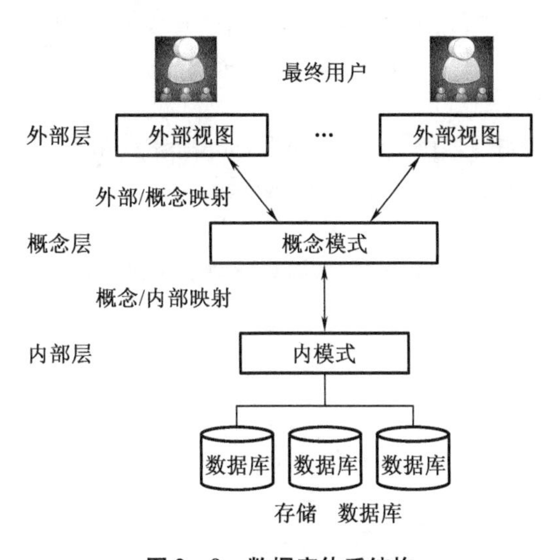

图 2－9　数据库体系结构

(1)内部层(internal level),包含内部模式,通过物理数据模型,描述了数据库的存储结构、存储细节以及存储路径。

(2)概念层(conceptual level),包含概念模式,在开发实现一个数据库系统之后,都会以一个数据模型来描述概念模式,在隐藏了物理存储细节的同时也向用户展示了数据库的整个结构,并重点讲述了实体、关系、数据类型、用户操作等。

(3)外部层(external level)也称视图层(view level),包含用户视图,通常会采用一种表示方法或模型来实现对用户所需要的数据部分进行最直观的展示以及描述，同时也隐藏了数据库中其他部分信息。

搭建数据库，常用方法有数据库的程序代码生成、图形化程序生成、自定义的批处理理脚本生成和数据联盟生成。本系统采用的是图形化程序生成，如图 2－10 所示。在建立新的数据库之后，将数据库的名称及相关信息输入完毕。

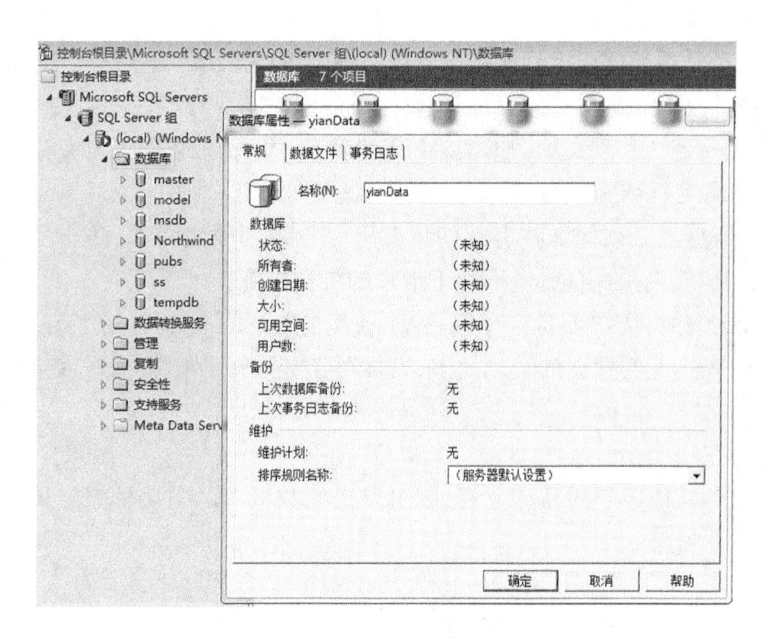

图 2－10　数据库建立

生成数据表，在新建数据库中的 test 选项里选择新建数据表，完成地点数据表以及传感器数据表相应的字段并进行保存，如图 2－11 所示。

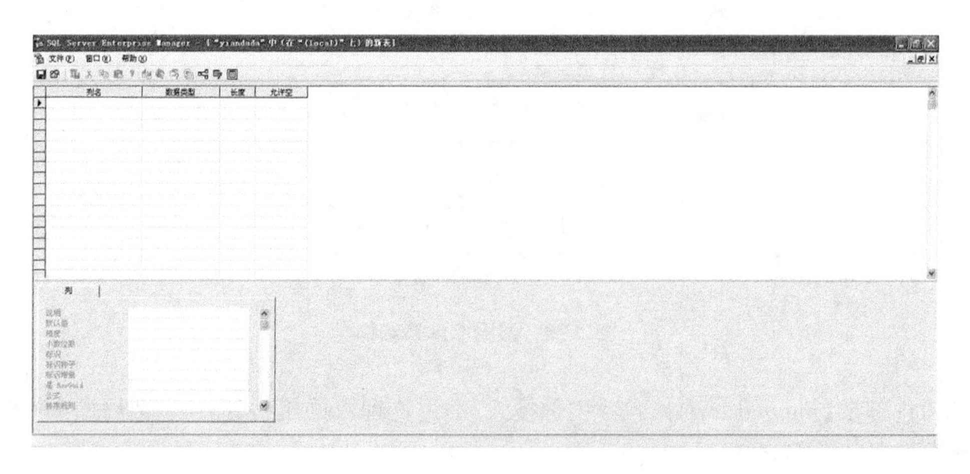

图 2－11　生成数据表

数据库地点表如表 2－2 所示，地点表内主要保存了各个被监控的棚室采集终端上传至服务器的信息，如棚室编号、棚室地点、棚室内作物种类、摄像头的 IP/端口、采集端的 IP/端口以及棚室的经纬度等。

表 2-2　数据地点表

编号	字段	字段类型	说明
1	xh	int	序号
2	t_where	int	棚室地点编号
3	t_where_zw	varchar	棚室地点名称
4	photo_id	int	摄像头编号
5	photo_addr	varchar	棚室位置(作物)
6	vid_ip	varchar	摄像头 ip
7	vid_port	varchar	摄像头端口
8	vid_user	varchar	摄像头用户名
9	vid_password	varchar	摄像头密码
10	where_ip	varchar	采集点动态 ip
11	where_port	varchar	采集点端口
12	where_when	datetime	采集时间
13	t_where_x	varchar	坐标经度
14	t_where_y	varchar	纬度

数据存储格式:序号/棚室地点编号/棚室地点名称/摄像头编号/棚室位置(作物)/摄像头 ip/摄像头端口/摄像头用户名/摄像头密码/采集点动态 ip/采集点端口/采集时间/坐标经度/纬度。用户存储格式如图 2-12 所示。

序号	棚室地点编号	棚室地点名称	摄像头编号	棚室位置(作物)	摄像头ip	摄像头端口	摄像头用户名	摄像头密码	采集点动态ip	采集点端口	采集时间	坐标经度	纬度
xh	t_where	t_where_zw	photo_id	photo_addr	vid_ip	vid_port	vid_user	vid_password	where_ip	where_port	where_when	t_where_x	t_where_y
1	1	先锋乡先锋村	1	黄瓜	192.168.10.11	8000	admin	1972	42.103.120.251	16395	2016/10/20 11:30	125.17	46.59
2	2	上游乡红光村	1	西红柿	192.168.10.12	8000	admin	1972	42.103.122.119	36159	2016/10/17 11:56	125.34	47.32
3	3	新兴镇新合村	1	茄子	192.168.10.13	8000	admin	1972	42.103.119.165	28880	2016/10/24 10:00	124.59	47.56
5	5	新发乡福来村	1	北侧	192.168.10.15:8001	8000	admin	12345	111.43.240.102	47939	2016/10/22 15:14	124.83	48.16
6	5	新发乡福来村	2	中间	192.168.10.15:8002	8000	admin	12345	111.43.240.102	47939	2016/10/22 15:14	124.83	48.16
7	5	新发乡福来村	3	南侧	192.168.10.15:8003	8000	admin	12345	111.43.240.102	47939	2016/10/22 15:14	124.83	48.16
8	5	新发乡福来村	4	北侧	192.168.10.15:8004	8000	admin	12345	111.43.240.102	47939	2016/10/22 15:14	124.83	48.16
9	5	新发乡福来村	5	南侧	192.168.10.15:8005	8000	admin	12345	111.43.240.102	47939	2016/10/22 15:14	124.83	48.16
10	6	新兴镇幸福村	1	草莓	192.168.10.16	8000	admin	1972	42.103.114.214	12092	2016/10/26 16:50	125.17	47.59
11	7	依龙镇公平村	1	黑木耳	192.168.10.17	8000	admin	1972	42.103.115.137	37440	2015/10/3 13:19	124.97	48.16
12	8	新发乡园区	1	茄子	192.168.10.15:8006	8000	admin	12345	111.43.240.28	35101	2016/10/4 15:32	125.34	47.38
13	9	上游乡红光村	1	西瓜	192.168.10.51	8000	admin	yian1972	223.104.17.114	44227	2016/9/29 12:15	124.83	46.59
14	10	新兴镇向前村	1	西瓜	192.168.10.52	8000	admin	yian1972	117.136.7.93	31834	2016/10/22 19:50	124.97	47.59
15	11	上游乡兴堡村	1	马铃薯	192.168.10.53	8000	admin	yian1972	223.104.17.171	34360	2016/9/24 18:23	125.17	47.38
16	12	三兴镇裕民村	1	草莓	192.168.10.54	8000	admin	yian1972	117.136.7.60	63347	2016/9/29 12:28	125.11	48.16
17	13	三兴镇卫东村	1	西瓜	192.168.10.55	8000	admin	yian1972	117.136.7.208	7391	2016/9/24 13:33	124.97	46.59
18	14	中心镇中心村	1	西葫芦	192.168.10.56	8000	admin	yian1972	223.104.17.147	6037	2016/9/21 13:57	124.83	46.94
19	15	红星乡红旗村	1	黄瓜	192.168.10.57	8000	admin	yian1972	113.5.2.22	5674	2016/9/29 15:11	125.11	47.38
20	16	依龙镇农民村	1	西红柿	192.168.10.58	8000	admin	yian1972	117.136.7.244	16160	2016/9/29 12:30	125.34	48.16
21	17	上游乡建华村	1	黄瓜	192.168.10.59	8000	admin	yian1972	117.136.7.71	6766	2016/9/30 22:32	125.17	46.59
22	18	富饶乡兴信村	1	草莓	192.168.10.60	8000	admin	yian1972	111.40.201.204	23250	2016/10/23 13:47	125.11	46.94
23	19	新屯乡太民村	1	黑木耳	192.168.10.61	8000	admin	yian1972	117.136.7.252	6186	2016/9/29 11:41	124.83	47.59
24	20	新屯乡胜利村	1	西葫芦	192.168.10.62	8000	admin	yian1972	223.104.17.189	24724	2016/9/29 12:36	124.83	46.94
25	21	先锋乡育智村	1	黑木耳	192.168.10.63	8000	admin	yian1972	117.136.7.197	13511	2016/9/29 12:21	124.97	48.16
26	22	富饶乡兴俭村	1	甜菜	192.168.10.64	8000	admin	yian1972	117.136.7.200	33532	2016/9/23 6:16	125.17	46.94
27	23	三兴全新木耳	1	黑木耳	192.168.10.65	8000	admin	yian1972	113.6.22.53	4263	2016/10/1 19:52	125.11	46.94
28	24	阳春乡民力村	1	马铃薯	192.168.10.66	8000	admin	yian1972	113.5.2.74	31502	2016/10/14 14:17	125.34	48.16
29	25	解放乡双龙村	1	马铃薯	192.168.10.67	8000	admin	yian1972	117.136.7.94	18279	2016/10/15 2:10	124.83	46.59
30	26	太东乡联合村	1	黑木耳	192.168.10.68	8000	admin	yian1972	117.136.7.237	4462	2016/9/29 14:04	125.17	46.94
31	27	双阳镇东北村	1	西红柿	192.168.10.69	8000	admin	yian1972	117.136.7.239	3786	2016/9/24 14:06	124.97	47.59
32	28	依龙镇庆生村	1	马铃薯	192.168.10.70	8000	admin	yian1972	223.104.17.179	22665	2016/10/5 19:40	124.83	48.16
33	29	新发村四屯	1	马铃薯	192.168.10.71	8000	admin	yian1972	117.136.7.13	7234	2016/9/24 21:17	124.97	47.38
34	30	上游乡建国村	1	马铃薯	192.168.10.121	8000	admin	yian1972	117.136.7.89	6571	2016/10/21 13:30	125.17	46.59
35	31	双阳镇长发村	1	西红柿	192.168.10.73	8000	admin	yian1972	223.104.17.172	36295	2016/10/22 22:46	125.34	46.94
36	32	太东乡长兴村	1	西瓜	192.168.10.74	8000	admin	yian1972	223.104.17.64	50738	2016/9/28 13:40	125.11	47.38
37	33	解放乡平安村	1	西红柿	192.168.10.75	8000	admin	yian1972	117.136.7.81	23209	2016/9/22 21:09	124.83	46.59
38	34	阳春乡诚顺村	1	马铃薯	192.168.10.76	8000	admin	yian1972	117.136.7.198	20133	2016/9/24 13:47	125.17	47.59

图 2-12　数据存储格式图

数据库传感器数据如表 2－3 所示，数据表主要包括采集终端的采集时间、数据种类、具体数据、单位、服务器时间，以及采集点 ip 和采集点端口。

表 2－3　传感器数据表

编号	字段	字段类型	说明
1	xh	int	序号
2	t_when	datetime	采集时间
3	t_where	int	地点编号
4	t_who	varchar	数据种类
5	t_what	numeric	具体数据
6	t_dw	varchar	单位
7	t_serverwhen	datetime	服务器时间
8	where_ip	varchar	采集点 ip
9	where_port	varchar	采集点端口

环境数据的存储格式：序号/采集时间/地点编号/数据种类/具体数据/单位/服务器时间/采集点 ip/采集点端口。传感器数据存储格式如图 2－13 所示。

序号	采集时间	地点编号	数据种类	具体数据	单位	服务器时间	采集点ip	采集点端口
xh	t_when	t_where	t_who	t_what	t_dw	t_serverwhen	where_ip	where_port
7260009	2016/10/25 19:17	62	土温(15cm)	3.6	摄氏度	2016/10/25 19:17	42.103.124.253	57774
7260008	2016/10/25 19:17	62	土温(10cm)	2.6	摄氏度	2016/10/25 19:17	42.103.124.253	57774
7260007	2016/10/25 19:17	62	土温(5cm)	1.8	摄氏度	2016/10/25 19:17	42.103.124.253	57774
7260006	2016/10/25 19:17	62	土壤温度	2.2	摄氏度	2016/10/25 19:17	42.103.124.253	57774
7260005	2016/10/25 19:17	62	土壤水分	26.3	%	2016/10/25 19:17	42.103.124.253	57774
7260004	2016/10/25 19:17	62	环境湿度	76.7	%	2016/10/25 19:17	42.103.124.253	57774
7260003	2016/10/25 19:17	62	环境温度	3	摄氏度	2016/10/25 19:17	42.103.124.253	57774
7260002	2016/10/25 19:17	62	二氧化碳	430	ppm	2016/10/25 19:17	42.103.124.253	57774
7260001	2016/10/25 19:17	62	光照	11000	LUX	2016/10/25 19:17	42.103.124.253	57774

图 2－13　传感器数据存储格式图

2.3　棚室环境监控终端的设计与开发

从春种到秋收，棚室作物的生长过程中会历经多个不同时期，不同种类的作物在每个成长时期所需要的环境状态也有很大不同。为了使棚室内每种作物都可以得到最优的环境空间，在监控终端的设计与开发之初，需根据不同类别的作物对监控系统不同的需求，综合考虑监控系统可满足多数种类的棚室作物在各个生长周期对于环境因素的需求，来确定监控终端所选用的传感器型号以及信号的输出类型。最终根据系统自身所需的稳定性及高效性，确定监控终端中应用深圳市力必拓科技有限公司生产的 3G/4G 无线路由器作为远程通信的核心部件。根据棚室的现场环境和采集要求等需求,采集终端核心芯片选用国内 STC 公司生产的 STC12C5A60S2 型号单片机。

2.3.1　终端的体系结构

1. 监控终端的主要功能

本系统的环境监控终端可应用于不同种类作物的不同生长时期,通过对现有温室大棚的结构和棚内机构,以及各个时期棚室作物对环境监控需求的了解,对监控终端的采集和控制结构进行设计,如图 2－14 所示。

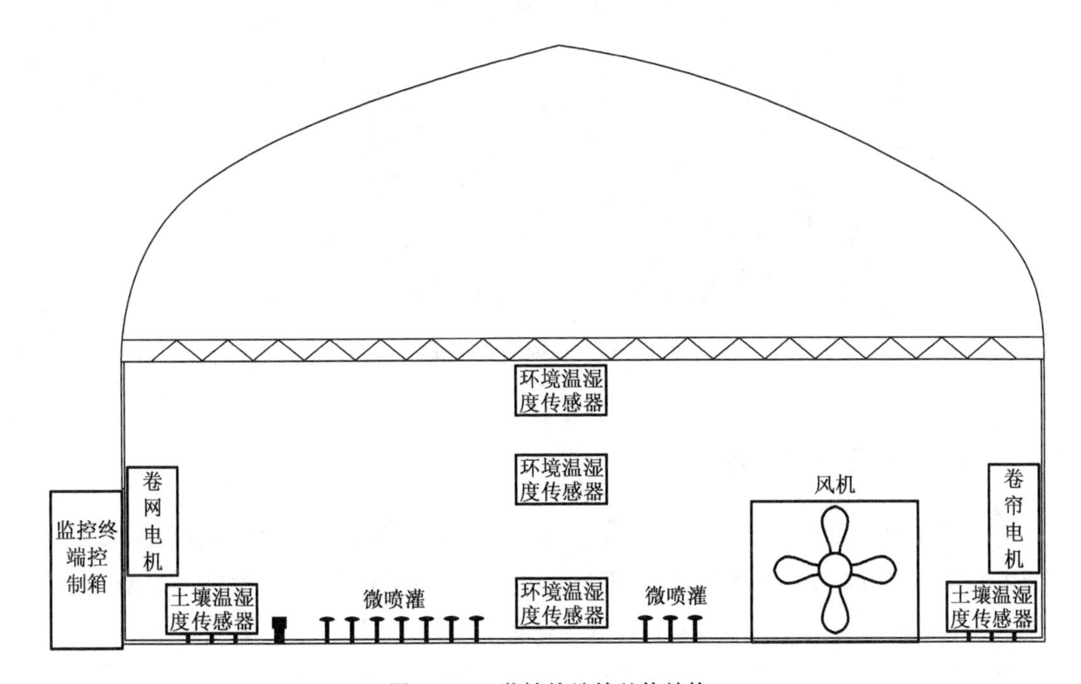

图 2－14　监控终端的总体结构

系统监控终端主要功能如下。

(1)作物生长环境采集:利用传感器对棚室内各个时期的空气温度、空气湿度、二氧化碳浓度、土壤温度、土壤湿度进行实时采集,实时了解棚室内环境的动态变化。

(2)棚室设备控制:监控终端可根据作物不同的生长周期,综合分析各个时期的参数和当前的天气环境,通过控制风机、微喷电磁阀、遮阳帘、通风帘等来调节最佳生长环境。

(3)监控模式的切换:根据地域的远近、当前的人力条件,既可在现场手动控制,还可在无人时进行远程控制,也可通过参数标准的设置实行智能控制。

(4)较广的应用范围:系统监控终端可应用于不同种类作物以及不同生长时期的棚室监控。

2. 监控终端的组成

监控终端由采集终端和控制终端两部分组成,采集终端为采集模块以及采集棚室内环境因素的传感器,控制终端为控制模块、继电器以及对棚室环境能起到调控作用的通用外围设备,如图 2-15 所示。当系统上电,并经过自检无误进入工作状态后,采集模块开始采集棚室内的实时数据,控制模块接收到指令后,经分析(采集指令/控制指令)类别,开始调控棚室设备。

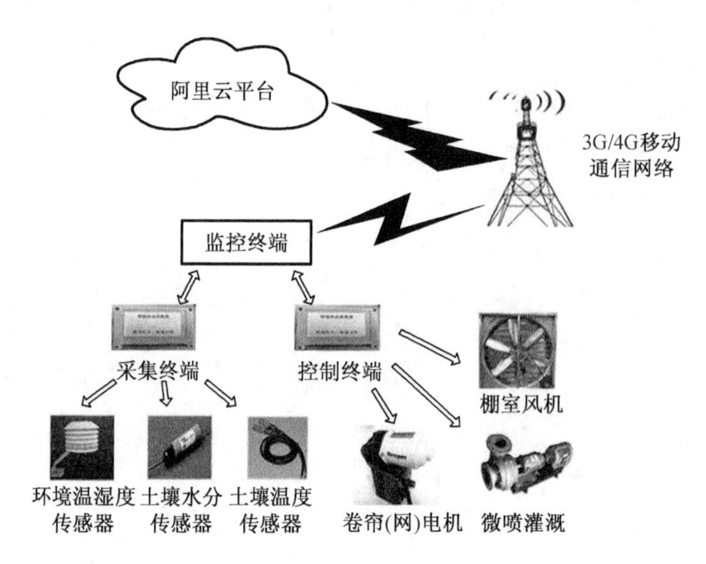

图 2-15　监控终端的组成

2.3.2　棚室数据采集模块

采集终端中的数据采集模块,其主要功能是与各传感器采用有线方式连接,采集各个传感器采集的实时数据。本系统的外围硬件以及环境数据较多,且一直在室外使用,所以系统采集器选用可满足多方面因素且自身带有双串口的 STC12C5A60S2 型单片机。

STC12C5A60S2,是低能耗、抗干扰性强、高速率的新一代 8051 单片机,指令代码与传统 8051 可完全兼容,但速度却加快了 8~12 倍。其内部已集成了专用的复位电路 MAX810,8 路高速 10 位 A/D 转换以及 2 路 PWM,且带有大量 FLASH 工艺的程序代码存储器,自带高达 60 KB 的 FLASH ROM,具有此工艺的单片机可以实现瞬间改写、取出。最重要的是该单片机对开发设备的要求偏低,支持串口程序烧录,大大缩短了开发时间,并且可以自动加密,保护开发人员劳动成果。

1. 芯片主要工作特性

STC12C5A60S2 型单片机作为工业级的处理芯片,以其优秀稳定的工作特性,被广泛应用在智能监控的领域当中,同时也因良好的性价比和简易的后期开发得到开发设计人员的肯定。其主要性能如下。

(1)工作电压:5.5~3.3 V(5 V 单片机)/3.6~2.2 V(3 V 单片机);

(2)工作频率范围:0~35 MHz,相比于普通 8051 单片机的 0~420 MHz 要低得多;

(3)工作温度范围:-40~85 ℃(工业级别);

(4)可应用的程序空间:8 KB/16 KB/20 KB/32 KB/40 KB/48 KB/52 KB/60 KB/

62 KB；

（5）集成 1 280 B RAM（存储空间的大小）；

（6）通用 I/O 口（36/40/44 个），并可设置为四种模式，每个 I/O 口的功耗都可高达 20 mA；

（7）不需要专门的仿真器和编程器，直接通过串口（P3.0/P3.1）便可下载程序，简单快速；

（8）有 EEPROM 功能（STC12C5A62S2/AD/PWM 无内部 EEPROM）；

（9）外部高精度的时钟原，内部 R/C 振荡器，都可供开发人员下载程序时选择。

与此同时，作为低能耗的单片机，在减少电量、用电节约方面上也表现优越，主要体现在以下几个方面。

（1）空闲模式时，其典型功耗为 2 mA；

（2）正常工作模式下，其典型功耗为 4 ~7 mA；

（3）系统掉电时，其典型功耗会小于 0.1 μA。

2. 引脚功能

常用的单片机封装形式有 DIP（插片式）、SOP（贴片式）、QFP（扁平式）、QFN（无引脚式）等。系统采集器应用贴片形式封装，共有 44 个引脚，其中主要引脚功能如图 2 – 16 所示。

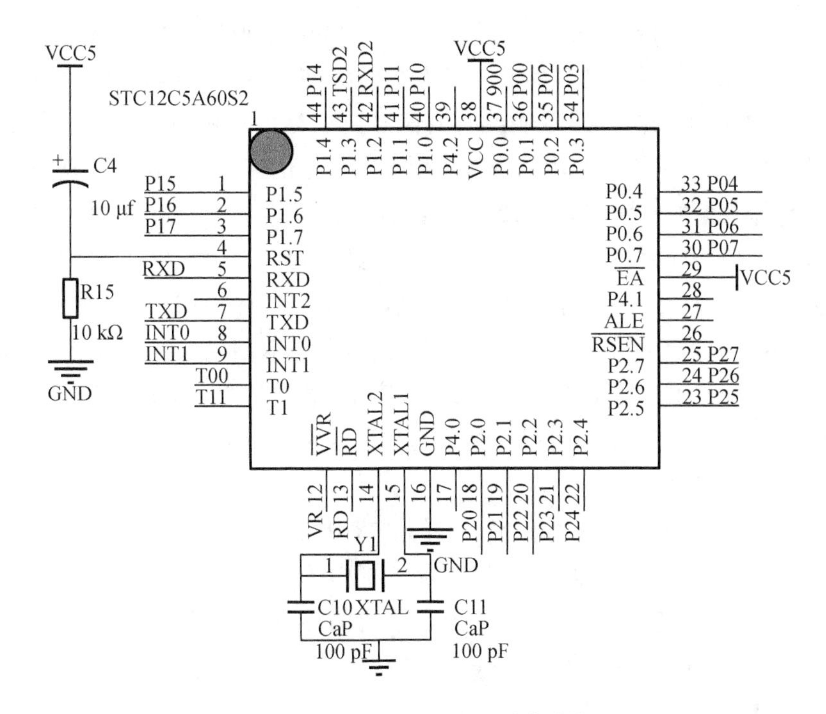

图 2 – 16　STC12C5A60S2 引脚功能图

VCC：电源电压。

GND：接地。

P0：漏及开路的 8 位双向 I/O 口。

P1～P3:内部带有上拉电阻的8位双向I/O口。

RST:复位信号输入。

XTAL1:内部时钟源电路及反向振荡器的输入。

XTAL2:反向振荡器输出。

PESN:来自外部ROM选通信号。

EA:选择内部或外部ROM的点评标准。

VPP:FLASH编程时,提供12 V电源。

ALE:定时和对外输出脉冲。

PROG:某芯片编程时,脉冲输入端。

3.采集模块电路图

采集模块中电路包括显示部分、检测电路、485串口通信、基本系统(包括电源电路、复位电路、晶振电路等)。

各传感器通过有线方式连接至采集模块,采集到的数据输出均为RS485协议的数字信号,由于模块中单片机中的TTL电平,所以将单片机的双串口同时连接SP485E芯片(SP485E芯片为低功耗的增强型半双工RS485收发器),保证采集模块中数据的输入输出都遵循RS485协议。其中采集电路图如图2－17所示。

4.数据采集通信协议

棚室传感器采集到的数据在传输过程中,必须遵循设定好的通信协议。I2C总线协议、CAN总线协议、RS485总线协议等都是开发人员经常使用的协议类型,然而不同的协议对系统硬件及电路的需求以及传感器输出时的信号要求也大不相同。为了减少数据处理时间,缩小硬件结构,且采集终端应用的都是输出数字信号的传感器,不用A/D模块进行模数转换,所以传感器数据的传输将采用RS485通信协议。

RS485是典型的串行通信,其最高的数据传输速率可达10 Mb/s、传输距离最大可达千米左右,且接口性能强,可同时连接120个左右收发器,抵抗噪声和干扰性较好。

RS485应用的半双工网络工作方式,只需要两根屏蔽双绞线来进行信号传输,其电气特性为:逻辑“0”以两线间的电压差为＋(2～6)V表示;逻辑“1”以两线间的电压差为－(2～6)V表示,且在编程时与普通串口相同,协议上也只是定义了电压以及阻抗等。

5.棚室传感器的选型

工作人员通过大量考察以及对棚室环境的需求分析,总结出影响棚室作物生长的主要环境因素有室内空气及土壤的温度、空气中及土壤中的水分含量、光照强度及二氧化碳浓度。采集终端内选用的各类传感器,统一为数字式的传感器,其优点在于输出的是数字信号,不需要A/D转换,直接将信号按照RS485协议传送至采集模块处理,可以缩短过程和时间,减小采集模块的电路板体积,降低成本。

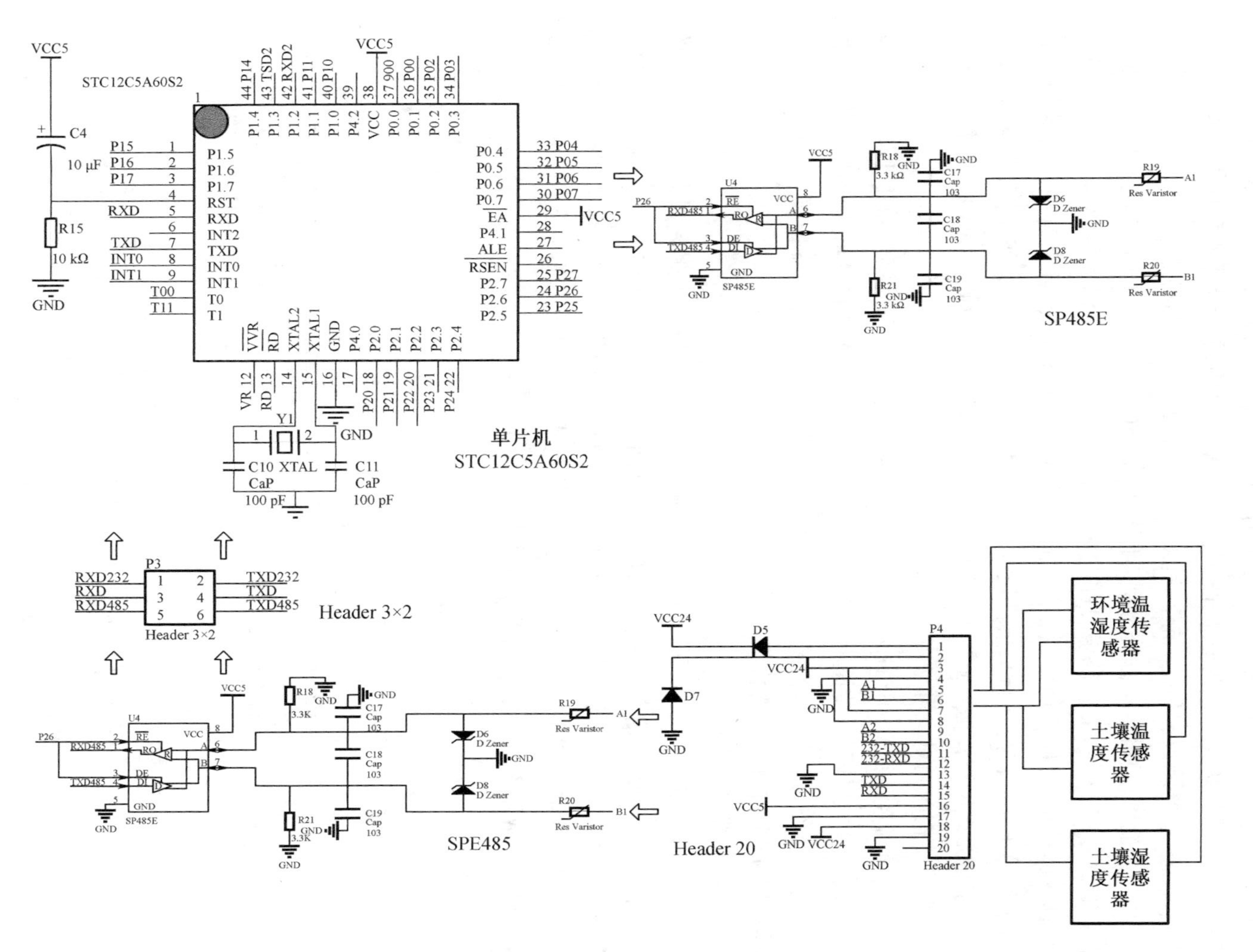

图 2-17　系统采集电路图

(1)环境温湿度和光照传感器:传感器采用黑龙江八一农垦大学大学信息技术学院开发的环境温湿度和光照传感器。本系统对棚室内的空气温湿度和光照强度进行实时监测,且棚室内温差、湿度较大,所以传感器采用了由瑞士 SENSIRION 推出的 SHT10 数字温湿度模块,全量程标定,两线数字接口,可与单片机直接相连,而且体积小、低功耗、响应快、耐热、防潮,克服了传统模拟式传感器的不稳定、误差大等问题。传感器采用百叶箱型外壳封装,防水且透气,监测数据稳定,抗干扰能力强,可在棚室内长期稳定工作。

(2)土壤温度传感器:本系统分别对距地 5 cm、10 cm、15 cm 的土壤温度进行采集,所采用的是 TAM - 18B20 - 8L 多路温度采集模块和 DS18B20 数字温度传感器。此传感器接线方便,具有体积小、硬件开销低、抗干扰能力强、精度高的特点,且拥有独特的单线接口方式,采集到的土温度信息在与采集模块连接时仅需一条口线即可实现通信,测量结果以 9 ~ 12 位数字量方式串行传送,测温范围精度为 -55 ~ 125 ℃。因此,工业级 DS18B20 传感器在简化系统结构的同时也可稳定运行。

(3)土壤湿度传感器:HSTL - 10STR 是一款精密度高且可靠性强,对于土壤质地影响不明显的快速土壤水分测量传感器。传感器采用 RS485 工业通用接口,并应用世界先进的最新 FDR 原理制作,其性能和精度与 TDR 型和 FD 型土壤水分传感器拥有可比性,并在可靠性与测量速度上占有更大的优势,拥有较长的使用寿命。

6. 采集终端工作流程

系统上电,采集终端发送 Bayi1972 以及棚室的编号至 Socket 服务器端,服务器接收后与数据库的地点表进行信息核对,并保存当前时间和采集终端的 IP 地址,当服务器端与采集终端握手成功后,向其发送采集指令/040506000001/,采集终端接收指令并采集当前的传感器数据以及棚室设备的工作状态,并发送至服务器端,服务器接收数据,在进行检查确认无误后存储至数据库。采集终端工作流程如图 2 - 18 所示。

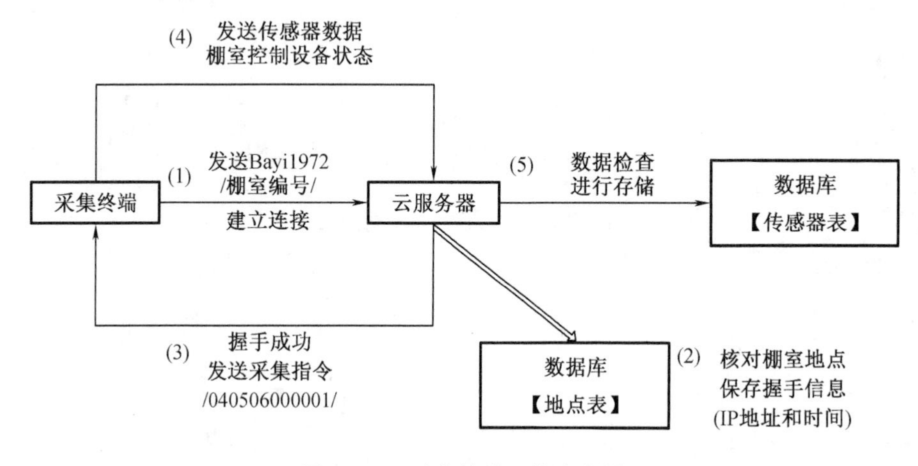

图 2 - 18 采集终端工作流程图

2.3.3 棚室环境控制模块

控制模块作为控制终端的执行机构,负责对棚室设备进行调控。本系统选用 M1516 作为监控终端内的控制模块,结合 RZ－D 系列 JZX－22F－2Z 电磁继电器来共同实现控制终端的功能。

1. 控制模块功能介绍

M1516 是 RS485 型隔离 8 通道开关量输入、8 通道继电器常开输出、2 通道通用热电阻(Pt100)输入信号采集控制模块:8 通道开关量输入,可实现干接点(开关触点)信号及不高于 30 VDC 湿接点(电平)信号的接入检测;8 通道继电器常开输出,触点容量为 5 A/3 A、250 VAC/30 VDC,可实现小功率负载的远程控制;2 通道通用热电阻(Pt100)输入,可采集 Pt100 分度的热电阻信号。

针对农业棚室控制应用,M1516 现场输入信号与模块内部电路之间采用光耦隔离;看门狗类型的电路设计,出现意外后可快速自动复位;配套的 ESD、过电流及过电压保护系统,保证了系统后期稳定持久运行;隔离的 RS485 通信接口设计,防止棚室现场其他信号对 M1516 通信接口的干扰及影响;具有通信超时检测功能。控制模块的输入端用来采集棚室设备的工作状态,而输出端则用来控制棚室设备的工作状态。

JZX－22F 电磁继电器可适应的工作条件和环境条件都较为广泛。其主要原理是当其内部线圈被施加的激励信号量大于或等于规定动作值时,内部动铁芯吸合衔铁,可使衔铁接触触点弹片,使触点接通或断开所控制的电路。当继电器内部线圈断电或信号量小于动作值时,内部触点便会断开。

2. 控制终端工作原理

电脑或手机客户端向服务器端发送定义好的控制指令,服务器端接收并解析指令后,与数据库地点表核对被监控棚室地点以及系统是否在线,确定在线后再由服务器端向控制模块发送指令。控制模块输出 24 V 电压继而控制继电器内部线圈的带电状况,间接控制内部动铁芯与衔铁的吸合或是断开,带动触点动作,以控制电机正反转来调控左右卷帘(网)的覆盖情况,从而调解通风、光照,并控制微喷电磁阀的开关进行喷灌来满足作物生长过程中需要的水分,实现棚室内作物生长的最佳环境。控制终端工作过程如图 2－19 所示。

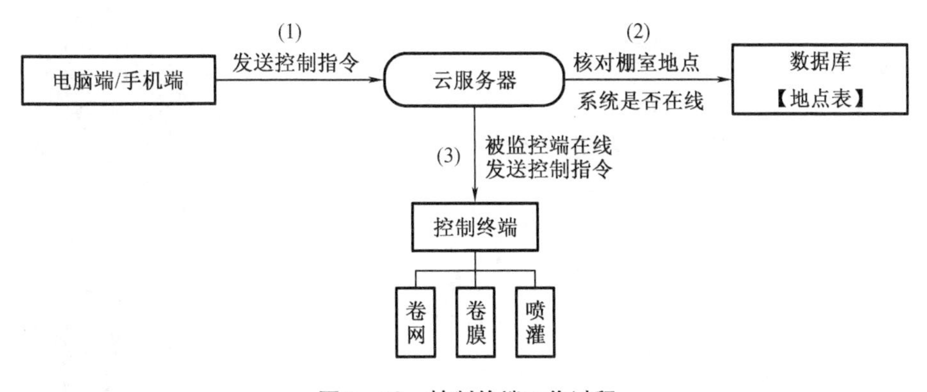

图 2－19　控制终端工作过程

2.3.4　棚室远程通信模块

1. 远程通信模块的选型

通过分析和对比多种无线远程传输方式,在稳定性、传输速率、性价比的综合比较下,最终本系统选用3G/4G 全网通力必拓无线路由器来实现棚室监控的通信系统。

(1)通信传输模块:

本系统选用工业级力必拓无线路由器,主要功能是完成数据和影像的实时上传,以及由上位机发送控制指令等功能。

力必拓无线路由器主要性能参数:

主芯片:Ralink RT5350。

无线接口:IEEE802.11b/g/n。

工作频段:2 400 ~2 483.5 MHz。

电源:直流供电(6 ~35 V　3 A)。

功耗(电流):小于300 mA。

数据速率:802.11n:up to 150 Mb/s;

802.11b:1,2,5,5,11 Mb/s;

802.11g:6,9,12,18,24,36,48,54 Mb/s。

工作环境:温度 -20 ~75 ℃;湿度5% ~95%,无冷凝。

主要工作原理:在路由器内嵌入无线3G/4G 模块,SIM 卡放入3G/4G 路由器,运营商便开始拨号联网。自身具有 Wi-Fi 功能,各类设备都可通过无线路由器来共享网络。机身配备网线接口,不用3G/4G 网络也可进行工作。设定好服务器端的 IP 地址以及端口号即可,如图2 -20 所示。

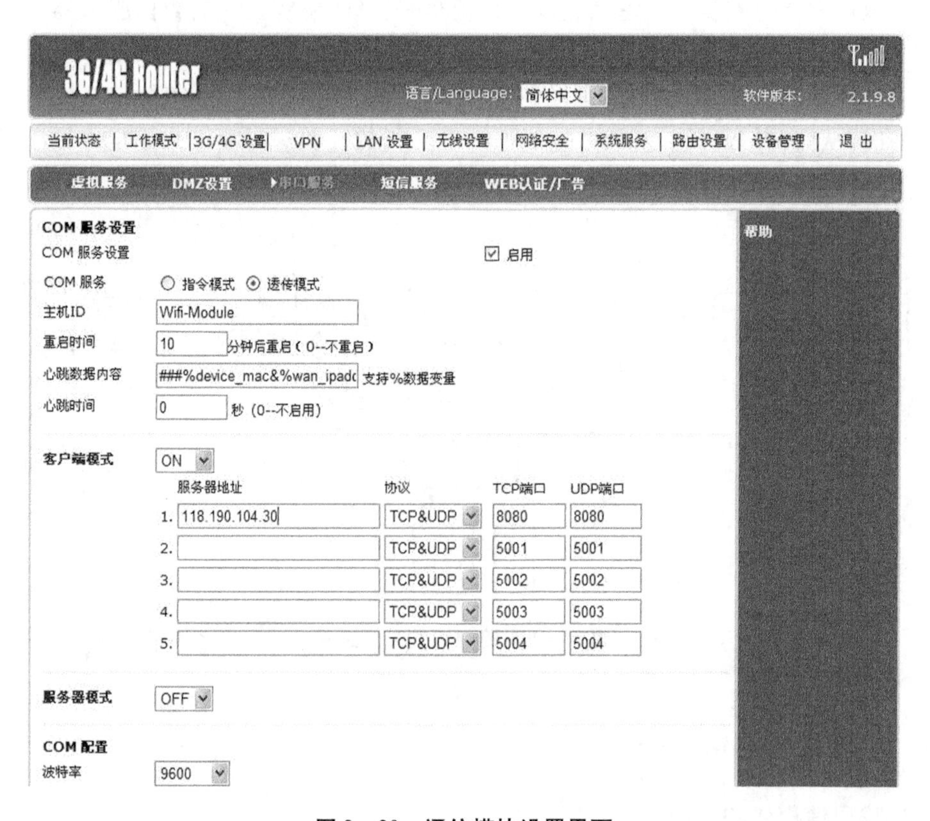

图2 -20　通信模块设置界面

该通信模块利用现有的全网通移动网络平台，可支持国内三大通信运营商的 3G/4G 移动网络，网络信号稳定且覆盖范围较广。只需接通电源，放入 SIM 手机卡，通过天线获得 3G/4G 移动网络信号即可，稳定性高，传输速率快，能够有效保证管理人员与棚室之间的数据交互。虽然数据传输时，会按照正常的通信流量计费，但在没有传输数据的情况下不会计费，且国内现有的移动通信运营商所推出的流量卡都比较经济实惠，所以也不必过度担心 SIM 卡流量费用问题。本系统的通信传输设计方案，将更加适用于因地域问题而距离较远且分布比较分散的野外棚室监控系统，能最大限度实现节约成本等目标。

(2) RS232/485 协议转换模块：

本系统选用的是 UT－2217 接口转换器，兼容 RS232/RS485 标准，内部带有快速瞬态电压抑制型保护功能，用来保护 RS485 接口，保证接口的高速传输。转换器内部带有零延时自动收发转换，I/O 电路可自动控制数据流的方向，不需要任何握手信号，也不需要跳线调制来实现半双工(RS485)模式转换。

UT－2217 转换模块主要性能参数：

(1) 接口特性：可兼容 EIA/TIA 的 RS232、RS485 标准。

(2) 电气接口：RS485 端接口为接线端子型的连接器，RS232 端接口为 DB9 孔型连接器。

(3) 工作模式：异步半双工。

(4) 信号指示：三个信号灯依次为电源(PWR)/发送(TXD)/接受(RXD)。

(5) 使用环境：温度为 －25 ~ 70 ℃，相对湿度为 5% ~ 95%。

(6) 传输介质：屏蔽线、双绞线。

2. 棚室远程通信传输

采集模块输出的 RS485 协议数据，连接至 RS232/RS485 转换模块的 RS485(A +/B －)，由 RS485 转换为 RS232 协议，输出为 RS232 标准与 3G 无线路由串口相连，再通过无线路由器传送到云平台，以及在异地登录客户端发送控制命令来调整棚室环境，数据远程传输如图 2－21 所示。

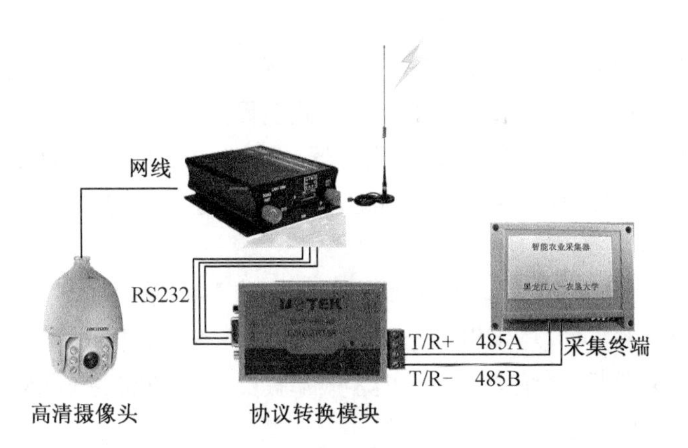

图 2－21　数据远程传输图

2.4 云平台的设计与构建

2.4.1 基于阿里云平台的服务器设计

阿里云平台的系统服务器采用 Delphi 语言编写。Delphi 语言是 Windows 平台下盛名的应用程序开发软件,具有全新的可视化编程环境,其自身集编写、调试、编译于一体,且开发周期时间较短,很大地提高了编程效率。其开发界面如图 2 - 22 所示。

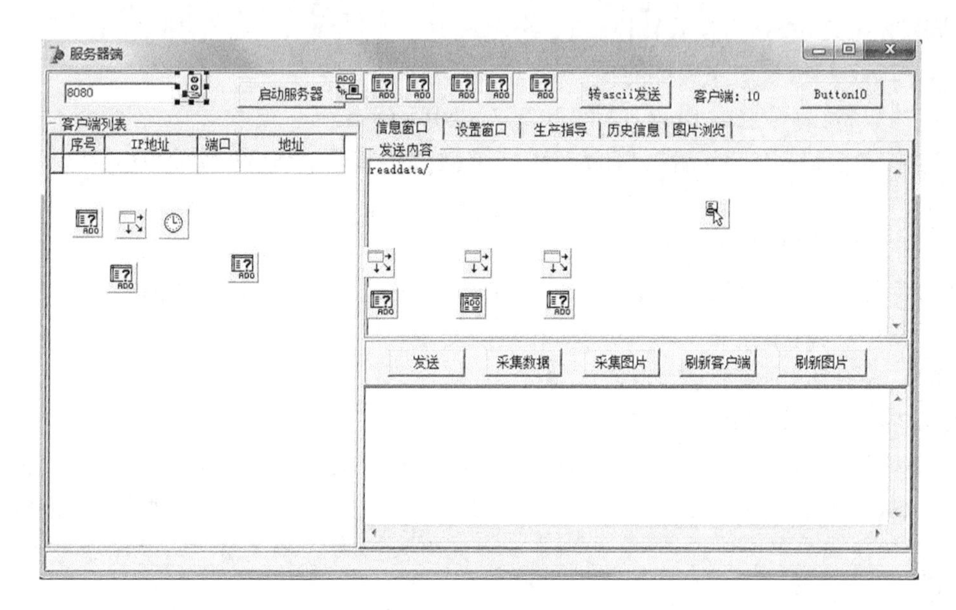

图 2 - 22　系统平台开发界面图

本节设计的棚室远程监控系统,是将监控棚室的数据信息采集并传送至云服务器,进行整合、分析并存储,并将海量数据以图表和曲线的形式在界面中显示,还可以远程查看棚室设备工作状况。系统通过 B/S 架构模式来开发服务器,即在服务器编程页面,编写功能显示界面和业务处理程序,所以客户端不用任何的部署工作,便可通过浏览器访问服务器,操作快捷方便。

系统的服务器平台包含如下功能界面:用户登录界面、系统主界面、数据影像查询界面、数据影像上传/下载界面、棚室设备控制界面、病虫害查询界面、用户管理界面等。当工作人员登录系统服务器后,系统会自动根据客户端提交的业务需要,进入相应界面,系统服务器流程如图 2 - 23 所示。

系统平台在 Deiphi 集成开发环境中开发,通过应用 label 标签实现了在一个窗口中显示多组标签内容以及多个页面的快速切换。该系统将数据显示、影像显示、卷帘控制和微喷控制集成在了 Delphi 的应用文件中。

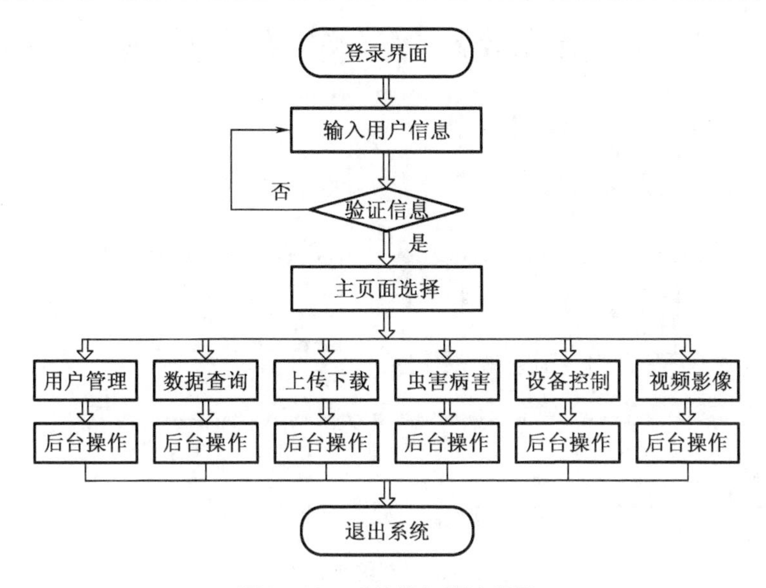

图 2 - 23　系统服务器流程图

下位机每隔一段时间，通过 3G 网络向云服务器发送数据信息以及作物长势影像，当客户端访问云服务器时，云服务器的数据库将各类环境信息的数据直接发送到客户端上，客户端经自定义解析以分组的形式显示出来。同时也可播放视频影像或照片，并将棚室内作物长势图像保存在固定文件中，以便后期的历史查看。本系统采用 Delphi 中 ListView 控件实现了各项环境数据的分组管理与动态显示，以及采用 image 控件实现影像数据的播放。

客户端向云服务器端发送连接请求，连接建立成功后，农业技术人员或管理者根据界面显示的各项环境参数与影像信息，及时调整各个棚室卷帘、喷灌的开关状态，以实现棚室内作物生长的远程控制。该系统通过 Delphi 程序中另建一个类来实现卷帘、喷灌的开关按钮，为农业技术人员或生产管理者大大地节约了人力、物力和时间。系统平台界面如图 2 - 24 所示。

2.4.2　基于 Socket 通信设计

系统中 Socket 通信的接收程序，主要是为了实现接收监控棚室上传的数据，经过分析后判断数据是否有误，并将数据存入服务器中对应棚室的数据表。同时，也可实现服务器端向被监控棚室发送的设备控制指令。

每天同一时间内都会有多个被监控棚室与服务器端通信连接，所以服务器端的 Socket 通信将采用多线程处理技术，即每当有棚室发出通信连接请求时，服务器便会新建一个线程来响应此连接请求来建立起服务器和此棚室之间的通信，接收上传的数据信息以及发送控制信息。

系统服务器接收数据以及发送控制流程图如图 2 - 25 所示，服务器的 Socket 端口同时监听所有棚室等待连接，监控终端通过无线通信模块向服务器端发送请求，成功后与服务器建立 Socket 通道，数据便可在该通道上进行传输。服务器端接收后，首先检验数据的完整和格式，完整准确的数据将被存入数据库，否则返回继续等待下一次的连接和上传。

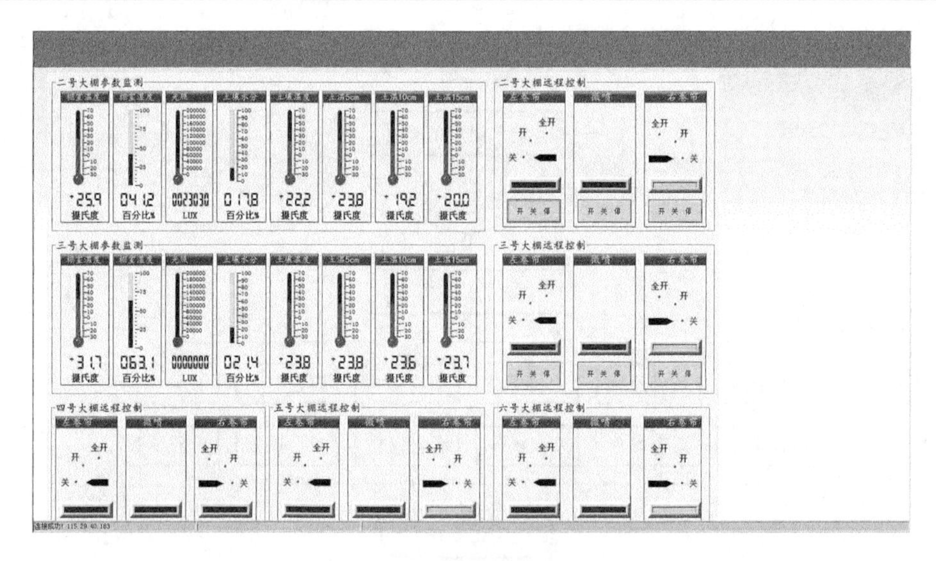

图 2－24　系统平台界面

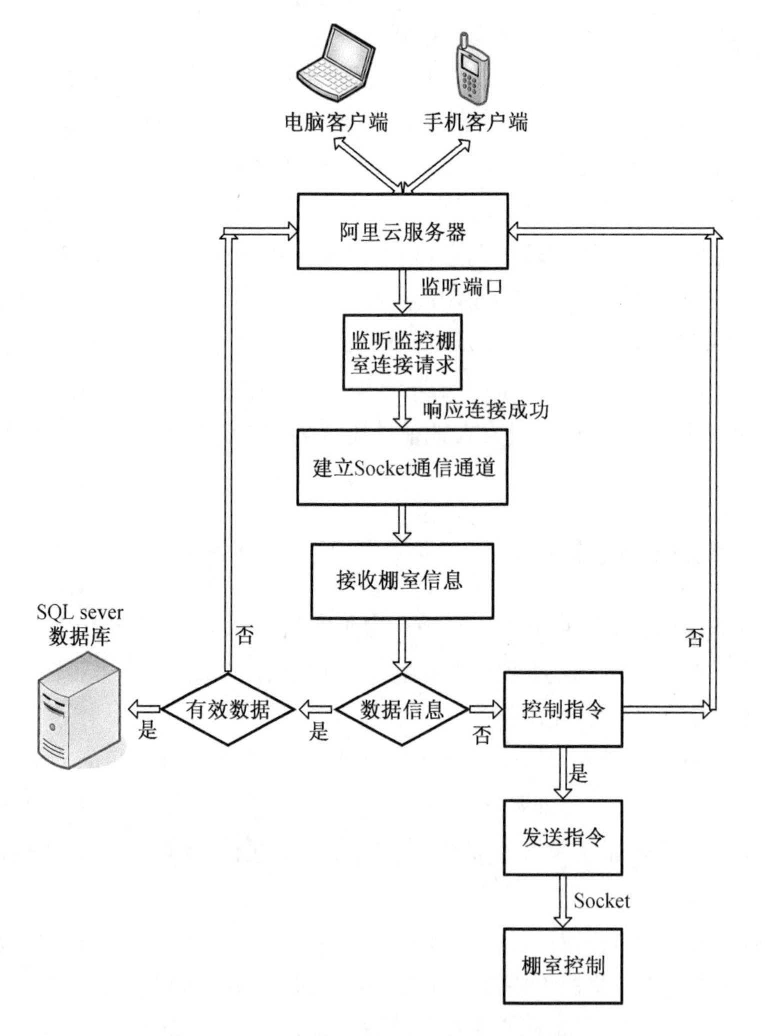

图 2－25　接收数据以及发送控制流程图

系统通过 Delphi 软件中的 Client Socket 和 Server Socket 组件实现了 Socket 通信，使用时属性设置需要注意以下问题。

(1) Client 和 Server 都有 port 属性，需要一致才能互相通信。

(2) Client 有 Address 属性，使用时填写对方(Server)的 IP 地址。

两个重要事件：

(1) Client：OnRead 事件，当 Client 受到冲击消息时在 OnRead 事件中可以获得 Server 发送过来的消息。

(2) Server：OnClientRead 事件，与上述 Client 的作用相同。

Server Socket(PORT)是用来创建一个服务器的 Server Socket 对象，同时在指定的端口 PORT 创建一个监听服务，系统将 PORT 定义为 8080。

Socket 建立棚室与云服务器的连接程序如下：

```
begin

{==================大棚begin===============}
    if (ADOQ_tmp.fieldbyname('t_where').AsInteger>=81) and (ADOQ_tmp.fieldbyname('t_where').AsInteger<=85) then
    begin
        case dp_index of
        0: memo1.Lines.Add('接收大棚数据0:'+stemp);
        1: memo1.Lines.Add('接收大棚数据1:'+stemp);
        2: memo1.Lines.Add('接收大棚数据2:'+stemp);
        3: memo1.Lines.Add('接收大棚数据3:'+stemp);
        4: memo1.Lines.Add('接收大棚数据4:'+stemp);
        end;
```

Socket 接收棚室数据程序如下：

```
begin
  for i:=1 to 9 do jssj[i]:=-99;
  jssj[1]:=(strtoint('$'+jss[4])*256+strtoint('$'+jss[5]))/10;  if strtoint('$'+jss[4])>127  then jssj[1]:=jssj[1]-6553.6;
  jssj[2]:=(strtoint('$'+jss[6])*256+strtoint('$'+jss[7]))/10;
  jssj[4]:=(strtoint('$'+jss[8])*256+strtoint('$'+jss[9]));
  jssj[3]:=(strtoint('$'+jss[10])*256+strtoint('$'+jss[11]))*10;
  if (jssj[1]>-50)and(jssj[1]<100) then tmp1:=tmp1+'环境温度/'+formatfloat('0.0',jssj[1])+'/摄氏度/';
  if (jssj[2]>0)  and(jssj[2]<100) then tmp1:=tmp1+'环境湿度/'+formatfloat('0.0',jssj[2])+'/%/';
  if (jssj[3]>0)  and(jssj[3]<200000) then tmp1:=tmp1+'光照/'+formatfloat('0.0',jssj[3])+'/LUX/';
  if (jssj[4]<>533) then tmp1:=tmp1+'二氧化碳/'+formatfloat('0.0',jssj[4])+'/ppm/';
  //if (strtoint(tmp1)<>9) or (strtoint(tmp1)<>10) then
  SendCurrBuffer(Socket,chr(02)+chr(04)+chr(00)+chr(00)+chr(00)+chr(01)+chr($031)+chr($0f9));
  //SendCurrBuffer(Socket,HexToAscii('02040000000131f9'));

  stemp1:=tmp1;
end

begin
  ftmp:=strtoint('$'+jss[4]);
  if ftmp>0 then jssj[5]:=ftmp;
  ftmp:=strtoint('$'+jss[5]);
  if (ftmp>0) then jssj[5]:=ftmp/100+jssj[5];
  //if (//strtoint(tmp1)<>9) or (strtoint(tmp1)<>10) then
  SendCurrBuffer(Socket,chr(03)+chr(03)+chr(00)+chr(00)+chr(00)+chr(08)+chr($045)+chr($0EE));
  //SendCurrBuffer(Socket,HexToAscii('03030000000845EE'));
  if (jssj[5]>0) then tmp1:=tmp1+'土壤水分/'+formatfloat('0.0',jssj[5])+'/%/'
  else  exit;//break;
  stemp1:=tmp1;
end

  begin
    if ftmp=-50 then
      jssj[9]:=jssj[7]
    else
      jssj[9]:=(jssj[6]+jssj[7])/2;
  end;
  if (jssj[9]>-50)and(jssj[9]<100) then tmp1:=tmp1+'土壤温度/'+formatfloat('0.0',jssj[9])+'/摄氏度/';
  if (jssj[6]>-50)and(jssj[6]<100) then tmp1:=tmp1+'土温(5cm)/'+formatfloat('0.0',jssj[6])+'/摄氏度/';
  if (jssj[7]>-50)and(jssj[7]<100) then tmp1:=tmp1+'土温(10cm)/'+formatfloat('0.0',jssj[7])+'/摄氏度/';
  if (jssj[8]>-50)and(jssj[8]<100) then tmp1:=tmp1+'土温(15cm)/'+formatfloat('0.0',jssj[8])+'/摄氏度/';
  memo1.Lines.Add(formatdatetime('[YYYY-MM-dd HH:mm:ss]',now())+'来自于['+Socket.RemoteAddress +']:'+copy(stemp,1,50)) ;
  stemp1:=tmp1;
end
```

Socket 发送棚室控制指令程序如下：

```
if pos('ctrlzl/',copy(stemp1,1,20))>0 then
begin
    stemp1:=copy(stemp1,pos('/',stemp1)+1,length(stemp1));
    tmp1:= copy(stemp1,1,pos('/',stemp1)-1);  //地点
    stemp1:=copy(stemp1,pos('/',stemp1)+1,datasize);
    tmp2:= copy(stemp1,1,pos('/',stemp1)-1);  //指令

    sendZl(tmp1,stemp1);
end;
```

系统服务器 Socket 通信界面如图 2－26 所示。

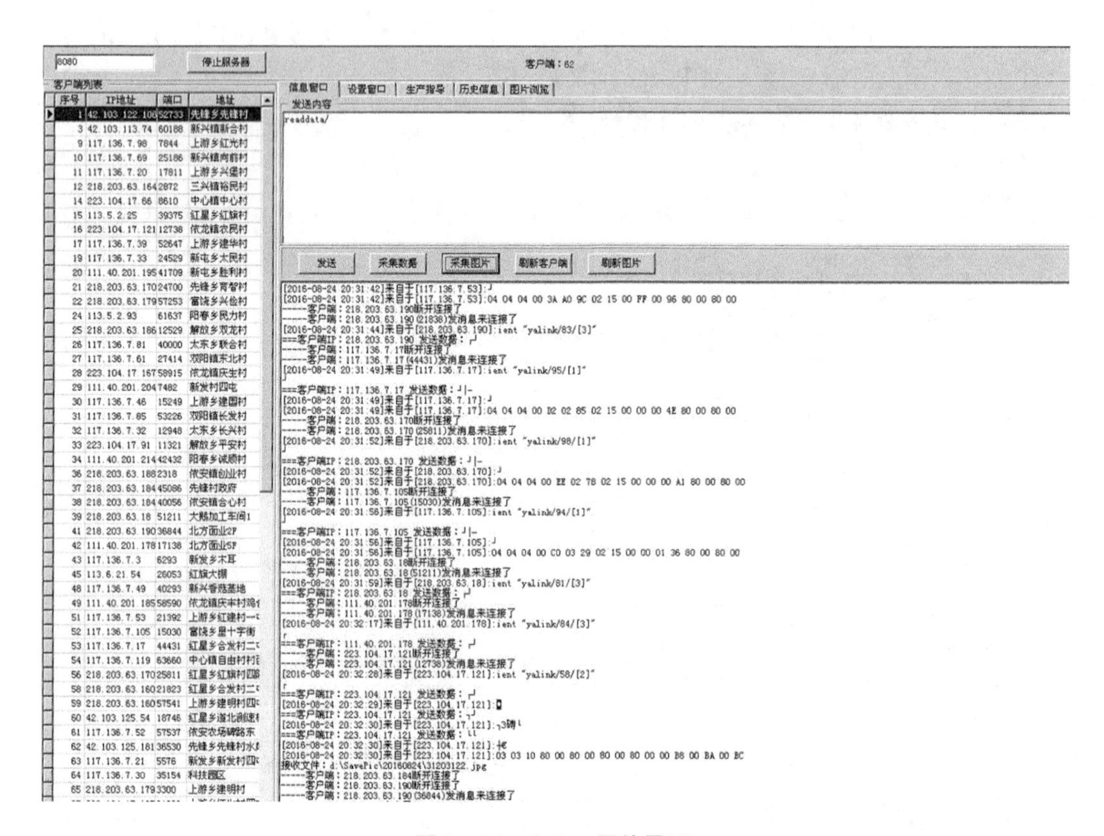

图 2－26　Socket 通信界面

2.4.3　远程监控网站设计

配合系统功能的远程监控网站，主要是通过可视化的界面将棚室内的环境情况展现给工作人员，且网页结构清晰简明，易于操作。

1. 实时监控页面

为了工作人员可以更简单、轻松地了解棚室内的实时情况，监控网站也带有棚室内实时监控页面，采用自动刷新模式，通过选择棚室地点或编号来查看作物生长影像以及各类数据，直观地展示出被监控棚室的作物状况。

2. 数据显示与历史数据查询页面

随着服务器的数据库不断更新,每个棚室每隔 10 min 就会采集并上传新的数据信息,显示页面可实现动态、连续的显示效果。工作人员也可通过设定具体日期、时间以及棚室编号,来查看某一段时间内的棚室环境状况。

2.4.4 应用与实验

每一个系统在设计并全部完成之后,都需要在实际情况下进行应用检验,确定整个系统是否可以达到预期工作效果,是否存在漏洞或是不完整的地方。

棚室远程监控系统完成以后,为了验证整个系统软件运行时的流畅性、稳定性,以及采集模块、控制模块等硬件设备的功能实现状况,将做好的棚室监控箱(图 2-27)应用于黑龙江某农场园区内的多个棚室。通过长时间的应用测试,证实系统运行稳定有效,并适合于所处地域偏远、周围环境复杂的棚室之中。系统监控硬件中配套的高清摄像头可以多角度抓拍各个时期的作物生长情况,如图 2-28 所示。采集模块采集的棚室环境参数准确、有效,通过数据的曲线图可得知棚室当前的环境变化是否稳定,如图 2-29 所示,且如有遗漏或是在规定时间内不上传数据时,会有红色报警信号。控制模块通过控制 24 V 直流卷轴电机以及 24 V 交流电磁阀,来调控左右卷帘(网)的覆盖情况以控制通风和光照。

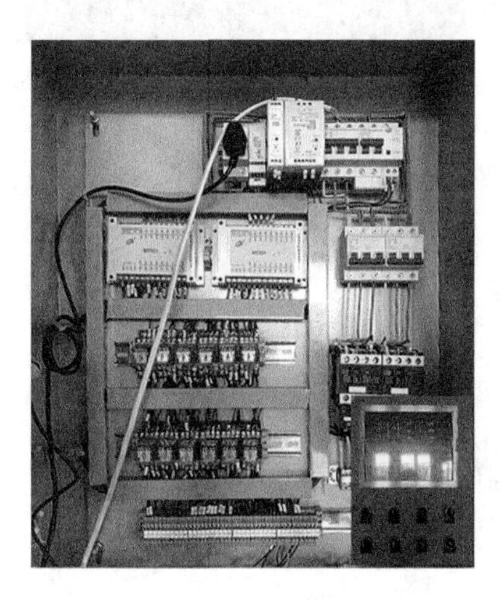

图 2-27　系统控制箱

本章结合当前农业生产的发展趋势以及棚室远程监控系统中的实际需求,将云平台技术、Internet 技术、计算机控制技术和 Socket 通信技术结合起来应用于棚室环境远程监控系统中,对系统的总体框架设计思路进行详细的剖析及规划,结合农场内棚室现场的实际情况,对系统中各个子系统进行功能设计,并详细介绍了各个功能模块的组成构造及工作原理,将所学习的各个核心技术合理、妥当地应用于整个系统之中;将系统核心部分的采集终端、控制终端、云服务器以及数据库端逐一完成,结合通信技术完成整个棚室远程监控系统的组成。农户或工作人员可以通过这些采集的实时数据调整棚室环境,来适应农产品的生产，从而减少农药、化肥的使用，提高作物品质，满足优质、高产、高效、生态、安全的要求，提高棚室的综合效益，也必将带来巨大的环境效益、经济效益和社会效益。

图 2－28　作物长势情况

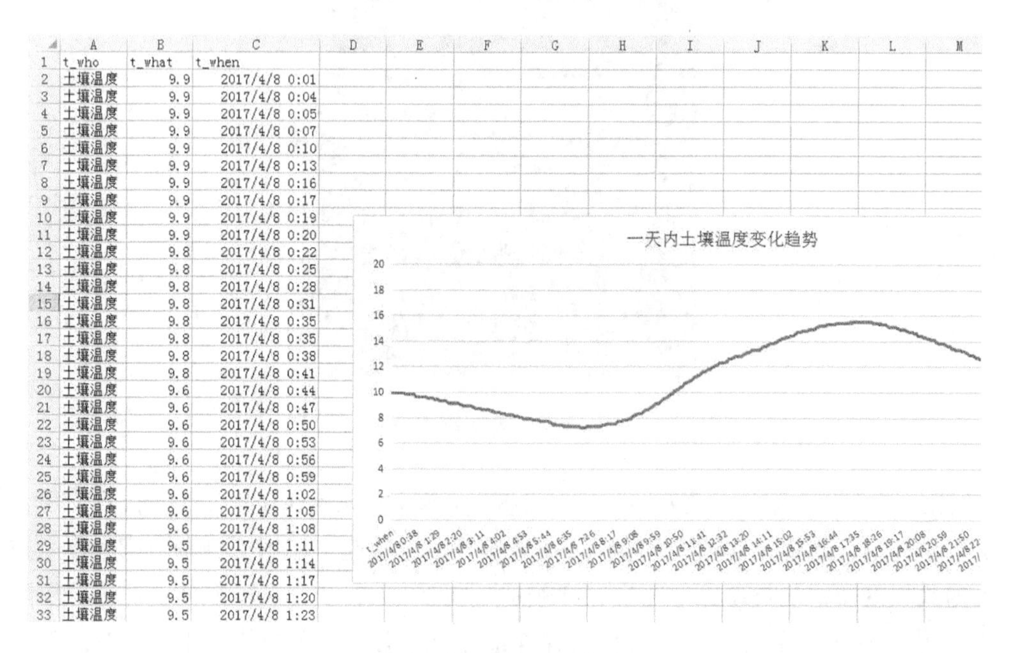

	A	B	C
1	t_who	t_what	t_when
2	土壤温度	9.9	2017/4/8 0:01
3	土壤温度	9.9	2017/4/8 0:04
4	土壤温度	9.9	2017/4/8 0:05
5	土壤温度	9.9	2017/4/8 0:07
6	土壤温度	9.9	2017/4/8 0:10
7	土壤温度	9.9	2017/4/8 0:13
8	土壤温度	9.9	2017/4/8 0:16
9	土壤温度	9.9	2017/4/8 0:17
10	土壤温度	9.9	2017/4/8 0:19
11	土壤温度	9.9	2017/4/8 0:20
12	土壤温度	9.8	2017/4/8 0:22
13	土壤温度	9.8	2017/4/8 0:25
14	土壤温度	9.8	2017/4/8 0:28
15	土壤温度	9.8	2017/4/8 0:31
16	土壤温度	9.8	2017/4/8 0:35
17	土壤温度	9.8	2017/4/8 0:35
18	土壤温度	9.8	2017/4/8 0:38
19	土壤温度	9.8	2017/4/8 0:41
20	土壤温度	9.6	2017/4/8 0:44
21	土壤温度	9.6	2017/4/8 0:47
22	土壤温度	9.6	2017/4/8 0:50
23	土壤温度	9.6	2017/4/8 0:53
24	土壤温度	9.6	2017/4/8 0:56
25	土壤温度	9.6	2017/4/8 0:59
26	土壤温度	9.6	2017/4/8 1:02
27	土壤温度	9.6	2017/4/8 1:05
28	土壤温度	9.6	2017/4/8 1:08
29	土壤温度	9.5	2017/4/8 1:11
30	土壤温度	9.5	2017/4/8 1:14
31	土壤温度	9.5	2017/4/8 1:17
32	土壤温度	9.5	2017/4/8 1:20
33	土壤温度	9.5	2017/4/8 1:23

图 2－29　棚室环境数据

第3章　植物电信号检测装备的研究与应用

植物电信号是一种在植物组织间信息传递中起着重要作用的生理信号，它可以反映高等植物生长发育及营养状况和外部环境的变化。对植物电信号采集装备及电信号时频特性的研究，将为后续植物电信号与环境因素的模型建立奠定基础，从而对构建农作物电信号智能控制系统，实现农作物自动化生产具有重要意义。

本章首先根据植物电信号特性，设计开发了一套植物电信号在线式检测装备；其次，通过变异系数和皮尔逊相关系数验证了装备的可靠性和稳定性；最后，使用该装备在不同光照强度和不同土壤湿度下对芦荟和鹅掌柴两种植物进行实验采集电信号，采用时域、频域、时频域相关信号处理算法对实验采集的电信号进行特性分析，研究光照强度和土壤湿度变化对这两种植物电信号的影响。

3.1　植物电信号检测装备设计

3.1.1　系统总体设计方案

植物电信号的自身特点使其在采集过程中极易受到外界电磁环境的干扰以及采集设备噪声的污染，加大了采集系统设计的难度，对采集硬件也提出了更高要求。因此，本系统在硬件上做处理的同时又采取了软件预处理。本系统先将氯化银贴片电极采集到的植物电信号通过信号调理模块处理后存储到系统的存储模块，也可以通过 RS485 接口的物联网模块实现无线传输。存储到系统存储模块中的植物电信号可以通过 SD 卡读取到电脑上的数据处理软件或者 Matlab 等数学软件进行处理。本系统的软件算法主要采用 Matlab 完成，主要包括滤波降噪和数据处理。本系统的整体框图如图 3－1 所示。

随着微电子技术的发展，出现了新的生物电信号的采集检测技术，而且这些技术已经在心电、肌电、脑电等方面得到了广发应用，在医学上可以通过这些电信号辅助疾病诊断，而植物电信号在病虫害及环境胁迫方面也有极高的研究应用价值。随着物联网技术的广泛应用，植物电信号采集技术与物联网技术结合的在线式采集装备将会兼顾采集精度和自动化采集，为植物电信号的推广研究与应用奠定技术基础。

3.1.2　系统设计指标

本系统的测量对象信号是植物电信号，是一种极其微弱的极易受干扰的小信号（几十 μV 到几十 mV），因此本系统的测量至少要到达 μV（即 1 μV）级水平。为保证本系统的正常运行及信号采集的稳定性、准确性及可靠性，其从软件和硬件电路两方面进行了抗干扰设计,以达到上述设计指标。

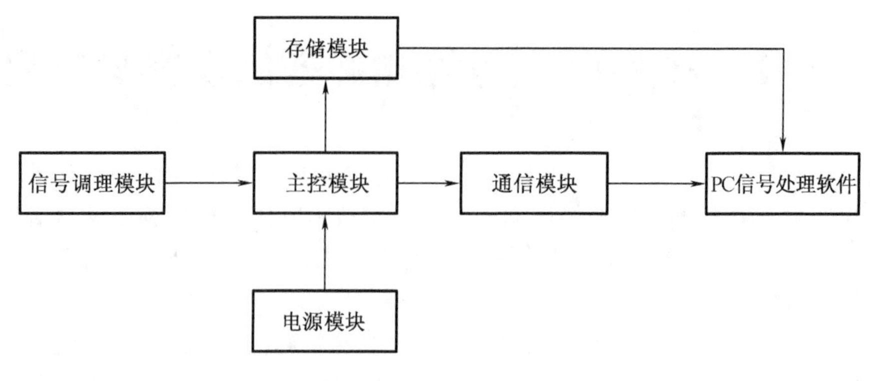

图 3-1 系统整体框图

3.1.3 系统各组成模块

1. 电源模块选型

为了提高在线检测装备采集植物电信号的时长及电源的稳定性,减小电源对采集的植物电信号的干扰,本系统采用蓄电池供电,电源模块采用新型集成降压变换器芯片 TPS5430 作为电源核心。TPS5430 为 SWIFT™ 的 DC/DC 稳压器,它是一个高输出电流 PWM 转换器,其内部集成了低阻抗高侧 N 沟道 MOSFET 和一个高性能的电压误差放大器,在瞬态条件下有严格的电压调节精度,具有欠压锁定功能,以防止输入电压达到 5.5 V 时启动;内置慢启动电路限制浪涌电流,电压前馈电路改善瞬态响应。TPS5430 还有灵敏的高电平使能端、过电流保护和热关机功能,芯片内部还集成了反馈补偿回路。植物电信号检测装备采用 ±5 V 电源为检测装备供电,其电路原理图如图 3-2 所示。

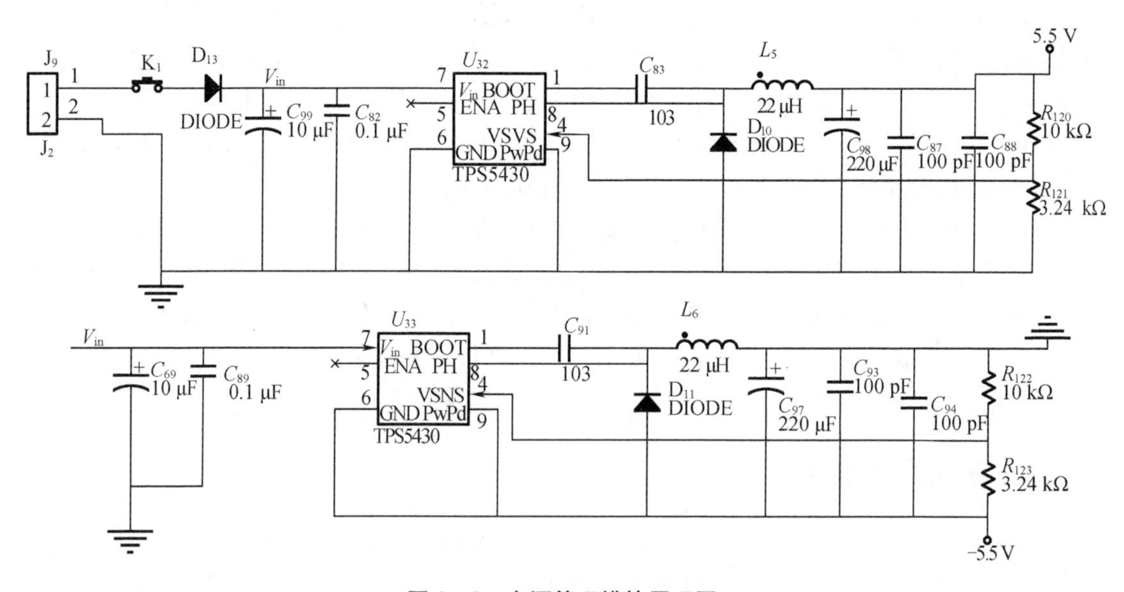

图 3-2 电源管理模块原理图

电源模块外围参数设置如下。

(1)电源反接保护二极管,此模块电源保护电路采用最简单的单二极管反接保护电路,此设计会存在一个0.7 V的压降,因此在很多电路中并不适用,而此模块采用的是压降式稳压电源,输入电源是一个6~12 V的蓄电池,因此,0.7 V的压降对此电源模块影响可以忽略不计。

(2)输入电容包括铝电解电容和高品质陶瓷电容,铝电解电容可以增加ESR,高品质陶瓷电容可以降低噪声干扰,其去耦电容大小由输入纹波电压决定,其近似计算公式如下:

$$C = \pi V_{\mathrm{IN}} \frac{V_{\mathrm{OUT(MAX)}} \times 0.25}{C_{\mathrm{BULK}} \times f_{\mathrm{SW}}} + (I_{\mathrm{OUT(MAX)}} \times \mathrm{ESR}_{(\mathrm{MAX})}) \tag{3-1}$$

(3)输出滤波电路为LC滤波器,其中电感最小值计算公式如下。

$$L_{\mathrm{MIN}} = \frac{V_{\mathrm{OUT(MAX)}} \times (V_{\mathrm{IN(MAX)}} + V_{\mathrm{OUT}})}{V_{\mathrm{IN(MAX)}} \times K_{\mathrm{IND}} \times I_{\mathrm{OUT(MAX)}} \times f_{\mathrm{SW}}} \tag{3-2}$$

式中,K_{IND}为电感纹波相对于最大输出电流系数,此处选择0.15,根据不同情况可以选择0.2~0.3。

(4)钳位二极管必须满足该电源系统的绝对最大额定值,反向电压必须比最高电压($V_{\mathrm{IN(MAX)}}$)还高,即$V_{\mathrm{IN(MAX)}}+0.5$,峰值电流必须大于$I_{\mathrm{OUT(MAX)}}$再加上峰值电感电流一半,并且钳位二极管的传导时间要长于高侧FET。因此,本钳位二极管必须满足反向电压40 V,正向电流3 A,正向压降0.5 V。

2.信号调理模块选型

根据植物电信号的三个基本特征,以及在心电、脑电等动物电信号采集的成功案例,本系统的信号调理模块主要包含前级放大、滤波、终极放大。其中植物电信号的采集是植物电信号研究的前提与基础,而植物电信号采集的前提是了解植物电信号的特点。由大量文献和实验验证可知植物电信号的信号源是植物,而植物表现出高阻抗的特性,其阻抗可高达吉欧姆,由信号完整性分析可知,要想完整地采集到这个高阻抗的信号就必须进行阻抗匹配,使采集电路的阻抗与信号源阻抗达到相同级别,植物电信号还是一种非常微弱的信号,而采集时从采集电极上引入干扰噪声在采集过程中也会产生极化信号,而采集电信号的场所可能是复杂电磁环境,植物电信号很容易淹没在这些噪声中,给后续的植物电信号研究带来很大困扰。

基于以上分析,信号调理模块的前级放大倍数不宜过大,前级输入电路的阻抗必须高,而且为了减少采集到的植物电信号的共模干扰,必须采用高CMRR(共模抑制比)的差分放大电路,通过仪表放大器AD620的datasheet发现其CMRR通常大于100 dB,还具有低电流噪声的特点,其输入阻抗达到吉欧姆,因此AD620比较适合作为植物电信号检测装备的前级放大。前级放大部分电路原理图如图3-3所示。

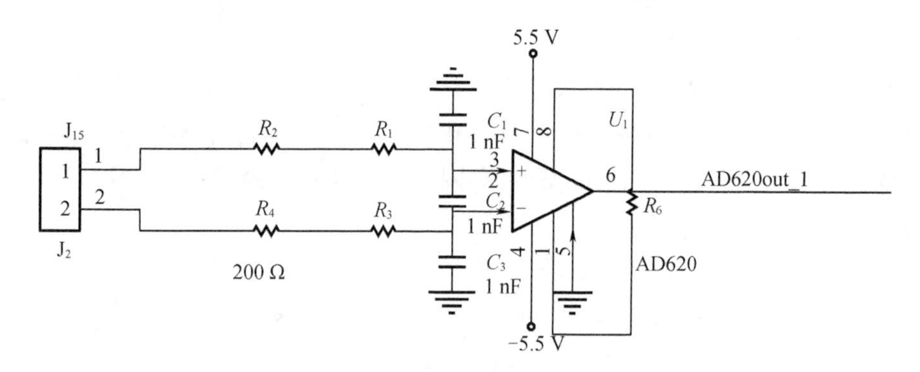

图 3-3 前级放大电路原理图

采用仪表放大器采集植物电信号时，不能忽略仪表放大器自身特点所造成的对通带外小信号进行整流问题，否则会造成采集装备低频信号的电压失调。为消除这种射频干扰，本系统在输入端加入低通 R-C 滤波器来滤除这种射频干扰。滤波器根据式(3-3)与式(3-4)来确定。

$$FilterFreq_{\mathrm{DIFF}}=\frac{1}{2\pi R(2C_1+C_2)} \tag{3-3}$$

$$FilterFreq_{\mathrm{CM}}=\frac{1}{2\pi RC_2} \tag{3-4}$$

其中，C_2 对差动信号影响较大，C_1 对共模信号影响较大，R 和 C_1 的任何不匹配都会降低 AD620 的 CMRR 性能。因此，为了不影响 AD620 的 CMRR 带宽性能，要确保 $C_2 \geqslant 10C_1$ 成立，使共模信号影响减小。

AD620 的增益是根据图 3-3 中的 R 的阻抗来确定的，为了获得精确、稳定的放大增益，降低温度对增益的影响，可以用精度为 0.1% 的低温度系数的电阻提供精确的增益，获得最佳性能。其增益的计算公式为

$$G=\frac{49\ 400+R}{R} \tag{3-5}$$

式中，G 为增益；R 为第 1 引脚与第 8 引脚之间电阻(Ω)。

植物电信号经过仪表放大器 AD620 放大后，信号幅值明显增大，其信噪比也有所提高，然后将采集到的植物电信号经过低滤波器，提取出较为纯净的植物电信号。原始的植物电信号经过低通滤波器滤波后，噪声会有一定的降低。而植物电信号经过高通滤波器可以滤除信号中的电压极化干扰信号，由于植物电信号的处理还包含软件滤波，因此设计植物采集电路时，滤波部分采用了短路设计(当需要滤波部分采集电信号时采用短路子把这部分接到电路中)，根据采集环境自由选择，这样可以最大限度地采集到需要的植物电信号，同时减少电路自身干扰信号的产生。

通过对比多种低通滤波器的优缺点，选择输入阻抗高、输出阻抗比较低、比较适合植物电信号滤波且在实际信号处理中应用广泛的二阶压控电压源型低通滤波器，其通过反馈电容实现反馈电压控制整个电路的电压放大倍数，并且可以把二阶压控电压源型低通滤波器的输出电压近似为恒压源。为了减少二阶压控电压源型低通滤波器低品质因数 Q 的影响，

同时滤除电路中的低频直流干扰以及极化电压带来的噪声，在电路中加入多路反馈型高通滤波器，电路原理图如图 3－4 所示。

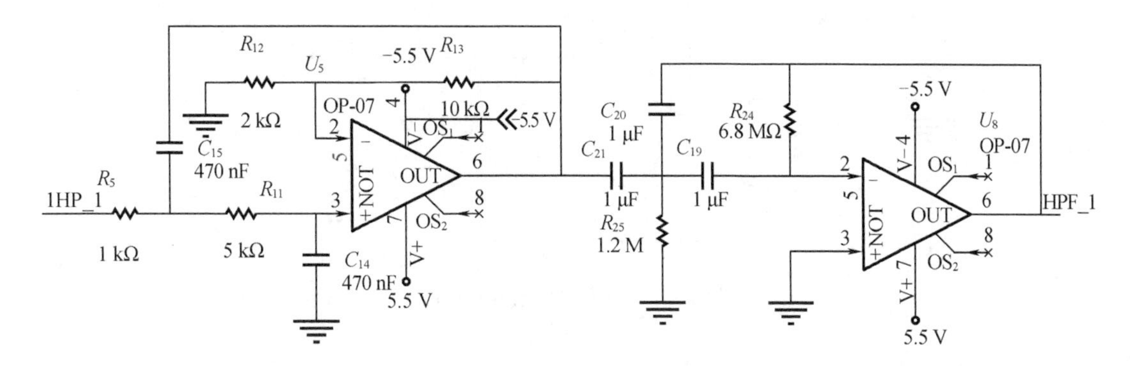

图 3－4　在线式植物电信号采集系统信号调理模块原理图

OP07 是一种低噪声、非斩波稳零的集成运算放大器，该运算放大器具有非常低的失调电压（最大为 25 μV），因此 OP07 不需要调零，非常适合微弱信号测量，所以滤波电路的运算放大器全部采用 OP07 运算放大器。滤波器电路参数计算如下：

二阶压控电压源型低通滤波器的直流增益为

$$A = 1 + \frac{R_{13}}{R_{12}} = 6 \tag{3-6}$$

二阶压控电压源型低通滤波器的上限截止频率计算公式为

$$f = \frac{1}{2\pi\sqrt{R_5 R_{11} C_{15} C_{14}}} \tag{3-7}$$

其中，$R_5 = 1\ \mathrm{k\Omega}$，$R_{11} = 5\ \mathrm{k\Omega}$，$C_{15} = C_{14} = 470\ \mathrm{nF}$，由式（3－7）计算可得低通滤波器的截止频率为 151.4 Hz。

多路反馈型高通滤波器的下限截止频率为

$$f = \frac{1}{2\pi\sqrt{R_{24} R_{25} C_{19} C_{20}}} \tag{3-8}$$

其中，$R_{24} = 6.8\ \mathrm{M\Omega}$，$R_{25} = 1.2\ \mathrm{M\Omega}$，$C_{19} = C_{20} = C_{21} = 1\ \mu\mathrm{F}$，由式（3－8）计算可得高通滤波器的下限截止频率为 0.055 Hz。

植物电信号通过初级放大以及低通滤波放大后，总共放大倍数为 2×6＝12 倍，植物电信号幅值可以达到几百微伏至几十毫伏，基本满足处理需求。为了更好地满足 ADC 转换的要求，电路加入同相放大器作为终极放大电路，把信号放大 10 倍，根据基尔霍夫电压定理把采集的电信号通过 R_{21}、R_{22}、R_{23} 映射到 0～3.3 V 的区间内，这样即使是有些植物遇到刺激产生比较高的动作电波时（±10 V）也能够采集记录到，增大了采集装备的实用性。终极放大电路原理图如图 3－5 所示。

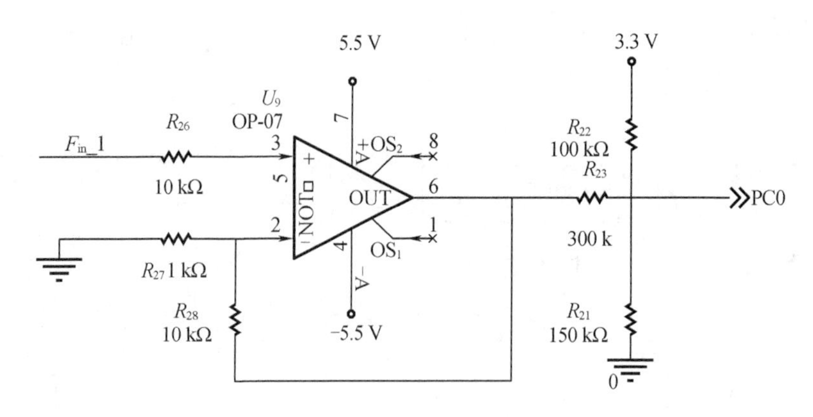

图 3-5　终极放大电路原理图

3. 主控模块选型

在线式植物电信号采集装备的主控制器 STM32F103RDT6 单片机，是意法半导体有限公司生产的 32 位高性能、低成本和低功耗的增强型单片机，其内核采用 ARM 公司最新生产的 Cortex-M3 架构，其主频为 72 MHz，Flash 和 RAM 分别为 256 KB 和 64 KB，同时拥有 8 个定时器和计数器、两个看门狗和一个 RTC 时钟。STM32F103RDT6 芯片上集 3 个高速 SPI 通信接口、5 个 USART 串口、一个 SDIO 接口等众多通信接口，其内部集成 3 个 12 位共 16 个外部通道的 ADC，共有 64 个 I/O 端口。

STM32 单片机的最小系统主要包括电源电路、复位电路、时钟电路、下载电路及启动电路。STM32F103 系列的 MCU 供电电压在 2~3.6 V 均可正常工作，此装备的供电电源为 5 V，因此采用正向低压降稳压芯片 ASM1117-3.3 V 组成输入 5 V，稳定输出为 3.3 V 的电源电路。复位电路由按键和保护电容、电阻组成。时钟电路由一个为整个系统提供时钟的 8 MHz 晶振和为 RTC 提供时钟的 32.768 kHz 晶振组成。下载部分选择 JTAG 协议接口。JTAG 是一种国际标准测试协议，多用于芯片内部测试，因此使用 JATA 下载器非常方便在线调试下载程序。启动电路主要控制 STM32 的启动模式，启动模式（主闪存存储器、系统存储器和内置 SARM）由 BOOT0 和 BOOT1 高低电平设置单片机程序的运行位置，为了方便启动模式设置，把 BOOT0 和 BOOT1 及高电平连接到插针上，通过跳线帽连接高电平或者低电平来选择单片机的程序启动。此外，为了方便系统接入物联网设备和直接通过计算机分析数据，系统通过 MAX485 芯片引出 RS485 通信接口。

主控模块的电路原理图如图 3-6 所示。

4. 存储模块选型

在大田中采集植物电信号时通常采集时间较长，不适合将采集到的数据直接存到计算机中或者直接用软件处理植物电信号，因此，为了增加设备的实用性，消除使用环境的限制，增加了存储模块。以传输速度高、体积小、存储空间大的 SD 卡作为存储介质的存储模块。

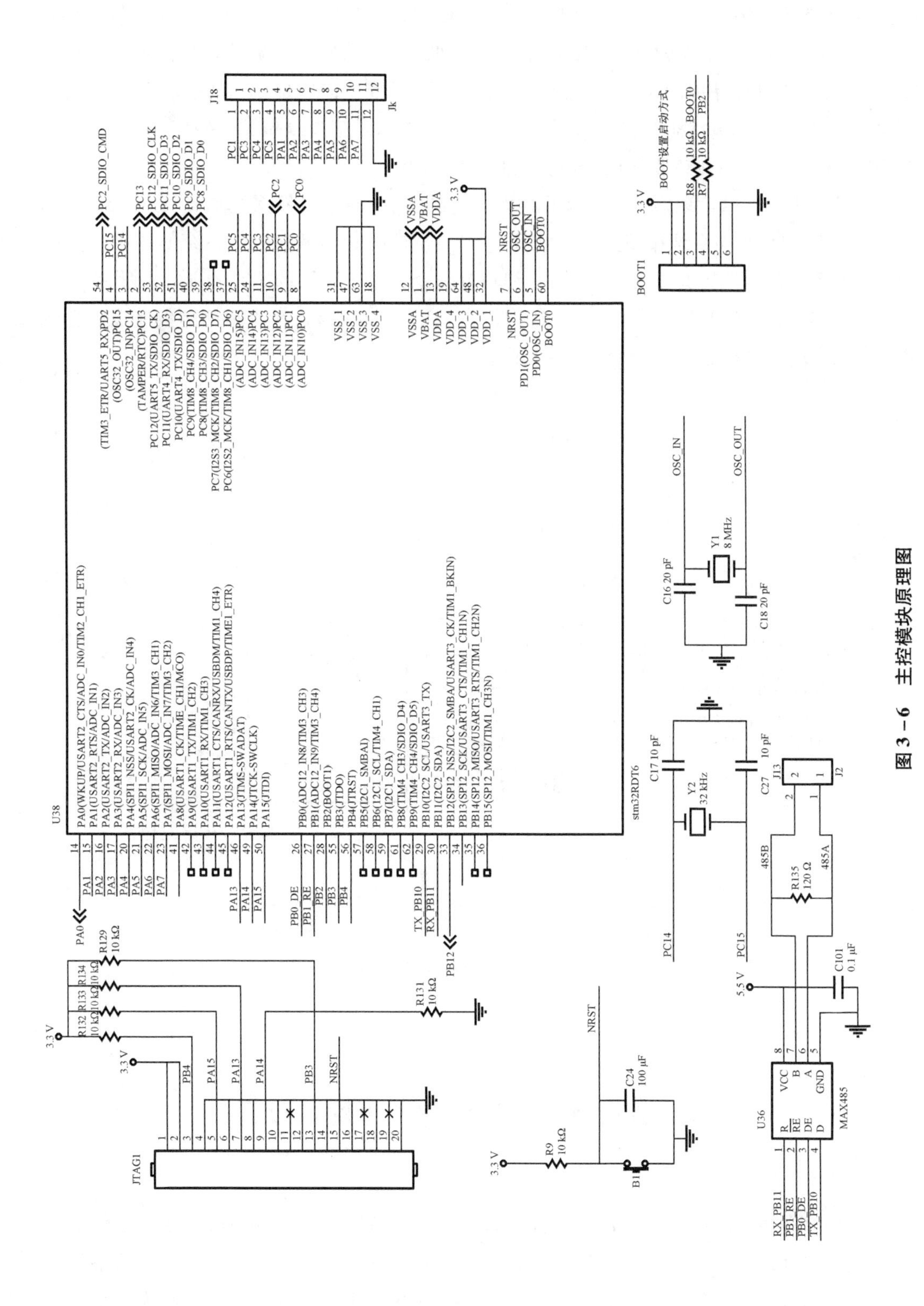
U38
stm32RDT6
J18
Jk
BOOT1
BOOT设置启动方式
R8 10 kΩ BOOT0
R7 10 kΩ PB2
3.3 V
OSC_IN
OSC_OUT
Y1 8 MHz
C16 20 pF
C18 20 pF
C17 10 pF
Y2 32 kHz
C27 10 pF
J13
J2
485B
485A
R135 120 Ω
C101 0.1 μF
5.5 V
U36
MAX485
VCC
B
A
GND
R
RE
DE
D
RX_PB11
PB1_RE
PB0_DE
TX_PB10
JTAG1
R129 10 kΩ
R131 10 kΩ
NRST
C24 100 μF
R9 10 kΩ
B1
PA0
PB12
PC14
PC15
PC2_SDIO_CMD
PC12_SDIO_CLK
PC11_SDIO_D3
PC10_SDIO_D2
PC9_SDIO_D1
PC8_SDIO_D0
VSSA
VBAT
VDDA

图 3－6　主控模块原理图

SD 卡在手机、相机等电子设备上经常用到。STM32 对 SD 卡的读写操作有两种接口方式，第一种是 SPI 接口，第二种就是 SDIO（安全数字输入/输出接口）接口。SD 卡包括存储单元、存储单元接口、电源检测、卡及接口控制器和接口驱动器 5 个部分。存储单元是存储数据的部件，通过存储单元接口与卡控制单元进行数据传输；电源检测单元保证 SD 卡能够正常工作，如出现掉电状态时，它会使控制单元和存储单元接口复位；卡及接口控制单元控制 SD 卡的运行状态；接口驱动器控制其引脚的输入输出。

为了直接用电脑读取 SD 卡存储的数据，需要初始化时把文件系统加载到 SD 卡中，因此需要把 FATFS 文件系统移植到单片机里。FATFS 是面向小型嵌入式系统的一种通用的 FAT 文件系统。FATFS 是由 AISI C 语言编写且完全独立于底层的 I/O 介质。因此它可以很方便地移植到其他的处理器当中，通过初始化 SD 卡底层驱动，修改驱动函数完成数据读写。存储模块硬件电路原理图如图 3－7 所示。

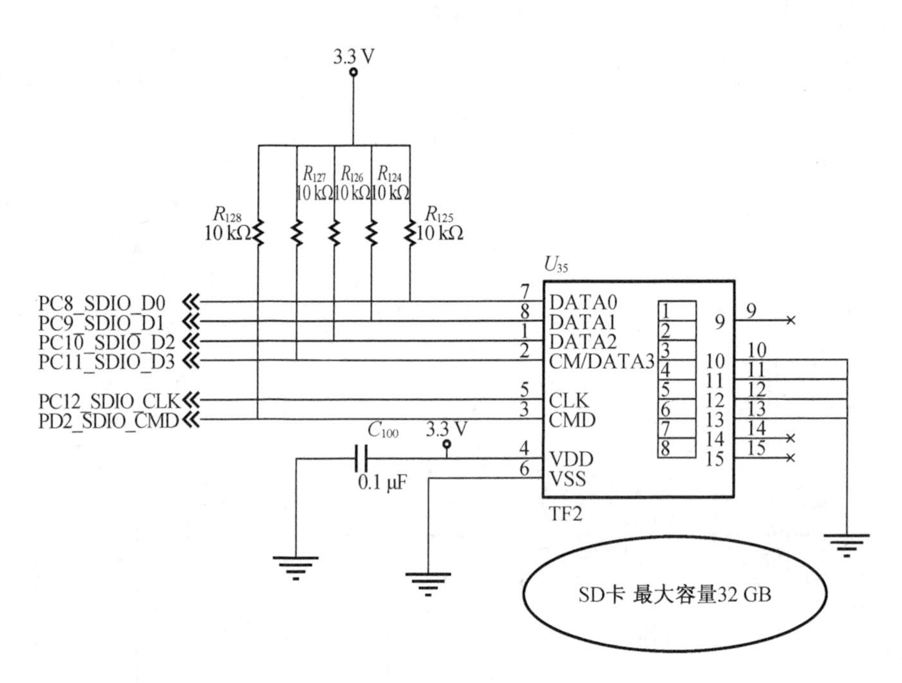

图 3－7　存储模块硬件电路原理图

3.2　植物电信号检测装备可用性分析

在实际研究中很多研究人员设计的采集设备，虽然采集到了电信号，但由于植物电信号的特点，很难认定所采集到的信号就是所需要的植物电信号，而且他们的采集设备的稳定性以及可靠性都不能确定。因此为了研究采集系统的可靠性、稳定性，以及确定采集的信号就是需要的植物电信号，通过实验采集鹅掌柴电信号并对采集的信号进行了统计性分析,使用变异系数、皮尔逊系数来验证检测装备的稳定性、可靠性。

3.2.1　材料与方法

1. 采集电极的选择

采集植物电信号时电极接触到植物组织会产生极化噪声,影响信号质量,因此电极的选择很重要。目前,采集获取的植物电信号多为细胞间电信号,采集技术可分为接触式和非接触式两类,主要测量技术有非接触式光标测量,此方法可以不与植物接触;植物离子流速测量,其操作复杂不适合大面积推广应用,但该技术采集电信号时对植物没有伤害;胶质盐桥电极耦合技术、多电极微阵列(MEA)、经典的金属电极测量及贴片式电极皆为接触式测量方法。本系统主要解决大田中长时间在线采集存储,因此只考虑金属电极和贴片电极。

金属电极测量。该方法电极材质有 Pt、Ag、AgCl 等金属及化合物,测量时将金属电极直接插入植物体内,是一种经典测量技术。电极插入植物体内时对植物会造成很大影响,由于金属电极比较细,直径在 0.2 mm 左右,因此一段时间后电极对植物的影响会变得很小,但是会对植物造成永久性创伤,有时创伤处可能感染病菌,给电信号测量带来一定影响。

贴片电极测量。贴片电极实质上是氯化银电极,在其塑料基表面镀上氯化银,再在镀氯化银基上涂抹上导电膏,通过电极扣和特制屏蔽线与采集设备相连。贴片电极灵敏度高,不会对植物造成伤害,噪声小,采集植物电信号时不需要专门对其表面做任何处理、测量方便,非常适合采集芦荟、鹅掌柴等这些叶片比较大的植物的电信号。因此本实验使用贴片电极采集植物电信号,而且配备了专门的电极连接线和接口,非常方便贴片电极的更换。

2. 植物电信号采集实验

选择室内健康的鹅掌柴幼苗一盆,幼苗株高约 20 cm。测量鹅掌柴幼苗叶片电信号时,把两个贴片电极分别贴在叶片尖端和靠近主干的叶柄处,两电极相聚约 2 cm,同时把采集系统的信号地通过铜线接出,插在花盆中作为参考电位。采集电信号时室内温度为 22 ℃,湿度为 43%,光照强度为 12 000 lx,鹅掌柴浇水后第 15 min 开始测量,每隔 15 min 采集一次电信号。采集系统的采集频率设置为 1 kHz,采集后的数据存储在 SD 卡内(为了减少工频干扰,创造良好的电磁环境,在室内采集时通常把实验室内所有仪器包括电脑都关闭),其采集实验示意图如图 3－8 所示。

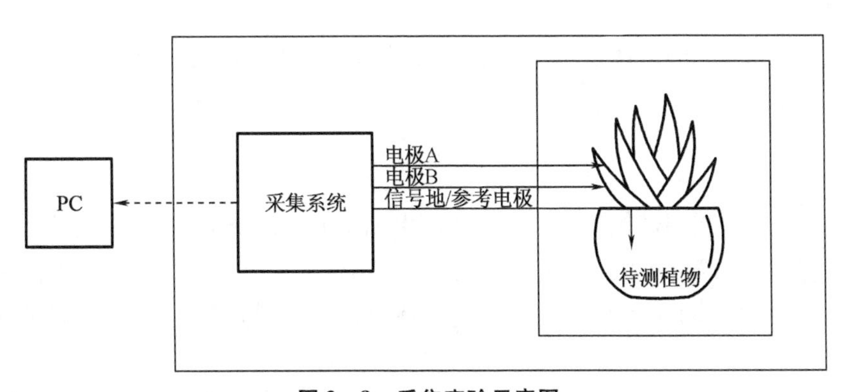

图 3－8　采集实验示意图

3.2.2 结果与分析

1. 变异系数

为了检验植物电信号检测装备所采集的植物电信号是植物电信号而不是干扰信号，首先采用计算植物信号峰值振幅的变异系数的方法来检测评估设备的可靠性，变异系数的公式为

$$C \cdot V = \frac{\sigma}{\mu} \times 100\% \tag{3-9}$$

式中，μ 为植物电信号的平均值；σ 为植物电信号的标准差。变异系数 $C \cdot V$ 表示采集设备所采集记录的植物电信号的可靠性，即采集设备的可靠性。变异系数 $C \cdot V$ 作为评估模式稳定性的第一个度量，其值越大说明信号表现得越随机，当 $C \cdot V$ 约等于 1 时，说明采集的植物电信号是一个几乎随机的过程，即认为植物电信号检测装备采集的植物电信号是噪声信号，检测装备完全不可用；当 $C \cdot V \ll 1$ 则反映了植物检测装备采集的植物电信号具有很高的稳定性，即检测装备具有很高的稳定性，可以用于植物电信号的采集。

为确保检测装备的稳定性及可靠性，计算同一植物在相似环境下，不同时间多次采集的数据的变异系数 $C \cdot V$ 值，如表 3-1 所示。

表 3-1 采集系统变异系数 $C \cdot V$ 值

土壤水分/%	温度/℃	$C \cdot V$ 值/%
45.34	22	7.15
39.42	22	5.35
38.37	22	8.1
37.83	22	8.9

由表 3-1 可知，采集系统的变异系数 $C \cdot V$ 值在 5.35% ~8.9%，说明当植物所处环境温度相同，不受外界其他刺激影响，且土壤含水量近似的情况下，检测装备所采集的植物电信号非常稳定，也说明检测装备具有很强的稳定性，可以用于植物电信号采集。

2. 皮尔逊相关系数

皮尔逊相关系数用于测量之间的比较和评估试验间重测信度，有助于检测信号的可重复性，其公式为

$$\rho_{X,Y} = \frac{\mathrm{cov}(X,Y)}{\sigma_X \sigma_Y} \tag{3-10}$$

式中，$\mathrm{cov}(X,Y)$ 表示相同环境下同一植物的两次测量数据的协方差；$\sigma_X \sigma_Y$ 表示相同环境下同一植物的两次测量数据的标准差。皮尔逊相关系数的取值范围是[-1,1]，如果其值接近于 0，那么说明两次测量数据不相关，接近 1 或者接近 -1 则被认为具有强相关性，说明设备的可重复性良好。

当温度为 22 ℃，土壤水分为 37% 时，采集数据的皮尔逊相关系数为 0.90，0.91，0.89，

0.85,0.86,都落在0.8~1.0的极强相关范围内,说明这些植物电信号相关程度极高,即检测装备具有良好的可重复性,检测装备可以完成采集任务。

3.3　植物电信号分析方法研究

在采集植物电信号的过程中,即使采取了很多措施降低噪声干扰,植物电信号中也会掺杂着很多噪声和干扰。由于植物电信号大多属于微弱极低频的特点,因此需要通过软件算法对采集的植物电信号进行预处理,把频段限制在需要的部分。由于采集植物电信号的环境大多在实验室里,不可避免地存在着工频干扰,还有高频电磁干扰,因此本章节应用低通滤波、自适应工频陷波及小波阈值去噪算法对采集的植物电信号进行降噪预处理,获取纯净的植物叶片电信号,为后续研究植物电信号的时域、频域特性奠定基础。

3.3.1　信号滤波方法研究

1. 低通滤波器设计

经过近几十年的发展,研究人员发现不同的植物、不同生长时期,以及相同植物不同环境和不同时期的植物电信号都不同。王兰州等人研究了燕子掌、芦荟等植物,发现其电信号的功率谱主要集中在低于5 Hz的频段内,所以这几种植物的电信号频率主要集中在小于5 Hz的频段内;王忠义等人研究了黄瓜植株与环境的关系,发现黄瓜叶片表面电信号的频率低于30 Hz;王子洋等人研究了小麦和含羞草叶片电信号的特征,利用短时傅里叶分析及功率谱密度分析发现其局部电位信号主要集中在5 Hz以下;国外的一些学者发现有些植物的叶片表面电信号特征频率在小于100 Hz的频段内。充分考虑到植物叶片电信号具有不确定性的特点以及植物电信号的低频特性,所以选择植物叶片电信号的特征频率小于100 Hz的频段。而巴特沃斯滤波器的频率特性曲线为单调函数,在通带内频率响应曲线相比其他滤波器平坦度最高,而且当通带边界满足设计功能要求时还会存在一定的裕量,所以巴特沃斯滤波器在实际应用中相对比较广泛,因此本研究采用巴特沃斯低通滤波器对植物电信号进行滤波,把电信号频率限制在100 Hz以下。

低通滤波器是根据奈奎斯特采样定理进行设计的,其采样频率 F_s 与信号固有最高频率 f_a 必须满足 $F_s \geqslant 2f_a$,如果信号中含有大于奈奎斯特频率 $\frac{F_s}{2}$ 的频率,那么信号会在直流和 $\frac{F_s}{2}$ 之间畸变。植物电信号采集过程中主要的干扰和噪声分布在高频段,所以研究利用M语言设计了巴特沃斯低通滤波算法,对不同光照强度和不同土壤含水率的芦荟和鹅掌柴叶片电信号进行低通滤波处理。根据上述要求巴特沃斯低通滤波器参数计算如下,其频率响应如图3-9所示。

通带临界频率 f_p 设置为100 Hz,通带内衰减小于 $r_p = 0.5$ dB,阻带临界频率 $f_s = 150$ Hz,阻带内衰减大于 $\alpha_s = 40$ dB。低通滤波器设计步骤如下:

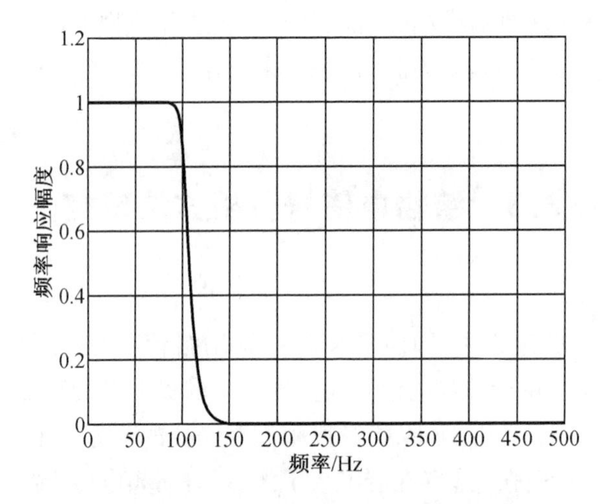

图3-9　巴特沃斯低通滤波器频率响应图

(1)将指标变为角频率,转换公式为

$$w_{\mathrm{p}} = 2\pi f_{\mathrm{p}} \tag{3-11}$$

$$w_{\mathrm{s}} = 2\pi f_{\mathrm{s}} \tag{3-12}$$

(2)把数字滤波器的频率指标$\{w_k\}$通过公式(3-13)转换为模拟滤波器的频率指标$\{w_k\}$,由于是用双线性不变法设计,故先采取预畸变,预畸变公式见式(3-14)和式(3-15)。

$$w_k = \frac{2}{T}\tan\frac{w_k}{2} \tag{3-13}$$

$$\Omega_{\mathrm{p}} = \frac{2}{T}\tan\frac{w_{\mathrm{p}}}{2} \tag{3-14}$$

$$\Omega_{\mathrm{s}} = \frac{2}{T}\tan\frac{w_{\mathrm{s}}}{2} \tag{3-15}$$

(3)进行归一化处理,得

$$\eta_{\mathrm{p}} = \frac{\Omega_{\mathrm{p}}}{\Omega_{\mathrm{p}}} = 1 \tag{3-16}$$

$$\lambda_{\mathrm{p}} = \frac{1}{\eta_{\mathrm{p}}} = 1 \tag{3-17}$$

$$\eta_{\mathrm{s}} = \frac{\Omega_{\mathrm{s}}}{\Omega_{\mathrm{p}}} \tag{3-18}$$

$$\lambda_{\mathrm{s}} = \frac{1}{\eta_{\mathrm{s}}} \tag{3-19}$$

$$N = \frac{1}{2}\lg\frac{10^{\alpha_{\mathrm{s}}/10}-1}{10^{\alpha_{\mathrm{p}}/10}-1}/\lg\lambda_{\mathrm{s}} \tag{3-20}$$

图3-10为在室内采集的鹅掌柴叶片电信号,电信号中包含各种干扰信号,图像近乎失真状态。图3-11为低通滤波后的鹅掌柴电信号,滤波后信号质量明显提高,但信号中可能存在工频干扰。

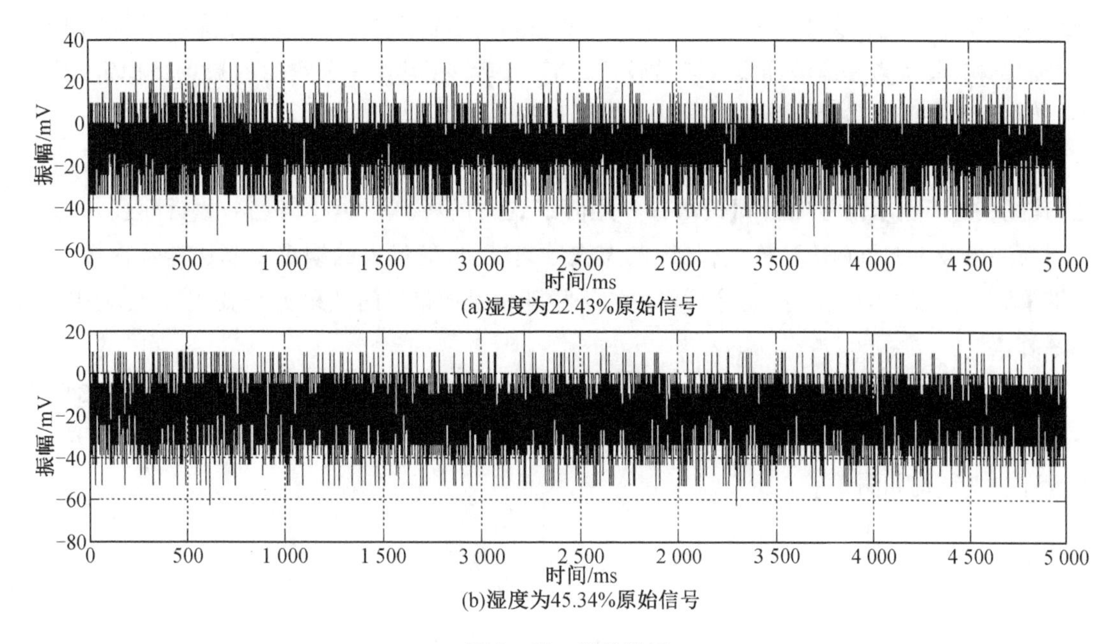

(a)湿度为22.43%原始信号

(b)湿度为45.34%原始信号

图 3－10　原始信号

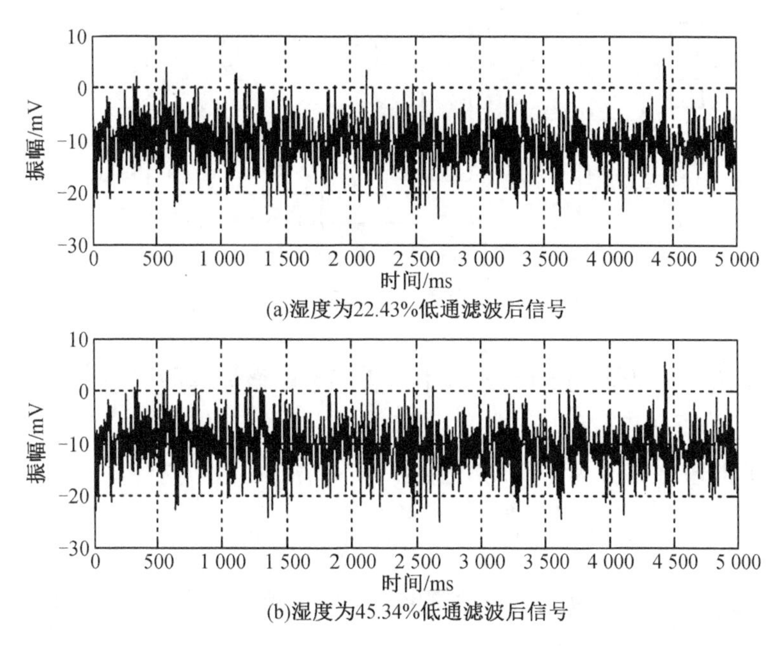

(a)湿度为22.43%低通滤波后信号

(b)湿度为45.34%低通滤波后信号

图 3－11　低通滤波后电信号

2. 工频陷波器设计

在植物电信号采集过程中虽然采取了各种防护措施但还是会引入采集环境中或者采集设备电源中的 50 Hz 工频干扰信号，当干扰信号混入植物电信号时通常会发生偏移，其频率也不会是固定的 50 Hz。因此设计一个性能优越的自适应工频陷波器进行预处理是必不可少的。

自适应工频陷波器主要有两种结构:第一种结构是非递归系统的 FIR 滤波器结构,其优点是具有非常好的线性相位并且无相位失真,稳定性较好;第二种结构是递归系统的 IIR 滤波器结构,其优点是滤波器实现阶数较低,计算量较少,但有一个致命的缺点是稳定性极差。因此,此处所集成的自适应工频陷波器的结构为 FIR 结构。

自适应工频陷波器权值更新优化准则主要有两类:第一类为最小均方误差(LMS)算法,其优点是不用求信号的自相关函数和矩阵的逆,计算简单且计算量少,运行速度快;第二类为递推最小二乘(RLS)算法,其优点为收敛速度快,但最大的缺点是算法迭代次数多,计算量大。由于 LMS 算法在滤除环境中的平稳随机噪声信号时效果更明显,因此此处采用 LMS 算法。

通过查阅自适应滤波器在生物医学工程领域的应用及自适应滤波器设计的相关文献、书籍,可知 5 阶自适应陷波器在降低工频干扰时效果最好,因此此处以 5 阶自适应陷波器为例设计。其结构如图 3－12 所示。

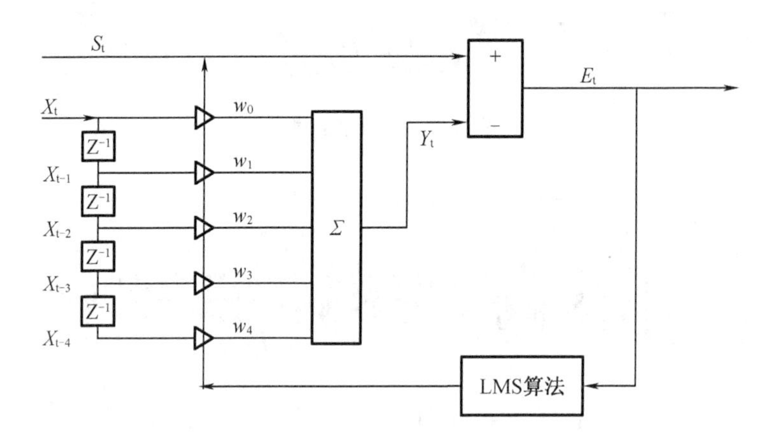

图 3－12　自适应工频陷波器结构图

图 3－12 中信号 S_t 为植物电信号,其中包含频率略微偏移的工频干扰信号,X 为参考信号,其频率为 50 Hz 的正弦信号。

自适应陷波器输出 $y(t)$ 为

$$y(t) = w^{T}(t)X(t) = \sum_{i=0}^{4} w_i(t)X(t-i) \tag{3-21}$$

当陷波器达到稳定,$y(t)$ 就会接近植物电信号的工频干扰信号。采用的 LMS 算法权值更新公式为

$$w(t+1) = w(t) + 2\mu E(t)X(t)X(t) \tag{3-22}$$

式中,μ 为步长,μ 越大收敛速度越快,但稳定性会越差。

图 3－13 为自适应工频陷波器预处理后的电信号波形图,从图中可以看出电信号通过自适应工频陷波器预处理后,其信号质量又有明显的提高,但是信号中还存在与电信号同频率的噪声信号。

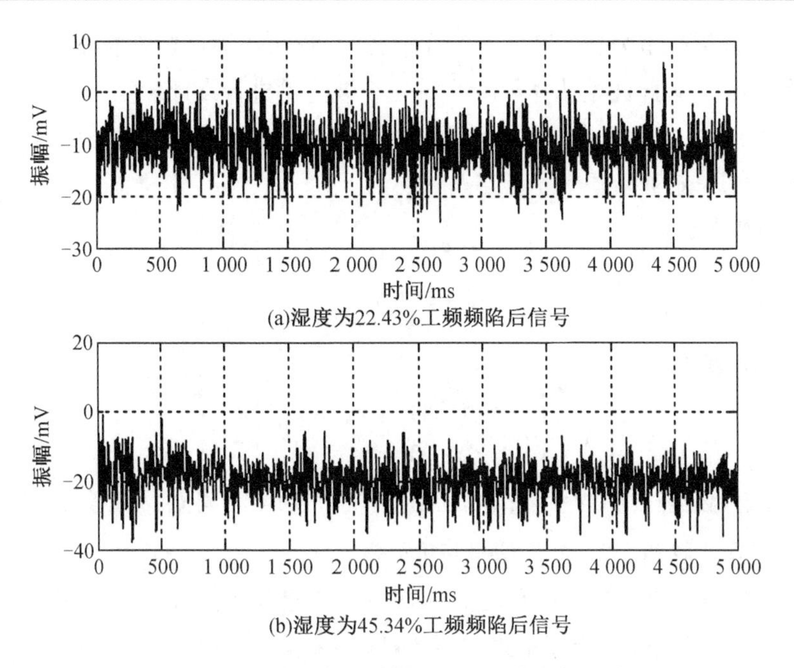

图 3－13　自适应工频陷波器预处理后的电信号波形图

3.3.2　信号降噪方法研究

植物叶片电信号经过低通滤波器和自适应工频陷波器预处理后，虽然电信号的频率被限制在较低频率范围内，但是还存在与电信号同频率的白噪声信号，而除去这些白噪声信号，准确刻画电信号的最佳方案是采用小波降噪完成电信号和干扰信号的分离。植物叶片电信号与噪声在时域和频域表现的特征有所不同，植物叶片电信号在时域和频域的特征表现为局部、低频，而噪声分布在整个时频空间，在时域和频域的特征表现为全局、高频。

小波变换的函数窗口可以根据信号的频率自适应改变，可以很好地刻画植物电信号这种非平稳信号，同时小波分析可以把混在有用信号中的白噪声滤除，相比时域滤波性能更优秀。因此此处集成小波变换对植物电信号降噪，获取植物叶片电信号的信息特征。

小波阈值降噪原理：有用信号经小波变换后其小波系数的幅值要远大于噪声经过小波变换后的小波系数幅值，小波系数如果大于阈值，说明该系数主要由信号分解得到，那么这个小波系数要保留；如果小波系数小于阈值，说明这个小波系数主要是干扰噪声经过小波变换后得到的，然后根据实际的需求对干扰噪声变换后的小波系数置 0 或做相应的“收缩”处理。

小波分析中，不同的小波基函数对信号降噪的效果有很大差别，所以选择合适的小波基函数是小波降噪中极其重要的一步。由著名小波研究学者 Ingrid Daubechies 提出的 Daubechies 小波函数族(dbN)有很好的正则性，其重构的信号具有很好的连续可微性。同时支撑长度和消失矩也是选择小波函数的一个重要参考，支撑长度太长收敛性就会变差，从而产生边界问题，而消失矩和支撑长度成正相关，如果支撑长度太短就会造成消失矩太小，那么不利于信号能量的集中，从而使小波降噪的效果变得不理想。dbN 小波函数的支撑

长度为 $2N-1$,其消失矩为 N。根据大部分学者的研究,小波函数选择支撑矩在 5～9 时小波降噪的效果最好,因此此处选择 4 阶的 dbN 小波为例进行设计。

1992 年 Donoho 等学者提出了小波阈值法,此方法主要分为硬阈值法和软阈值法。常用的阈值函数表达式为

硬阈值函数表达式:

$$w_\lambda=\begin{cases}w & |w|\geqslant\lambda\\0 & |w|<\lambda\end{cases}\tag{3-23}$$

软阈值函数表达式:

$$w_\lambda=\begin{cases}[\operatorname{sgn}(w)](|w|-\lambda) & |w|\geqslant\lambda\\0 & |w|<\lambda\end{cases}\tag{3-24}$$

其中,w_λ 为阈值化处理后小波系数;w 为原始小波系数;λ 为阈值。参考钟建军等人的研究 $\lambda=\sigma\sqrt{2\ln N}$($\sigma$ 为噪声方差,N 为信号长度)。

芦荟和鹅掌柴叶片电信号在空间上具有一定的连续性,经过小波变换后,芦荟和鹅掌柴叶片电信号的小波系数由于能量集中而变得非常大,而干扰噪声在空间上不具有连续性导致其经过小波变换后小波系数接近于零。如果小波变换后噪声的小波系数的方差为 σ,那么由高斯分布和 3σ 原则可知,噪声的小波系数主要分布在 $[-3\sigma,3\sigma]$ 这个区间内。因此硬阈值法的处理方法是把这个区间内的小波系数置零,这样既可以抑制植物电信号中的噪声又能最大限度保留植物电信号中的有用信号,可以完整地刻画植物电信号的局部和边缘特征。但此方法可能造成小波域突变,那么经过小波重构之后植物电信号可能产生局部抖动,甚至出现跳跃点。软阈值法的处理方式是把模小于 3σ 的小波系数全部置零,而将所有模大于 3σ 的小波系数减去 3σ,小于 -3σ 的小波系数统一加 3σ。经过软阈值法处理后小波域比较光滑,处理后植物电信号的波形更加光滑。

在小波分析降噪中,小波分解的层数与降噪效果有很大的关联性,小波分解的层数越多,噪声和有用信号表现出的不同特性越明显,噪声就会越容易滤除。但分解层数越多,信号重构后,失真也会越严重,同样,分解层数太少,降噪的效果就达不到要求,所以如何选取小波分解层数也就变得至关重要。通常分解层数是根据小波分解的频段范围与采样频率的关系选择。同样有学者提出根据均方误差(RMSE)变化的稳定性确定小波分解的层数。其公式为

$$N=\frac{\mathrm{RMSE}(n+1)}{\mathrm{RMSE}(n)}\tag{3-25}$$

式中,$N>1$ 恒成立,当 N 越趋近于 1,噪声滤除得越干净,那么小波分解的最优层数为 n 或者 $n+1$。

小波降噪的具体步骤:首先将经低通滤波和自适应工频陷波处理后的植物电信号在各尺度上进行小波分解,然后利用 Matlab 求出阈值矩阵,植物电信号小波系数幅值小于阈值的小波系数设为 0,同时大于阈值的小波系数完全保留。最后将处理后获得的小波系数用逆小波变换进行重构,得到去噪后的植物叶片电信号。小波分析降噪算法流程图如图 3－14 所示。

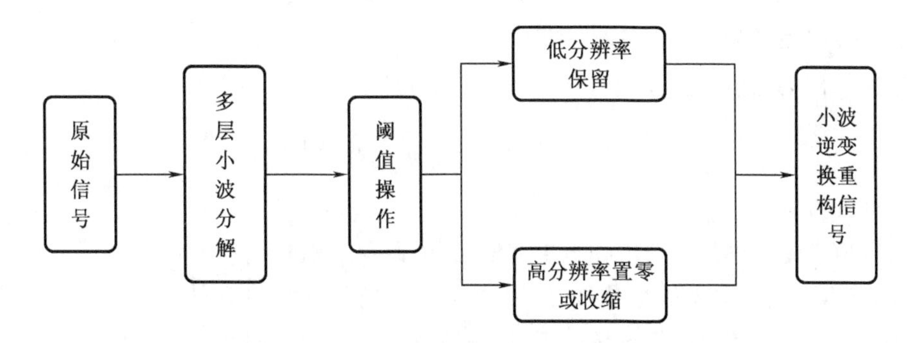

图 3－14　小波分析降噪算法流程图

阈值小波降噪后信号如图 3－15 所示。

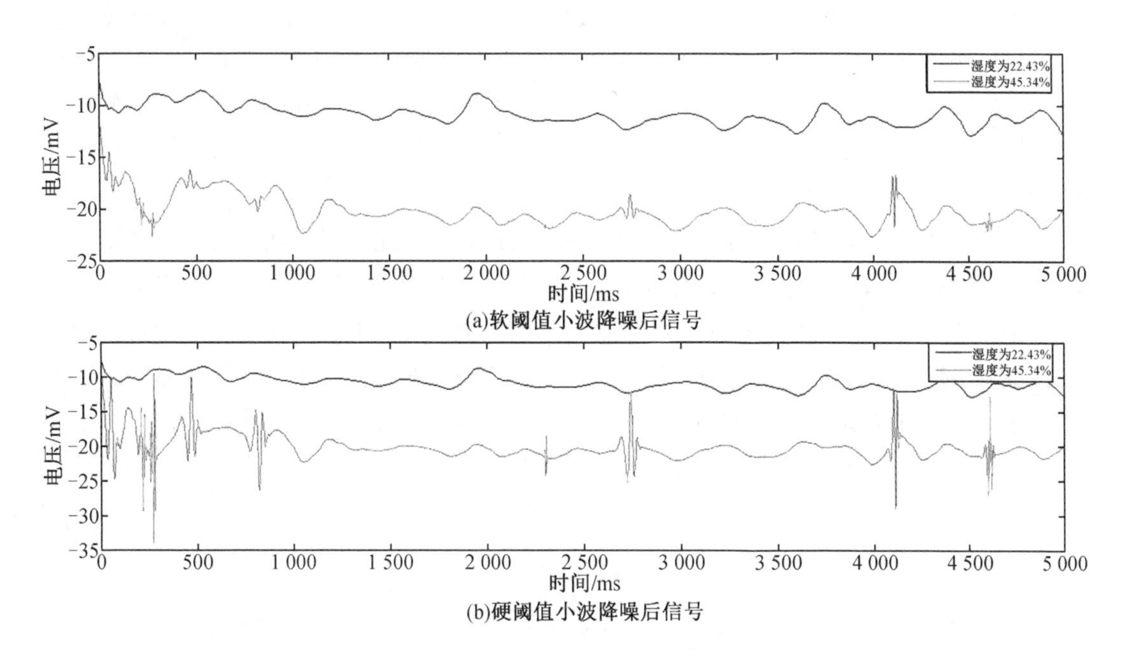

图 3－15　阈值小波降噪后信号

图 3－15 中不管软阈值降噪还是硬阈值降噪，降噪的效果都非常明显，而且对植物电信号进行了增强处理并取得一定的效果，降噪后都保留了电信号的整体波形的基本特征，小波硬阈值降噪后动作电波比小波软阈值降噪更加明显。

3.3.3　时域分析方法研究

1. 时域分析法

时域分析法是信号分析中最直观表现信号特征的基本分析方法。把植物电信号的幅值看作时间的函数，通过时域分析得到植物电信号的峰峰值、最大值、最小值、均值等特征。峰峰值是植物电信号波形最大值与最小值的差值，该特征表示植物电信号在这段时间内的波动范围大小;均值是植物电信号在时间轴上积分平均,主要表现植物电信号的幅值水平,其物理意义主要表现为植物电信号的集中趋势。

若采集的植物电信号为 $X(k)$,那么植物电信号的均值为

$$\mu = E\{X(k)\} = \frac{1}{N}\sum_{n=0}^{N} X(n) \tag{3-26}$$

2. 频域分析方法

植物电信号是一种复杂的生物电生理信号,因此仅对植物电信号进行时域分析是不合适的,也不能得到更多的电信号特征,所以要对不同光照强度和不同土壤含水率下采集的芦荟和鹅掌柴叶片电信号进行频域分析,从频域研究在不同光照强度和不同土壤含水率下采集的芦荟和鹅掌柴叶片电信号的特征。

频域分析方法是把信号从时域变换到频域,这需要把植物电信号通过傅里叶变换来完成时域到频域的转换。遗憾的是,在不同光照强度和不同土壤含水率下采集的芦荟和鹅掌柴叶片电信号是一种功率信号,因此不满足狄里克莱绝对可积的条件,所以从严格意义讲芦荟和鹅掌柴叶片电信号是不存在傅里叶变换的。所以实现对不同光照强度和不同土壤含水率下采集的芦荟和鹅掌柴叶片电信号的频率分析要通过功率谱来估计。信号的功率谱用来描述功率信号的功率随频率变化的特征。其中功率谱估计是常采用的信号频域分析方法。

本研究采用时下比较流行的 AR 模型功率谱估计对不同光照强度和不同土壤含水率下采集的芦荟和鹅掌柴叶片电信号进行分析。该方法具有频率分辨率高的优点,又被称为高分辨率谱估计法。AR 模型是根据已观察到的电信号数据来选择一个正确的模型,认为样本数据之外的其他信号数据是白噪声通过此模型产生的,那么就不必像经典谱估计所认为的样本数据以外的数据全为 0,这就有可能得到比较好的估计,避免了所得到的估计方差性能差、分辨率低的缺陷。AR 模型功率谱估计公式为

$$P(k) = \frac{\sigma^2}{\left|1 + \sum_{i=1}^{p} a_i e^{-j\omega k}\right|^2} \tag{3-27}$$

式中,σ^2 为白噪声的方差,只要求出 σ^2 和所有的系数 a_i 就可以得到植物电信号的功率谱。系数求解方法比较多,而本研究采用编程简单的 Matlab 科学计算软件自带的函数求解上述参数。

3. 时频域分析方法

由于植物电信号属于随机非平稳的微弱电信号,对植物电信号进行时域和频域方法分析研究时,不能把植物电信号的时频结合在一起研究,而受到限制。而时频域分析正好结合时域和频域的特点,可以把植物电信号的频率映射到时间上去,分析在每个时间点上植物电信号的各个频率的分布特征。本研究采用小波分析法对不同光照强度和不同土壤含水率下采集的芦荟和鹅掌柴叶片电信号进行时频域分析。

小波分析方法是一种窗口大小固定但其形状可变的时频局部化分析方法。采用小波变换对植物电信号进行时频域分析的最大优势在于小波分析可以根据植物电信号的频率自适应调节分辨率进行分析。小波变换的基本思想是将时域的信号分解为一系列小波函

数,而这些小波函数均由对一个母小波函数经过平移与尺度伸缩而获得。

小波变换的定义如下:

给定一个基本函数 $\psi(t)$,令

$$\psi_{a,b}(t) = \frac{1}{\sqrt{a}}\psi\left(\frac{t-b}{a}\right) \tag{3-28}$$

式中,a、b、均为常数且 $a>0$;$\psi_{a,b}(t)$ 是基本函数 $\psi(t)$ 先做移位再做伸缩以后得到的。若 a、b 不断变化便可得到一簇函数。给定平方可积信号 $x(t)$,其小波变换为

$$WT_x(a,b) = \frac{1}{\sqrt{a}}\int x(t)\psi^*\left(\frac{t-b}{a}\right)\mathrm{d}t \tag{3-29}$$

式中,WT 为小波变换;$\psi^*(\cdot)$ 为 $\psi(\cdot)$ 的复共轭。

3.4　外界环境变化下植物电信号采集与分析

3.4.1　实验材料与方法

研究土壤水分对植物电信号的影响时,选择室内健康的鹅掌柴幼苗一盆,幼苗株高约 20 cm。鹅掌柴是一种叶片宽大,适合生长环境为 16 ~ 27 ℃,容易养活,且在实验室中是比较常见的盆栽植物。测量鹅掌柴幼苗叶片电信号时,把两个贴片电极分别贴在叶片尖端和靠近主干的叶柄处,两电极相聚约 2 cm,同时把采集系统的信号地通过铜线接出,插在花盆中作为参考电位。采集电信号时室内温度为 22 ℃,室内湿度为 43%,光照强度为 12 000 lx。采集系统的采集频率设置为 1 kHz,采集后的数据存储在 SD 卡内(为了减少工频干扰,创造良好的电磁环境,在室内采集时通常把实验室内所有仪器包括电脑都关闭),采集电信号前鹅掌柴 7 d 未浇水,然后加入 300 mL 自来水,根据土壤水分不同采集其叶片电信号。

研究光照强度对植物电信号的影响时,选择室内健康的芦荟一盆,株高约 25 cm。芦荟是一种叶片宽大,适宜生长环境为 20 ~ 30 ℃,容易养活,且在实验室中是比较常见的盆栽植物。测量芦荟叶片电信号时,把两个贴片电极分别贴在叶片尖端和靠近主干的叶柄处,两电极相聚约 2 cm,同时把采集系统的信号地通过铜线接出,插在花盆中作为参考电位。采集电信号时室内温度为 24 ℃,室内湿度为 46%,土壤湿度为 26.4%。分别采集不同光照强度下芦荟叶片电信号,采集系统的采集频率设置为 1 kHz,采集后的数据存储在 SD 卡内(为了减少工频干扰,创造良好的电磁环境,在室内采集时通常把实验室内所有仪器包括电脑都关闭)。为了方便分析芦荟、鹅掌柴的叶片电信号的时域特点,减小数据转化造成的误差,此处所研究的电信号都是放大后的植物电信号。

3.4.2 结果与分析

1. 土壤含水率变化下鹅掌柴叶片电信号时频域特征

根据上述介绍采集鹅掌柴叶片电信号，每组选取 5 000 个数据首先进行时域分析，其分析结果如图 3－16 所示。

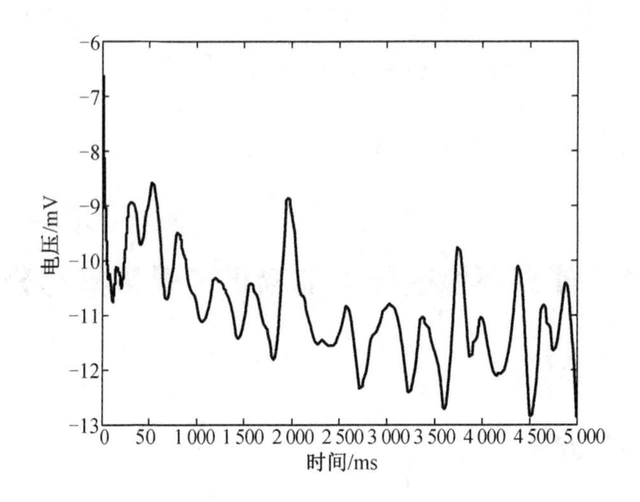

图 3－16　未浇水时（土壤含水率为 22.43%）电信号时域波形

首先采集 7 d 未浇水（土壤含水率为 22.43%）的鹅掌柴幼苗电信号，由图 3－16 看出其叶片电信号主要由变异电波组成，信号在 2 s、3.5 s 和 4.5 s 左右出现振荡，其峰峰值约为 2.8 mV，均值为－10.92 mV，说明鹅掌柴叶片电信号比较稳定。

当土壤含水率为 32.34% 时，鹅掌柴叶片电信号时域波形图如图 3－17 所示。

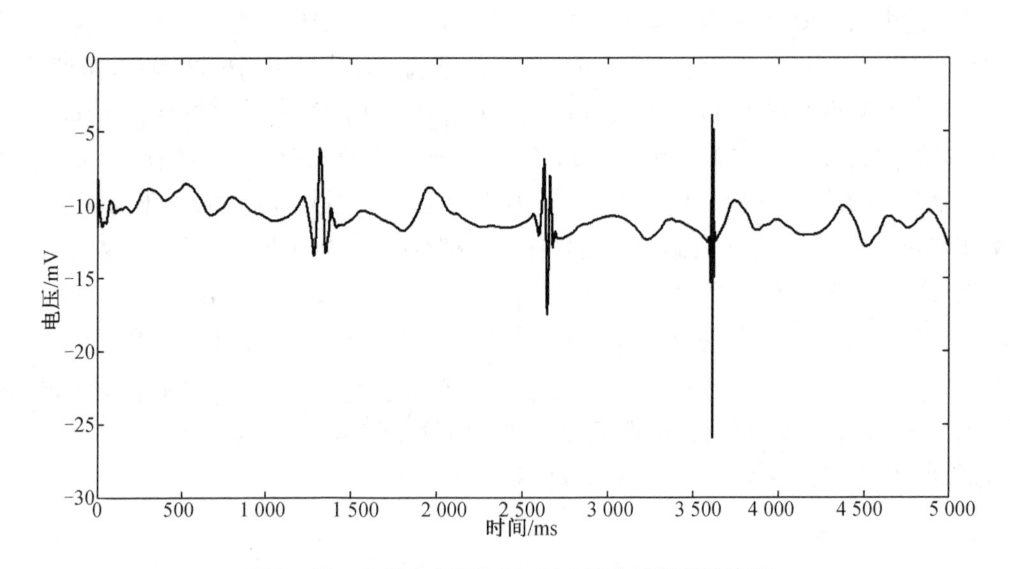

图 3－17　土壤含水率为 32.34%时电信号时域波形

鹅掌柴叶片电信号主要由动作电波、复合电波及变异电波组成。复合电波出现在 1.4 s 和 2.6 s 处，动作电波出现在 3.6 s 处。叶片电信号的均值 -11.53 mV，最大峰峰值为 32 mV。

当土壤含水率为 37.11% 时，鹅掌柴叶片电信号时域波形图如图 3-18 所示。

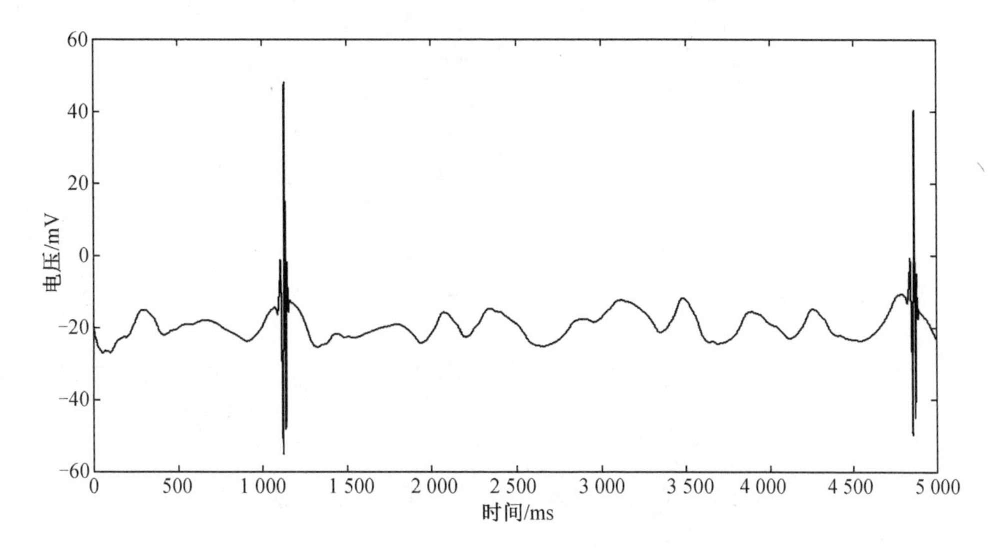

图 3-18　土壤含水率为 37.11%时电信号时域波形图

由图 3-18 可以看出鹅掌柴电信号主要由动作电波和变异电波组成，电信号在 1.1 s 和 4.8 s 处出现动作电波，其中动作电波的最大峰峰值约为 100 mV，其均值为 -19.47 mV。

当土壤含水率为 45.34% 时，鹅掌柴叶片电信号时域波形图如图 3-19 所示。

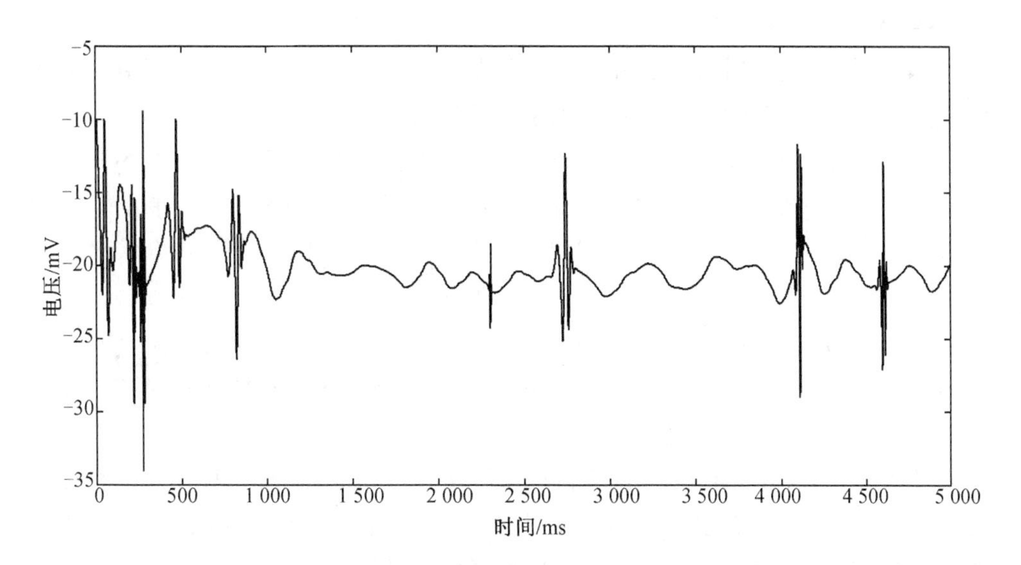

图 3-19　土壤含水率为 45.34%时电信号时域波形图

由图 3-19 可见，当土壤含水率达到本次实验最高时，采集的鹅掌柴电信号主要包含动作电波和变异电波，在0.25 s、0.5 s、0.8 s、2.75 s、4.1 s和4.6 s处出现了动作电波。叶片电信号均值为－20.23 mV，其中动作电波最大峰峰值约为25 mV，发生在0.26 s处。

不同土壤含水率下鹅掌柴幼苗叶片电信号时域特征变化趋势如图3－20所示。

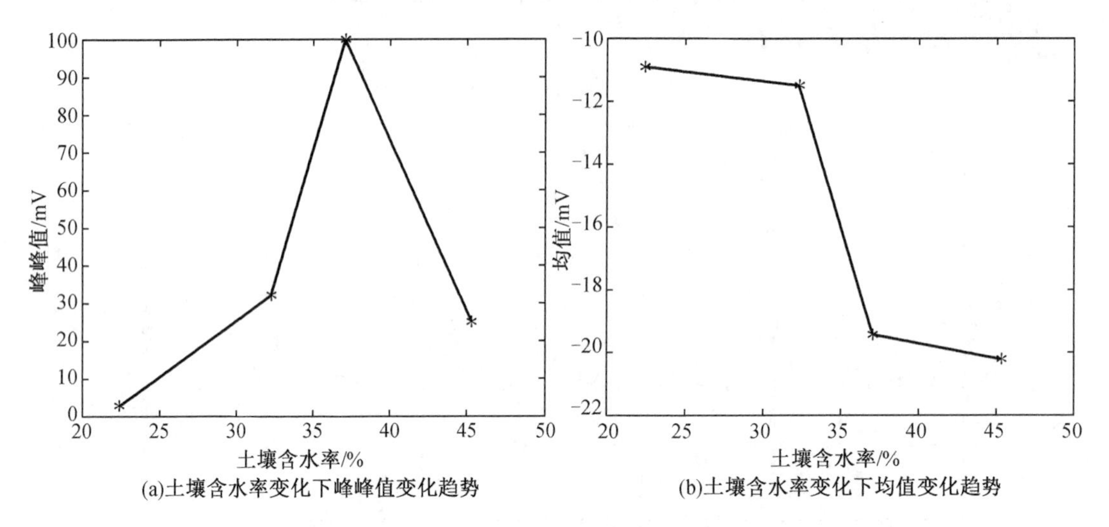

图3－20　土壤含水率变化下时域特征变化趋势

峰峰值的意义是电信号在一段时间内的幅值波动大小，由图3－20(a)分析可得，当环境温湿度和光照确定时，土壤含水率增加鹅掌柴电信号均值先增大后减小，其峰值出现在土壤含水率为37%左右时。鹅掌柴叶片电信号均值的绝对值随着土壤含水率增大而增大，当土壤含水率为20%～30%时其均值相对平稳，当土壤含水率为40%～45%时其均值也趋于稳定，当土壤含水率为35%左右时均值出现剧变。由上述可推断出土壤含水率在35%左右时对鹅掌柴幼苗刺激最大。

对采集的鹅掌柴植物电信号采用AR模型功率谱估计进行频域分析。其采集实验条件与上节相同。如图3－21为不同土壤含水率的鹅掌柴电信号功率谱估计波形图。

图3－21可以非常清楚地看到鹅掌柴电信号功率谱中信号能量集中在0.5 Hz以下，并且4种情况下功率谱估计曲线非常平滑，说明对信号的降噪等的预处理效果良好。鹅掌柴叶片电信号的频率大多集中在0.5 Hz以下，而且其频带宽度也不会随土壤含水率的改变而明显改变。

鹅掌柴电信号的时频域分析采用小波变换来完成，图3－22为经过小波分析后的在不同土壤含水率下的鹅掌柴叶片电信号的时频域图像，土壤含水率依次为22.43%、32.34%、37.11%、45.34%。

分析上述鹅掌柴在不同土壤含水率的时频图像，可以得出鹅掌柴电信号频率成分主要集中在小于1 Hz的频率段内，其中90%的信号成分集中在0～0.5 Hz的频段内，而且可以看到频率与时间的对应关系，即电信号在某时间的频率组成成分的密集程度。这是时域分析和频域分析所不能完成的。

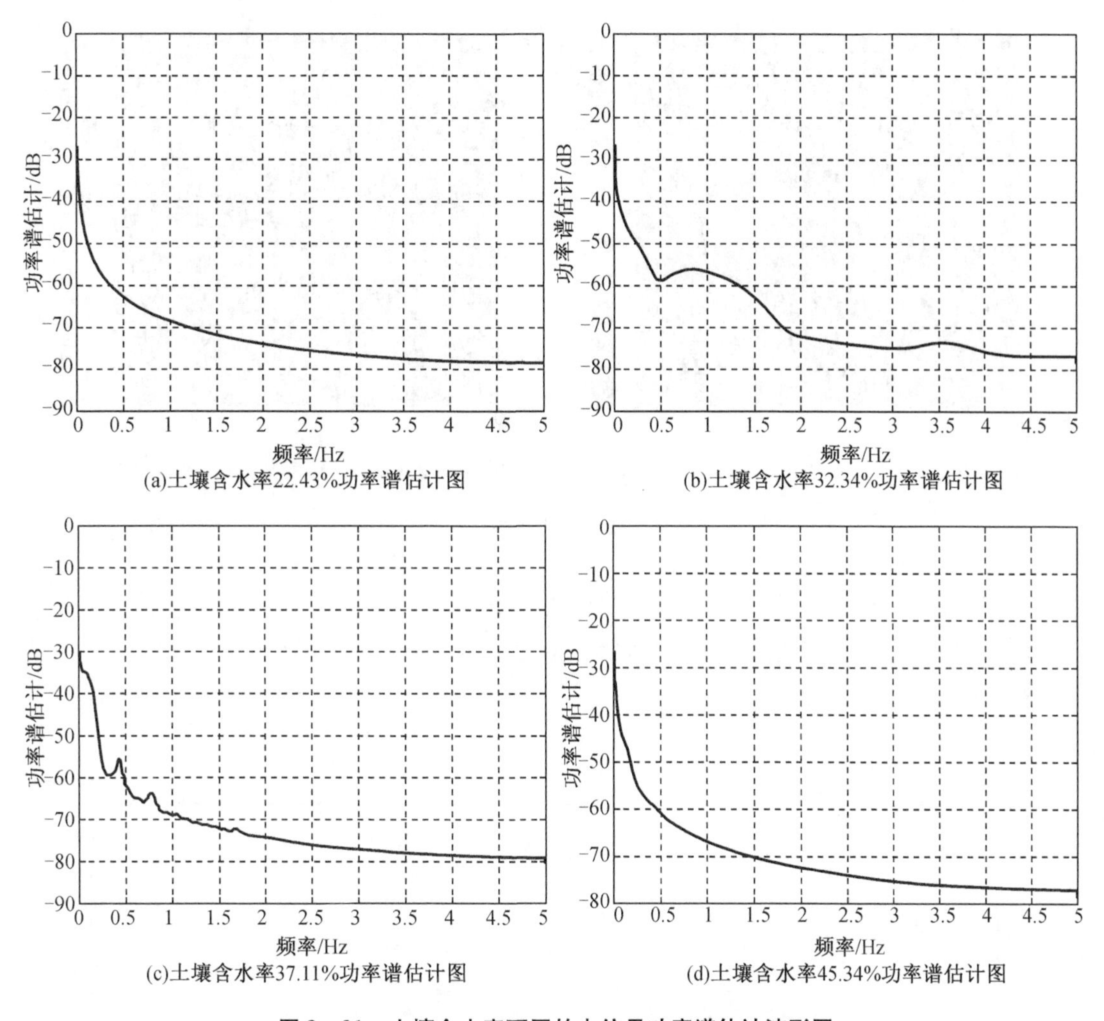

(a)土壤含水率22.43%功率谱估计图

(b)土壤含水率32.34%功率谱估计图

(c)土壤含水率37.11%功率谱估计图

(d)土壤含水率45.34%功率谱估计图

图 3－21　土壤含水率不同的电信号功率谱估计波形图

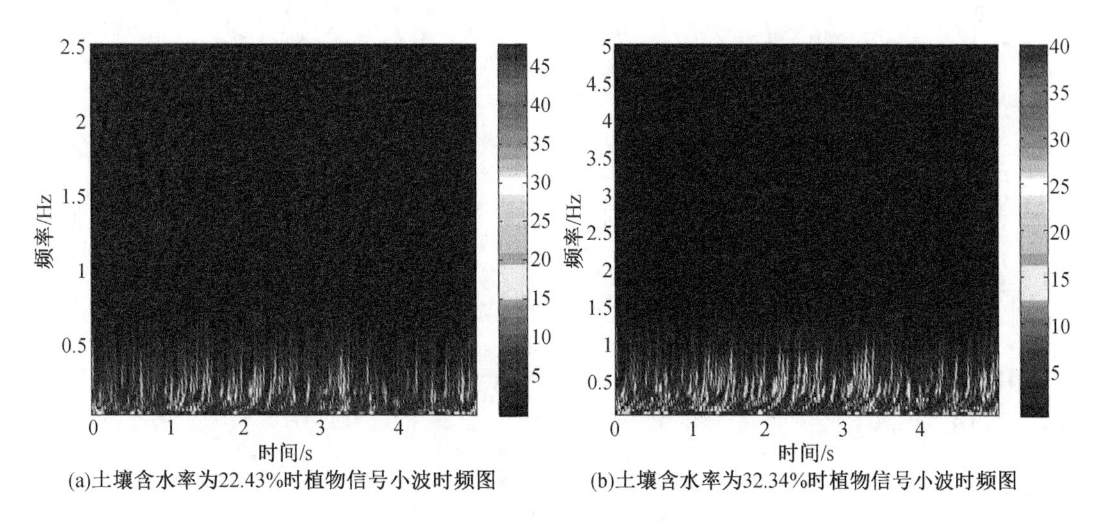

(a)土壤含水率为22.43%时植物信号小波时频图

(b)土壤含水率为32.34%时植物信号小波时频图

图 3－22　电信号时频域图像

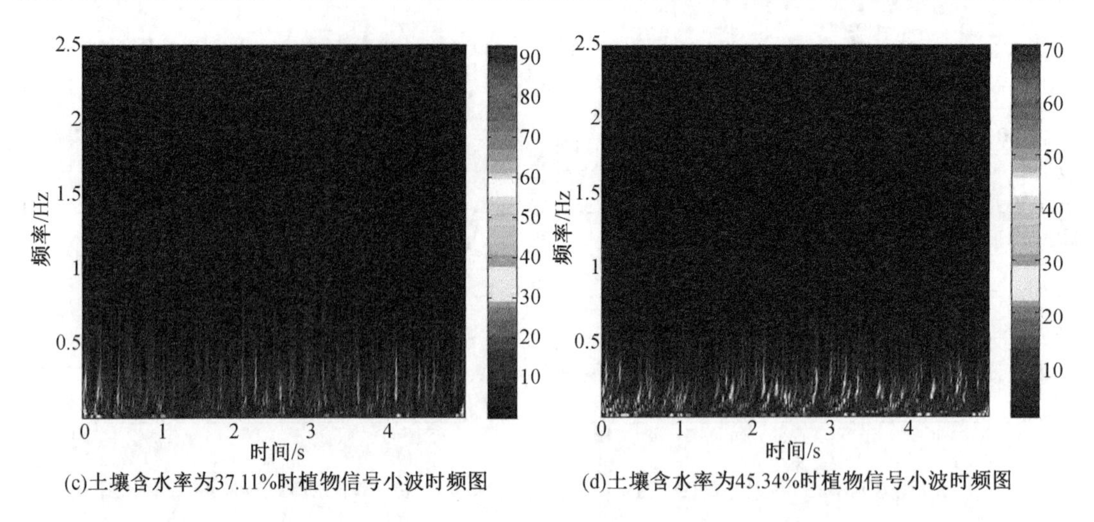

(c)土壤含水率为37.11%时植物信号小波时频图　　(d)土壤含水率为45.34%时植物信号小波时频图

图 3－22(续)

2. 光照强度变化下芦荟叶片电信号时频域特征

将采集的芦荟叶片电信号,每组选取 5 000 个数据首先进行时域分析,其分析结果如图 3－23～图 3－31 所示。

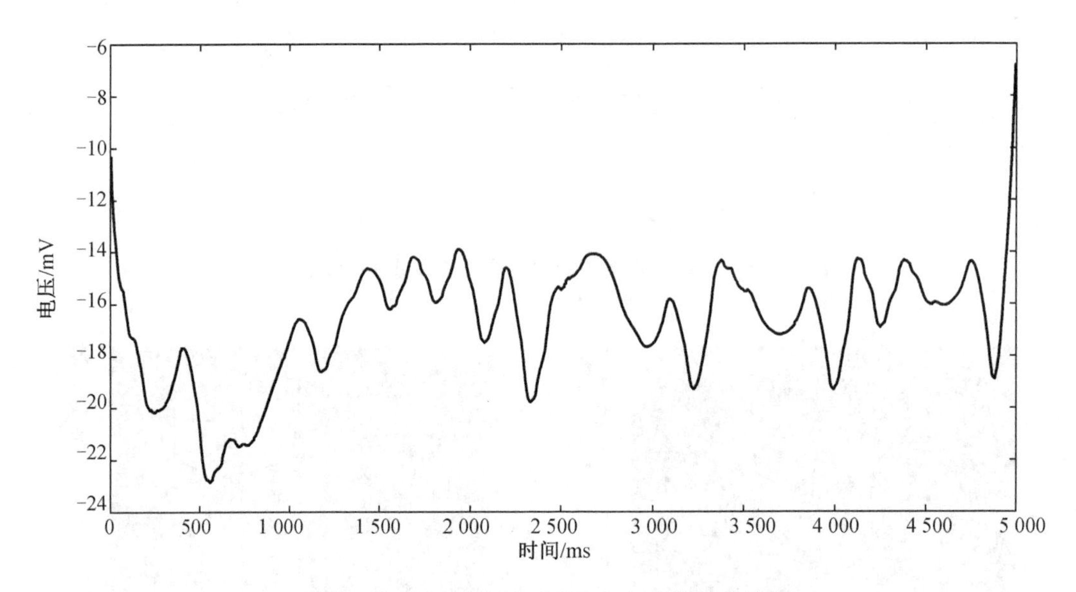

图 3－23　光照强度为 5 000 lx 时电信号时域图

由图 3－23 可以看出电信号波动比较大,主要由变异电波组成,其峰峰值约为 13 mV,均值为－16.74 mV。

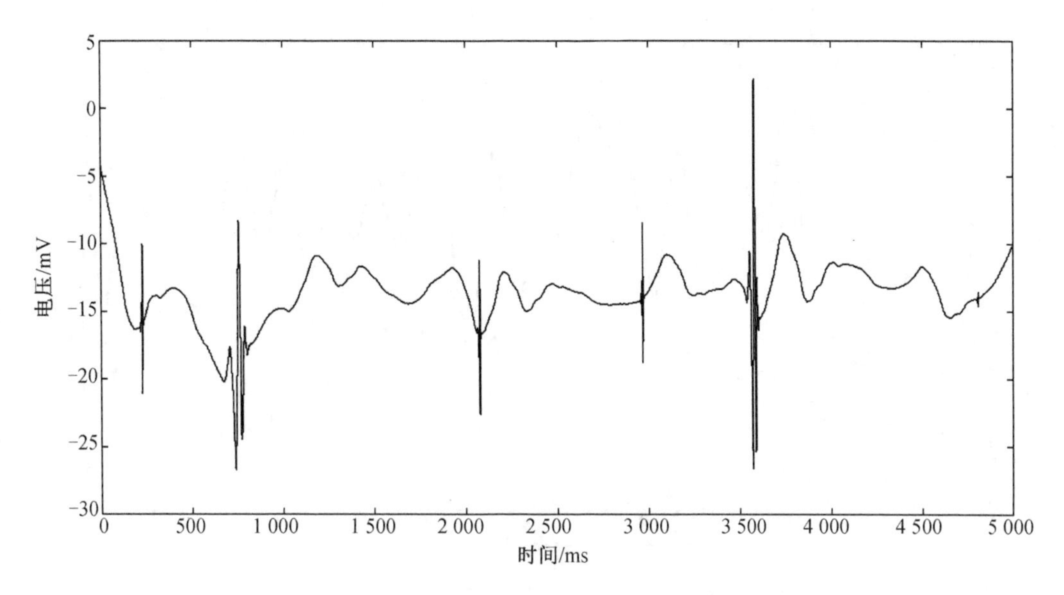

图 3－24　光照强度为 13 000 lx 时电信号时域图

由图 3－24 可知，光照强度为 13 000 lx 时，植物电信号主要由动作电波和变异电波组成。动作电波出现在 0.24 s、0.75 s、2.1 s、3 s 和 3.6 s 处，其均值为－13.62 mV，峰峰值出现在 3.6 s 处的动作电波值约为 30 mV。

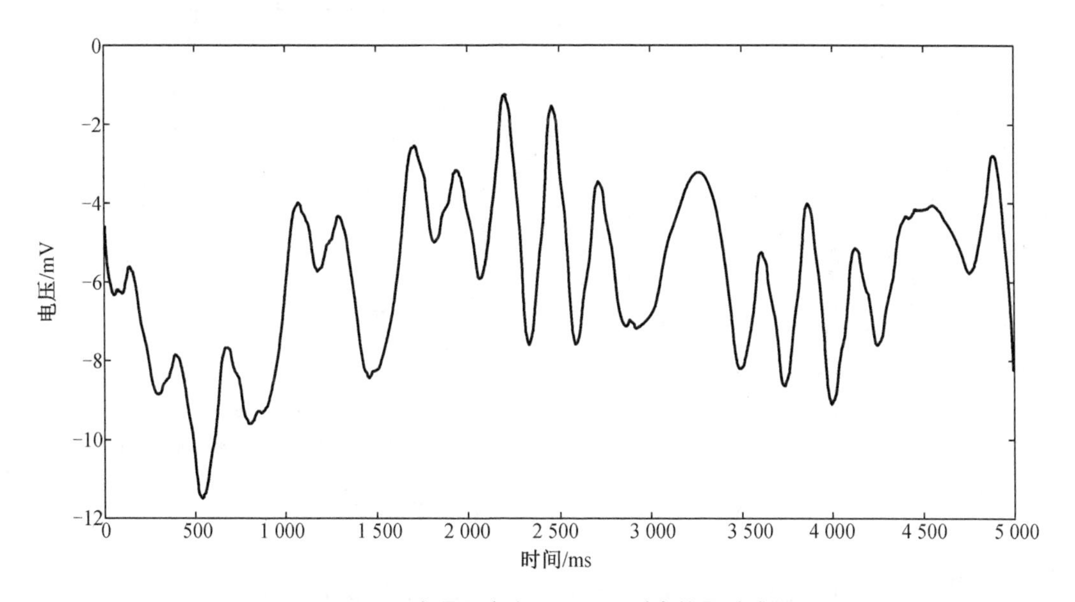

图 3－25　光照强度为 16 000 lx 时电信号时域图

由图 3－25 可以看出，电信号波动比较大，主要由变异电波组成，其峰峰值约为 12 mV，均值为－5.933 6 mV。

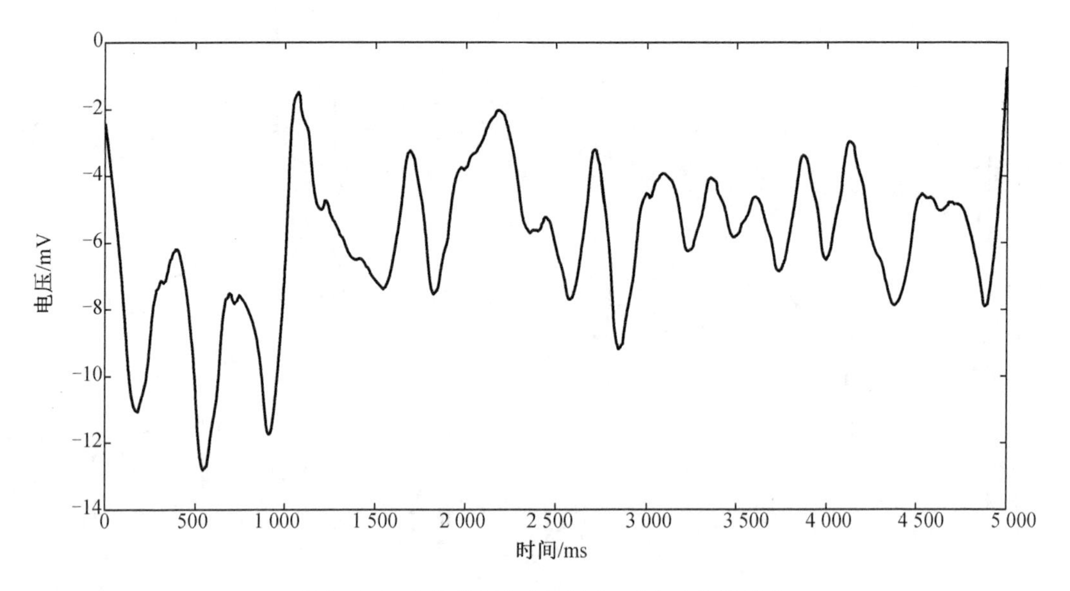

图 3－26　光照强度为 17 500 lx 时电信号时域图

由图 3－26 可以看出，电信号波动比较大，主要由变异电波组成，其峰峰值约为 11 mV，均值为－5.9128 mV。

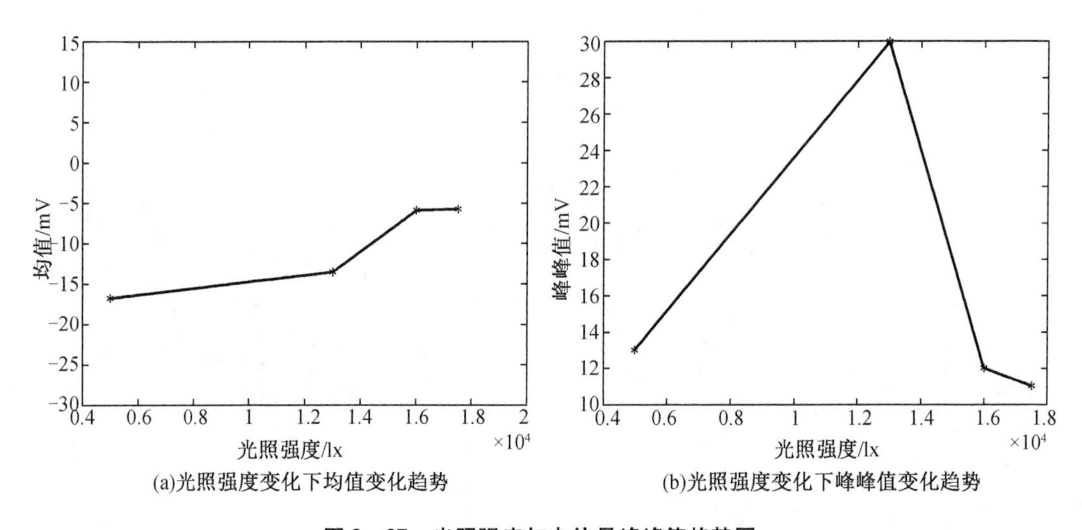

图 3－27　光照强度与电信号峰峰值趋势图

由图 3－27 可知，电信号均值随光照强度增大，电信号均值是先增大最后趋于平稳，其电信号峰峰值先增大后减小趋于平稳，当光照强度为 13 000 lx 时达到最大峰峰值，也即电信号在光照强度为 13 000 lx 左右时电信号波动最大。因此可推断当光照强度为 13 000 lx 时对电信号影响最大。

采用 AR 模型功率谱估计对采集的芦荟叶片电信号进行频域分析。下面对采集的芦荟叶片电信号进行频域分析，其采集实验条件与上节相同。图 3－28 为不同光照强度下芦荟电信号功率谱估计波形图。

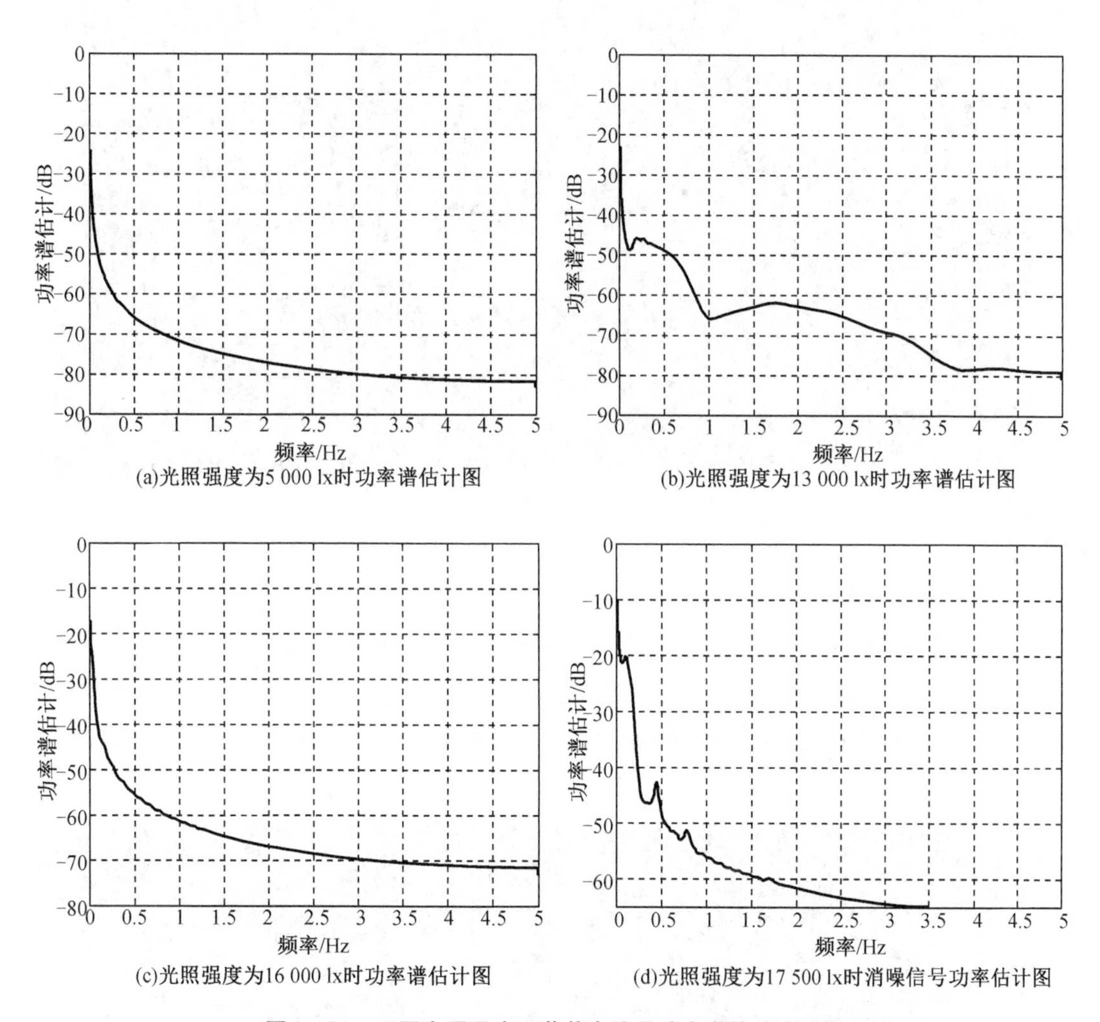

(a)光照强度为5 000 lx时功率谱估计图

(b)光照强度为13 000 lx时功率谱估计图

(c)光照强度为16 000 lx时功率谱估计图

(d)光照强度为17 500 lx时消噪信号功率估计图

图 3－28　不同光照强度下芦荟电信号功率谱估计波形图

由图 3－28 可以非常清楚地看到芦荟电信号功率谱中信号能量集中在 1 Hz 以下，图 3－28(a)～图 3－28(d)光照强度依次增大，当功率谱估计为－65 dB 时电信号频率分别为 0.5 Hz、0.9 Hz、1.5 Hz、2.2 Hz，因此其功率谱能量集中频带变宽，依此可推算出芦荟电信号随光照强度增大其信号频域带宽变宽。

芦荟电信号的时频域分析采用小波变换来完成，图 3－29 为芦荟在光照强度为 5 000 lx 电信号的时频域图像。

由图 3－29 可以看出光照强度为 5 000 lx 时，电信号频率主要集中在 0.6 Hz 以下，各个频段信号比较均匀地分布在时间域。

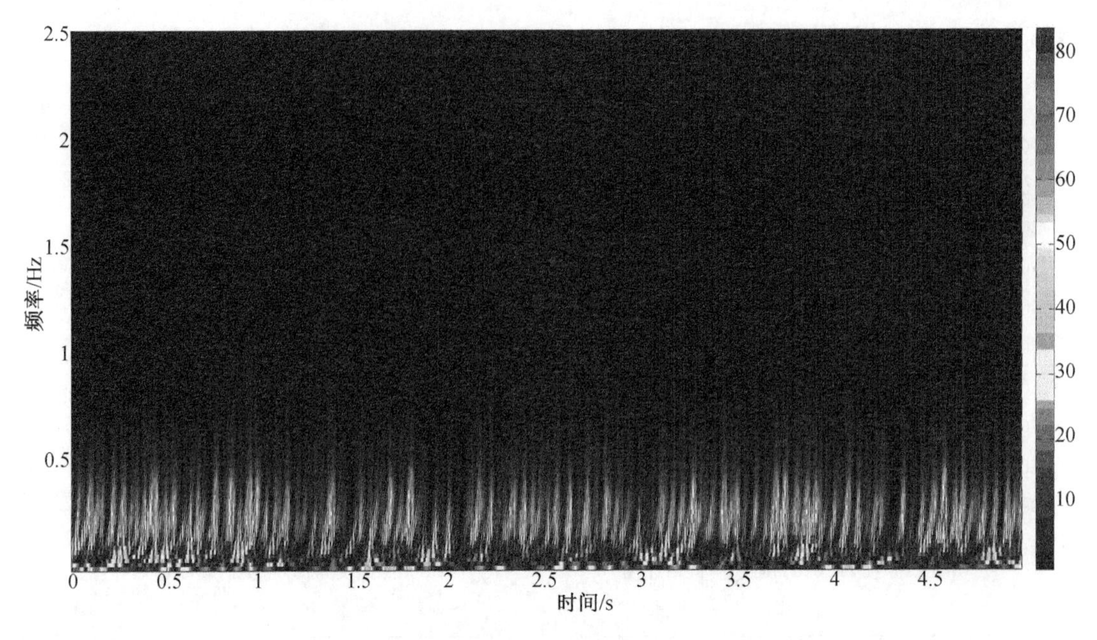

图 3－29　光照强度为 5 000 lx 时电信号时频域图

图 3－30 为芦荟在光照强度为 13 000 lx 时电信号的时频域图像。

由图 3－30 可以清晰地看出在光照强度为 13 000 lx 时，芦荟叶片电信号频率主要集中在 1 Hz 以下，各个频段信号比较均匀地分布在时间域而且数量丰富。

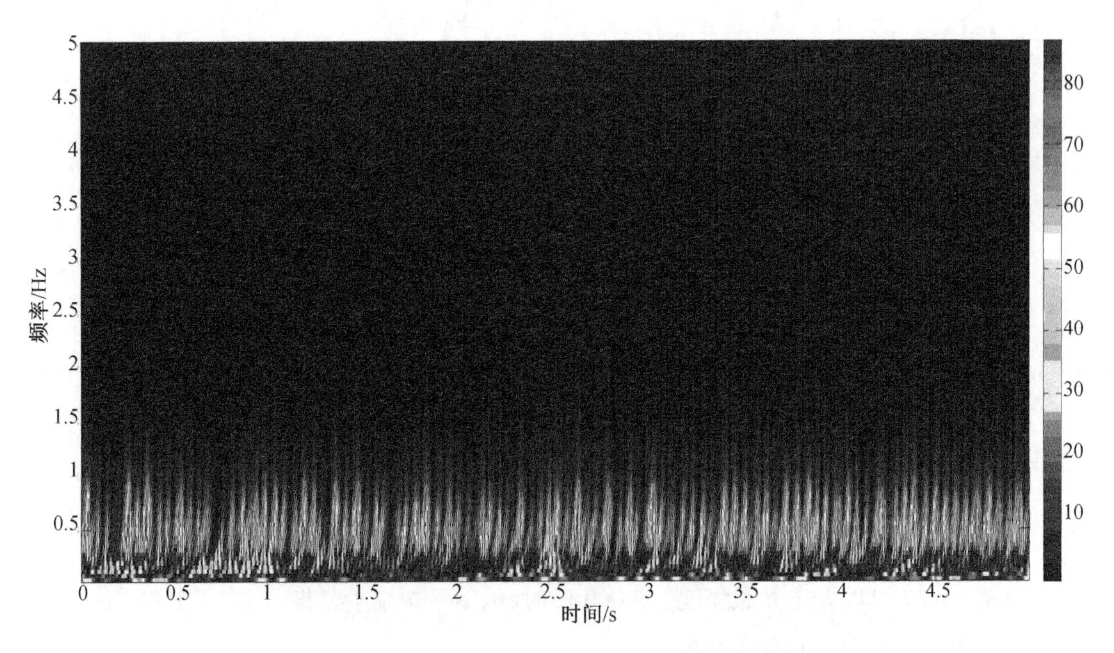

图 3－30　光照强度为 13 000 lx 时电信号时频域图

图 3－31 为光照强度为 16 000 lx 时电信号时频域图。

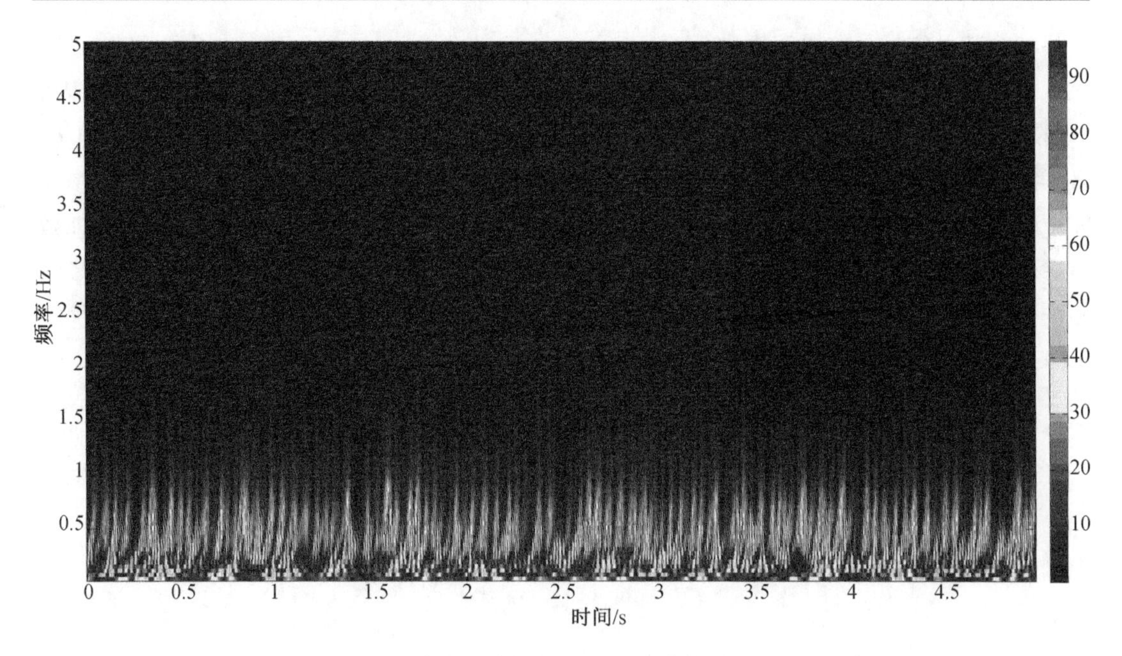

图 3－31　光照强度为 16 000 lx 时电信号时频域图

由图 3－31 可以清晰地看出在光照强度为 16 000 lx 时，芦荟叶片电信号频率主要集中在 1.5 Hz 以下，各个频段信号比较均匀地分布在时间域而且数量丰富。

图 3－32 为光照强度为 17 500 lx 时电信号的时频域图像。

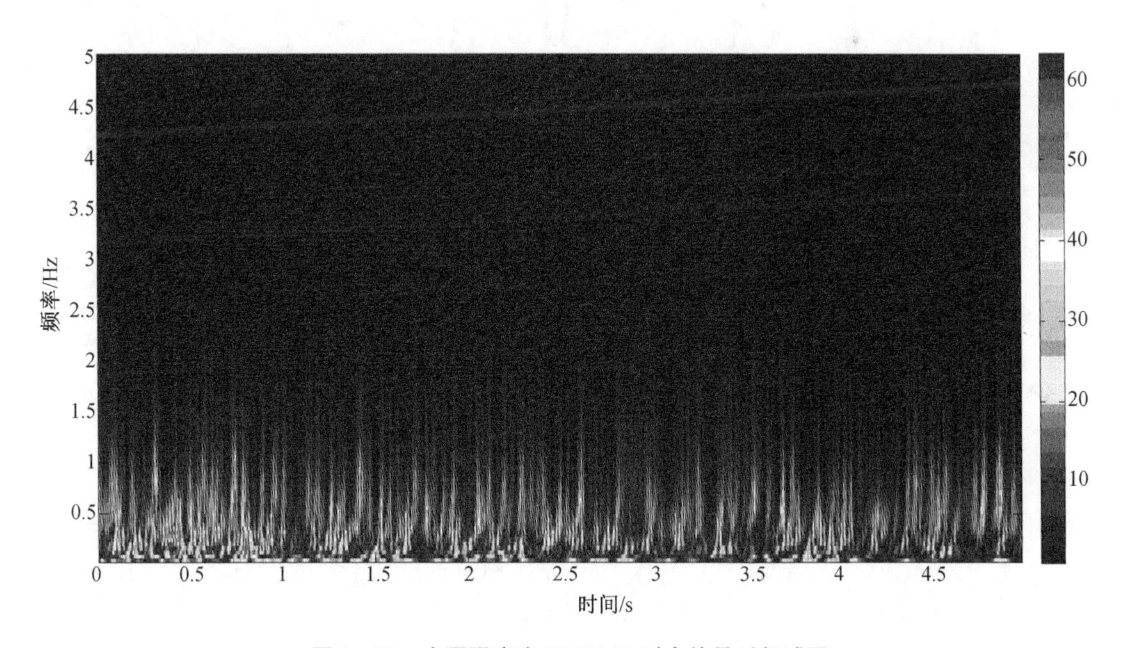

图 3－32　光照强度为 17 500 lx 时电信号时频域图

由图 3－32 可以清晰地看出在光照强度为 17 500 lx 时，芦荟叶片电信号频率主要集中在 2.2 Hz 以下，在 0～1.5 s 这段时间内，芦荟叶片电信号各组成信号频率比较丰富，

1.5 ~5 s 其电信号分布趋于均匀。

本章研究设计制作了一款植物电信号在线式检测装备，该装备抗干扰能力强、性能稳定、精度高、便于携带、采集操作简单、易于读取数据。通过采集实验，成功获取到植物电信号，并将采集的植物电信号保存到 SD 卡中，方便计算机直接读取处理研究。为了进一步研究植物电信号，首先采用滤波和小波阈值降噪算法对采集的电信号进行预处理，预处理效果非常理想，不但成功滤除了芦荟和鹅掌柴叶片电信号中的干扰信号，还能对芦荟和鹅掌柴叶片电信号进行增强，提取其动作电波。最后对滤波和降噪预处理后的植物电信号进行了时域、频域、时频域小波分析。

第4章　基于人工智能算法的水稻生长阶段优劣长势判别

水稻各时期的生长状态直接影响着水稻的产量和品质，因此及时判别水稻生长阶段长势是否正常便成了农业发展的重中之重。

传统的人工观测方法效率低下，消耗了大量的人力资源，其观测的结果存在一定的主观性；采用遥感监测易受云雨天气影响且观察范围广，不适合实时、快速地对小区域稻田中的水稻长势进行监测与判别。为弥补以上方法的不足，本研究采用在机器视觉领域兴起的对二维图像识别具有独特优势的卷积神经网络对农业园区定点摄像头采集的水稻生长阶段优劣长势的图像进行研究与分析，期望通过机器深度学习的方式来提高对水稻生长阶段优劣长势的自动、快速判别程度。

4.1　水稻长势图像采集与数据集建立

4.1.1　水稻长势图像采集

试验图像数据的采集来源于黑龙江省大庆市杜尔伯特蒙古自治县（简称杜蒙县）与黑龙江省齐齐哈尔市讷河市农业园区试验田。采集时间为2015年6月15日至9月30日，2016年6月15日至9月30日，2017年6月15日至9月30日。采集对象为水稻试验田中的水稻生长过程图像，采集设备为农业园区定点摄像头，像素1 200万，拍摄图像分辨率为1 920×1 080，图像格式为jpg。采集过程为不同高度、不同角度的水稻生长过程图像。欲将试验中的水稻长势分为6类，因此采集过程中需分别随机采集各个阶段水稻长势的600张图像，其中包括500张训练集图像、100张测试图像，最终共采集得到水稻图像3 600张。图4－1为特征较明显的样本图像集中部分预览。

4.1.2　水稻生长阶段优劣判别依据

根据试验需求将水稻的生长过程分为3个阶段，第1阶段为水稻幼苗期与分蘖期，第2阶段为水稻的抽穗期与结实期，第3阶段为水稻的成熟期。每个阶段的水稻长势都会被划分为2类，即正常稻与非正常稻。那么对于水稻的整个生长阶段的长势就被划分为6类：第1阶段正常稻、第1阶段非正常稻、第2阶段正常稻、第2阶段非正常稻、第3阶段正常稻、第 3 阶段非正常稻。

图 4-1　样本图像集中部分预览

针对水稻生长阶段优劣长势等级指标国家没有明确且相对严格的规定,因此通过查阅文献,本研究按照哈尔滨市农业技术推广服务中心水稻苗情调查标准(https://max.book118.com/html/2016/0704/47277707.shtm)《水稻病虫害诊断与防治原色图谱》与相关领域专家人员的经验等,根据外在形态特征对水稻生长阶段优劣长势图像进行分类,针对每个类别给出了判别标准。

(1)第 1 阶段正常稻。在试验过程中,分类标签为"1",即表示水稻第 1 阶段(幼苗期与分蘖期)的正常稻。幼苗期与分蘖期正常稻的判别标准:水稻植株生长状况好,苗挺叶绿,秧苗扁而粗壮,密度均匀整齐,高矮一致,粗细一致;水稻叶片无病斑;水稻间无杂草。

(2)第 1 阶段非正常稻。在试验过程中,分类标签为"2",即表示水稻第 1 阶段(幼苗期与分蘖期)的非正常稻。幼苗期与分蘖期非正常稻的判别标准:水稻秧苗稀疏、不整齐,秧苗存在颜色变黄、白等特征;患有恶苗病、立枯病等,稻叶枯萎卷缩死亡;田间存在杂草。

(3)第 2 阶段正常稻。在试验过程中,分类标签为"3",即表示水稻第 2 阶段(抽穗期与结实期)的正常稻。抽穗期与结实期的正常稻的判别标准:水稻植株生长状况好;水稻抽穗期出现稻花且稻花无病害,叶挺且绿,水稻叶片无病虫害;水稻结实期无死秧、倒伏;水稻间无杂草。

(4)第 2 阶段非正常稻。在试验过程中,分类标签为"4",即表示水稻第 2 阶段(抽穗期与结实期)的非正常稻。抽穗期与结实期非正常稻的判别标准:同第 1 阶段非正常稻有相似的特征,如水稻秧苗稀疏、不整齐;秧苗存在颜色变黄、白等特征;患稻飞虱、水稻纹枯病、二化螟等病虫害;出现倒伏等现象;田间存在杂草。

(5)第 3 阶段正常稻:在试验过程中,分类标签为"5",即表示水稻第 3 阶段(成熟期)的正常稻。成熟期的正常稻的判别标准:水稻穗颗粒饱满,稻谷变黄;水稻植株密度均匀;无倒伏。

(6)第 3 阶段非正常稻。在试验过程中,分类标签为"6",即表示水稻第 3 阶段(成熟期)的非正常稻。成熟期非正常稻的判别标准:同第 2 阶段非正常稻有相似的特征,如水稻秧苗稀疏、不整齐;出现倒伏现象。

4.1.3　基于 K 最近邻分类器对水稻图像数据库的建立

机器学习中,需要将大量的数据划分为训练集和测试集,因此如何合理地划分训练集和测试集成为影响模型效果的重要因素。在良好的训练集与测试集的划分中,只有训练集尽可能包含待识别目标的所有特征,测试集中的目标特征才会被包含,模型的准确率才会得到保障。因此,良好的划分可以直接影响最终的试验结果。本研究针对水稻生长阶段优劣长势判别采用了基于 K 最近邻分类器的划分方式对水稻的训练集与测试集进行划分。这种分类器与卷积神经网络无关,但它是一种图像分类问题的基本方法。

假设两个图像是两个 1 920 × 1 080 × 3 的块,它的方法是将每个像素进行比较,并把所有这些不同的差值进行累加。如果给定两个图像,将其用向量表示为 $\boldsymbol{I}_1,\boldsymbol{I}_2$,比较 $\boldsymbol{I}_1$ 与 $\boldsymbol{I}_2$ 的距离,如公式(4 - 1):

$$d_1(\boldsymbol{I}_1,\boldsymbol{I}_2) = \sum_p |\boldsymbol{I}_1^p - \boldsymbol{I}_2^p| \tag{4-1}$$

对所有像素的差异取绝对值再求和,图 4 - 2 为可视化步骤。

测试集图像

56	32	10	18
90	23	128	133
24	26	178	200
2	0	255	220

−

训练集图像

10	20	24	17
8	10	89	100
12	16	178	170
4	32	233	112

=

相减绝对值

46	12	14	1
82	13	39	33
12	10	0	30
2	32	22	108

图 4 - 2　可视化步骤

首先,对两个图像对应位置的原始数据进行减法操作,其次对结果求绝对值,并将绝对值结果置于结构图像的相应位置,最后,再根据公式(4 - 1)对结果图像的数据求和。若两幅图像相同,结果将为零。如果图像完全不同,则结果数值会很大。如图 4 - 2 可视化后图像结果为 456,证明测试集与训练集图像差异很大。

以试验图像分类中"第 1 阶段正常稻"为例,该数据是经人为分类好的小数据集。该数据集由 600 个图像组成,这些图像的大小为 1 080 × 1 920。欲将 600 个图像分成 500 个图像的训练集与 100 个图像的测试集。图 4 - 3 是每类 8 个随机示例图像。

4.1.4　建立水稻长势样本集

根据上述方法,在第 1 阶段正常稻的试验中,从 600 张图像中选取了 500 张图像作为试验的训练集,100 张图像作为试验的测试集,训练集图像与测试集图像间无重复。将 6 类的所有图像统一在“Classification of rice”文件夹下,文件夹下包含“train”与“test”,“train”中包含水稻生长阶段优劣长势 6 类,水稻生长阶段优劣长势的图像各 500 张,标签分别为“1”“2”“3”“4”“5”“6”,共 3 000 张;对应的“test”中同样包含 6 类对应相同标签,包括水稻生长阶段优劣长势的图像各 100 张,共 600 张。

图 4-3　每类随机示意图

4.2　基于卷积神经网络的水稻长势模型构建

4.2.1　水稻长势卷积神经网络结构的设计

本研究在卷积神经网络水稻生长阶段优劣长势图像识别的研究背景下,借鉴上述的网络结构,在卷积神经网络结构的基础上对网络结构进行了调整。试验网络层包含 8 个网络层,其中包含 1 个输入图像层;2 个卷积层与 2 个池化层,两者交替存在;3 个全连接层(2 个全连接层 1 个输出层)。本试验设计的水稻生长阶段优劣长势卷积神经网络结构图如图4-4 所示。

每一层网络具体参数配置为:第一层为输入层,假设图像大小为 96×96;第二层是卷积层,卷积核大小设置为 5×5,卷积核移动的步长为 1,在卷积运算后得到相应大小$(96-5+1)\times(96-5+1)$的特征映射图,原理如图 4-5(a)所示;第三层为池化层,研究使用最大池化(max-pooling)方法进行采样,其作用在于保证特征对于轻微平移或旋转的不变性,并且将卷积层得到的特征图做一个聚合统计,达到降低数据量的目的,假设 max-pooling 局部视野区域为 2×2,采样间隔为 2,即无重叠采样,原理如图 4-5(b)所示,特征图大小缩至为$(92/2)\times(92/2)$;第四、五层原理同第二、三层,第四层特征图大小为 42×42,第五层特征图大小缩至 21×21;第六、七层为全连接层,相当于在五层卷积层的基础上再加上一个两层的全连接神经网络分类器；最后一层全连接层也为输出层，代表试验中类别的数目，本试验共为 6 类即为 6。

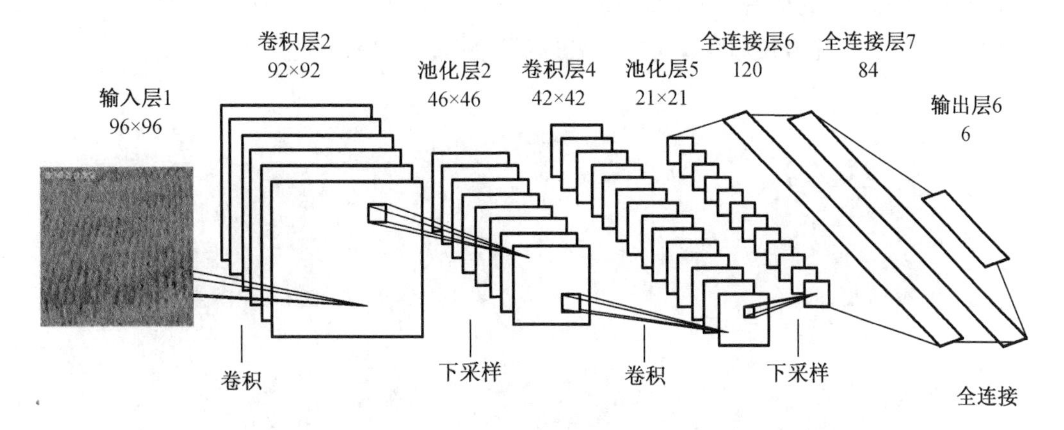

图 4 -4　水稻生长阶段优劣长势卷积神经网络结构图

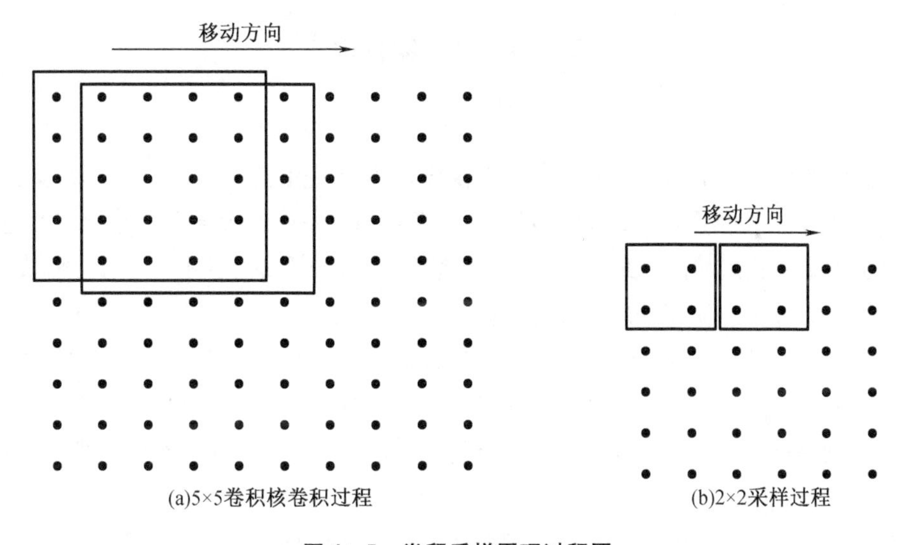

图 4 -5　卷积采样原理过程图

图 4 -6 为本试验中水稻幼苗期与分蘖期非正常稻中任意一张水稻图像，在训练过程中，由左上角图像经池化层中 max-pooling 运算方式得到的特征过程变化图。

4.2.2　样本图像预处理

在图像识别分类中，图像数据质量的高低决定着试验结果的识别精度。因此将图像数据优质化、特征化对试验的结果起着决定性的作用，那么图像预处理技术就是在试验研究过程中很重要的组成部分。图像预处理的主要目的是去除图像中影响实验分析的信息，对模糊有价值的信息进行特征化，提高特征信息的可检测性，从而将测试数据简化到最大，以提高特征提取、图像分割、匹配和识别的可靠性，并降低测试过程的复杂性，有效提高系统模型的准确性和处理速度。为了加快训练算法的运算速度，节省大量运行时间，减少机器对图像数据的运算量，可以对图像进行去除噪声、输入数据降维、删除无关数据等预处理操作。为了方便接下来的研究，将预处理后的图像作为卷积神经网络模型的输入。由此可见，将水稻生长阶段优劣长势图像进行预处理是试验过程中一个重要环节。

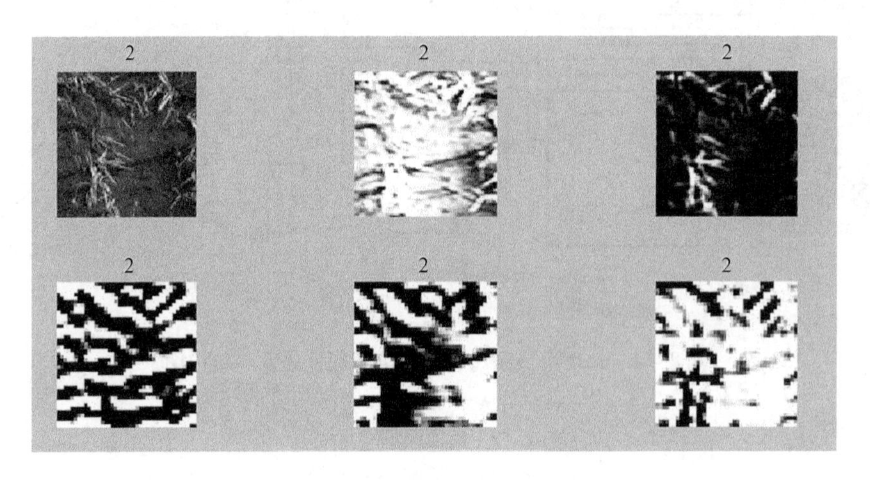

图 4-6　最大池化特征图

1. 图像剪切变换

图像剪切变换是为了提取研究人员在图像中获取有利用价值的信息，去除冗余无用的信息。由于试验的原始图像为 1 080 × 1 920，考虑到输入图像过大会直接影响训练速度，此处将对原始图像中感兴趣部位进行剪切，保留图像中水稻的部分进行研究，这样极大地缩短了模型的训练时间，提高了模型训练的速率。

对原始图像进行修剪，删除不需要的边缘，提取特定对象有利于试验的进展，提高试验效率等。本研究对目标数据集中的图像进行了批量剪切，裁去图像中占有大部分面积的天空、树木等与水稻等不相关的事物，使剪切后的图像有利于试验的进行，缩短模型的训练时间，提高试验的效率。

利用 Matlab 软件，调用 imcrop 函数可以从一幅图像中抽取一个矩形部分，imcrop 的调用格式如下：

$$RGB2 = imcrop(RGB) \tag{4-2}$$

该函数表示交互式地对真彩图像进行剪切，允许手动对图像进行指定的矩形剪裁。图 4-7 为剪裁前与剪裁后的对比图。

2. 图像灰度阈值法分割

图像分割就是从原始图像中提取感兴趣的对象的过程，也是图像预处理的重要一步。图像分割可以改善图像的对比度，在提交给模型进行训练之前，图像数据需要经过适当的预处理，预处理的微小差异对结果产生不可忽视的影响。

通常阈值处理涉及二值化处理，设置阈值并将图像转换为黑白二值图像以进行图像分割。图像灰度阈值化处理的形式如下：

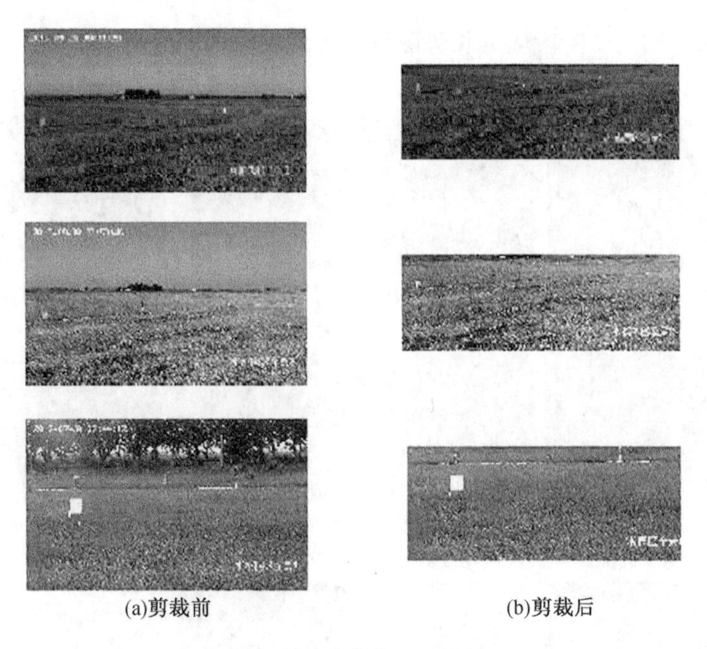

(a)剪裁前　　(b)剪裁后

图 4－7　剪裁前后对比图

$$g(x,y)=\begin{cases}0 & f(x,y)\leqslant T\\255 & f(x,y)>T\end{cases}\tag{4-3}$$

式中，T 为阈值。

由公式可知，图像阈值化处理就是一种阶梯函数，属于图像灰度级的非线性运算，该函数变换曲线如图 4－8 所示。

在图像阈值分割过程中，阈值的选取对处理结果影响很大。如图 4－9 所示，图 4－9(a)为水稻原始图像，图像中的目标是水稻，图 4－9(b)是阈值直方图。使用直方图峰值之间的谷值的灰度值作为阈值处理的阈值，可以分离目标与背景。

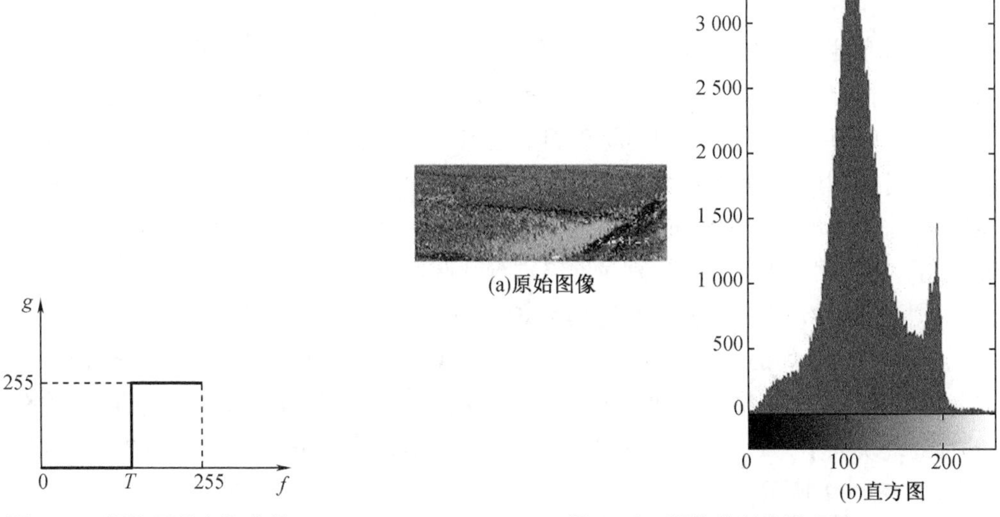

图 4－8　阈值函数变换曲线　　**图 4－9　阈值分割法原理图**

图 4 - 10 为水稻三个阶段优劣长势图像的灰度阈值分割对比图。

图 4 - 10　各阶段优劣灰度分割前后对比图

从图 4 - 10 中可以看出,处理后的图像水稻的特征变得更加明显和直观,这将有利于提取卷积神经网络模型中比原始图像更具代表性的特征。该操作可以直接影响试验结果,使试验结果更加准确。

4.2.3　模型结果

1. 小批量样本试验

根据深度学习的基础理论,深度学习需要大量的数据图像进行机器学习,图像数据越多,模型表现就越好,才会有更高的准确率。由于研究时间的限制,模型的层数与参数过多,因此直接使用目标数据库进行训练可能会产生过拟合现象等。此处随机选取 6 类中每类数据训练集中的 25 张图像和 15 张测试图像进行小批量样本预训练,主要目的是验证模型在小批量样本即数据量少的情况下,在训练过程中是否存在可靠性,是否能够表现出良好的性能,再根据知识迁徙的原理对网络进行微调。

根据试验经验,将卷积神经网络模型导入 main. m 中。预搭建好的网络模型中最后的输出层是 1 000 个类别,改为此处所研究的目标类数 6 类。输入训练集"train"图像与测试集"test"图像。根据网络初始化将网络参数中的学习速率设置为 0. 1,动量项系数设置为 0. 9,批处理块大小为 5,正则化系数默认为 0. 005,偏置为 1,迭代次数为 200,进行试验,具体参数如表 4 - 1 所示。

表 4－1　小批量样本模型训练参数

参数	学习速率	动量项系数	批处理块大小	正则化系数	迭代次数	偏置
取值	0.1	0.9	5	0.005	200	1

试验中迭代次数为 200 次，在训练过程中每次的迭代操作都会处理训练集中所有的批处理块，即 5 张输入图像，处理后便更新一次网络参数，进行下一次的重复操作。试验通过训练网络利用适应度函数来确定算法的收敛速度以及种群每个个体的适应度，从随机解出发，通过迭代寻找最优解。小批量样本试验结果如图 4－11 所示。

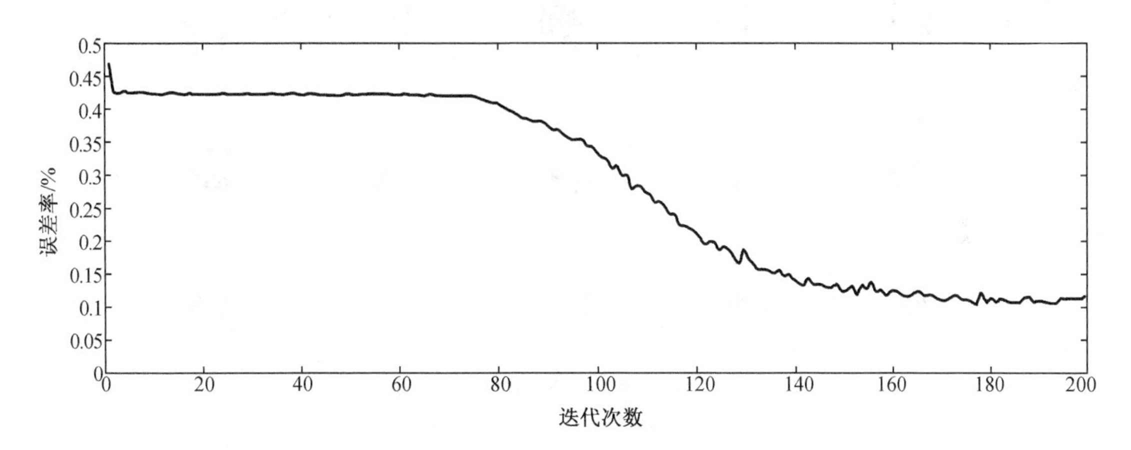

图 4－11　小批量样本试验结果图

由图 4－11 试验结果可知，其模型在迭代过程中表现较为稳定，迭代第 80 次时开始收敛，在第 140～200 次迭代中存在小幅振荡。试验模型的错误率为 12.941 2%，准确率为 87.058 8%。综合以上试验表现，该模型在小批量样本的试验上表现出了比较良好的性能，因此欲将该训练模型延伸到大批量样本试验中。

2. 大批量样本试验

在小批量样本试验中，模型表现出良好的性能，也为后期的大样本容量研究奠定了基础。现将目标数据库的图像经过统一预处理，预处理后的水稻生长过程图片统一收集在命名为 classification of rice 的目标数据库中，分为训练集“train”与测试集“test”，训练集与测试集各分为 6 类，且名称种类一致，即“1”“2”“3”“4”“5”“6”。训练集中每类 500 张图像，共 3 000 张；测试集每类 100 张图像，共 600 张，且训练集与测试集图像之间无重复。网络具体训练过程如下：首先在 Matlab 环境下读取水稻生长图像目标数据库中需要训练的图片文件夹，并且读取目录下所有图像的信息，然后提取图像中部分内容到样本矩阵，由于原始图像大小为 1 920×1 080，经剪裁后图片大小不一，以较小边长为标准，经归一化将图片统一缩放至 96×96 大小，以减少模型的运算量，提高模型效率。计算机能够清晰识别出 96×96 大小的图像中水稻的生长长势。又因水稻生长过程中形态差异性较小，训练过程中训练的样本将会随机打乱原有固定顺序，其目的是避免偶然形成细节规律，增加试验误差。如图 4－12 所示为随机抽取的训练样本图。

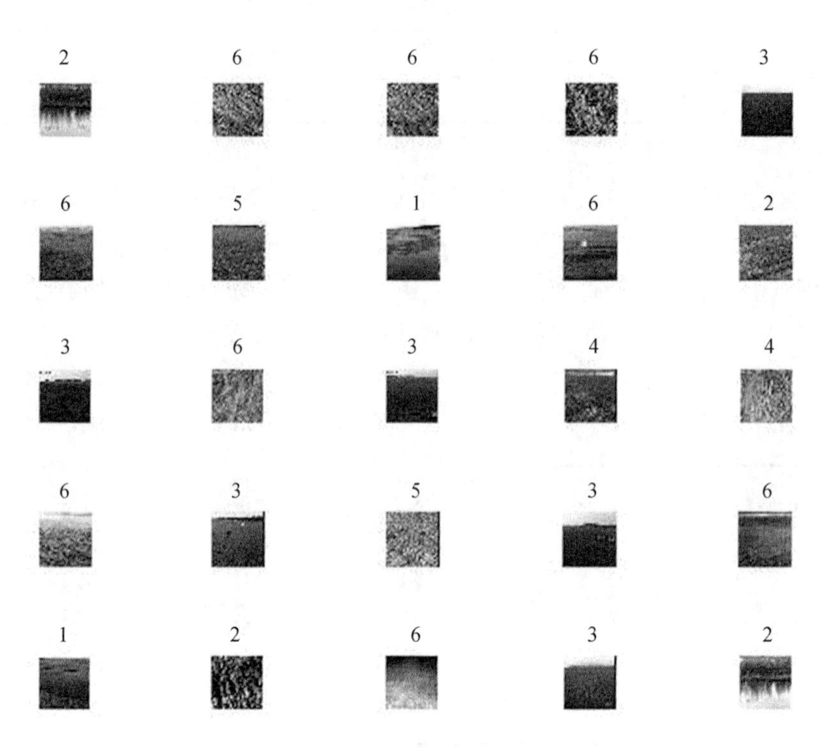

图 4-12　随机抽取的训练样本图

同样,将卷积神经网络最后的输出层 1 000 个类别,更改为此处所研究的目标类别数 6 类。读入目标数据库的训练集"train"图像与测试集"test"图像。此处最后采用的是在实践中收敛速度较快的批量随机梯度下降法。随着目标数据库容量的增大,网络参数设置中,学习率设置太大,容易跨过极值点;设置太小,又容易陷入局部最优。按照现有文献的经验,将学习速率由 0.1 调节至 0.01,随着循环次数的增加,学习率开始减小,直到达到设定的最小值为止;动量项系数设为 0.9;由于机器性能较低,内存 4 GB,显存 2 GB,批处理块不宜过大,若批处理块太小,样本覆盖面过低,容易产生较多的局部极小点,导致数据产生振荡,结果不收敛,因此将其设为 50;偏移量设置为 1 ~ 0.1,这样激活的大小在一定程度上限制了大数据误差的影响,避免了迭代方向的大变化。经过调整学习速率与偏置后,系统得到一定收敛;正则化系数默认 0.005;迭代次数仍为 200 次。大批量样本模型训练参数如表 4-2 所示。

表 4-2　大批量样本模型训练参数

参数	学习速率	动量项系数	批处理块大小	正则化系数	迭代次数	偏置
取值	0.01	0.9	50	0.005	200	0.1

计算机对目标数据库的训练过程如图 4-13 所示。

```
train: epoch 01:   1/ 60: 2.3 Hz obj:2.2 top1err:1 top5err:0.2 [5/5]
train: epoch 01:   2/ 60: 2.7 Hz obj:4.61 top1err:1 top5err:0.2 [5/5]
train: epoch 01:   3/ 60: 2.9 Hz obj:4.47 top1err:0.867 top5err:0.133 [5/5]
train: epoch 01:   4/ 60: 3.1 Hz obj:8.21 top1err:0.85 top5err:0.1 [5/5]
train: epoch 01:   5/ 60: 3.2 Hz obj:70.9 top1err:0.88 top5err:0.12 [5/5]
train: epoch 01:   6/ 60: 3.3 Hz obj:2.96e+03 top1err:0.833 top5err:0.133 [5/5]
train: epoch 01:   7/ 60: 3.3 Hz obj:2.56e+08 top1err:0.8 top5err:0.143 [5/5]
train: epoch 01:   8/ 60: 3.3 Hz obj:1.31e+26 top1err:0.825 top5err:0.15 [5/5]
train: epoch 01:   9/ 60: 3.4 Hz obj:1.16e+26 top1err:0.822 top5err:0.178 [5/5]
train: epoch 01:  10/ 60: 3.4 Hz obj:1.05e+26 top1err:0.82 top5err:0.18 [5/5]
```

图 4－13　计算机训练过程

计算机对目标数据库的测试过程如图 4－14 所示。

```
val: epoch 01:   1/ 12: 21.1 Hz obj:NaN top1err:0 top5err:0 [5/5]
val: epoch 01:   2/ 12: 22.4 Hz obj:NaN top1err:0 top5err:0 [5/5]
val: epoch 01:   3/ 12: 23.3 Hz obj:NaN top1err:0.333 top5err:0 [5/5]
val: epoch 01:   4/ 12: 23.6 Hz obj:NaN top1err:0.5 top5err:0 [5/5]
val: epoch 01:   5/ 12: 23.5 Hz obj:NaN top1err:0.6 top5err:0 [5/5]
val: epoch 01:   6/ 12: 23.6 Hz obj:NaN top1err:0.667 top5err:0 [5/5]
val: epoch 01:   7/ 12: 23.6 Hz obj:NaN top1err:0.714 top5err:0 [5/5]
val: epoch 01:   8/ 12: 23.7 Hz obj:NaN top1err:0.75 top5err:0 [5/5]
val: epoch 01:   9/ 12: 23.6 Hz obj:NaN top1err:0.778 top5err:0 [5/5]
val: epoch 01:  10/ 12: 23.6 Hz obj:NaN top1err:0.8 top5err:0 [5/5]
val: epoch 01:  11/ 12: 23.7 Hz obj:NaN top1err:0.818 top5err:0.0909 [5/5]
val: epoch 01:  12/ 12: 23.7 Hz obj:NaN top1err:0.833 top5err:0.167 [5/5]
```

图 4－14　计算机测试过程

大批量样本试验结果如图 4－15 所示。

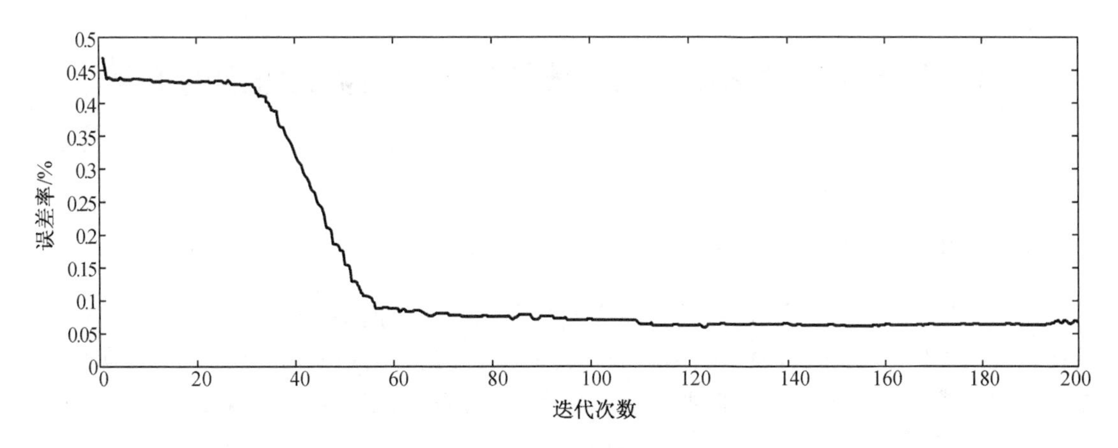

图 4－15　大批量样本试验结果

由图 4－15 试验结果可知，其模型约在迭代第 30 次时收敛速度迅速，约在第 50 次迭代中，趋于平稳。大批量样本试验模型的错误率为 6.406 4%，准确率为 93.593 6%。因此本试验研究结论与深度学习的基础理论即深度学习需要大量的数据图像进行机器学习，图像数据越多,模型表现就越好,才会有更高的准确率相符。该模型在大批量样本进行的试验中也表现出了良好性能。

3. 两种试验结果对比分析

小批量与大批量试验结果对比图见图 4 - 16。

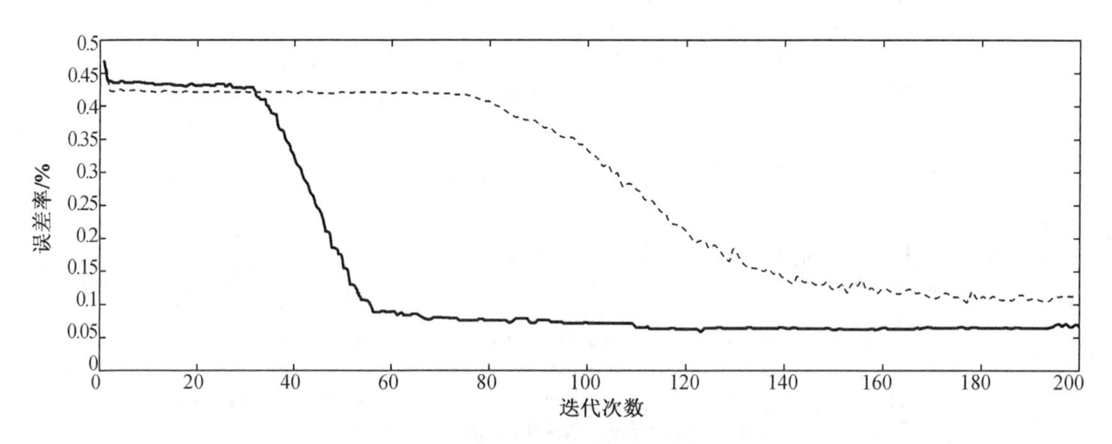

图 4 - 16　小批量与大批量试验结果对比图

由图 4 - 16 对比结果可以看出:小批量样本试验的准确率为 87.058 8% ,大批量样本试验的准确率为 93.593 6% ,试验的准确率提高了 6.534 8% ;小批量样本试验结果表明在迭代次数为 80 次时,试验模型开始进行收敛,而大批量样本试验的结果表明在迭代次数约为 30 次时就开始收敛,收敛速度较快。说明在利用卷积神经网络深度学习时,一方面数据库的样本量与试验结果的准确率有着正相关的关系;数据集的样本量越大,机器训练过程中特征提取更详细更全面,所以识别率越高;另一方面,样本数量越大其收敛速度越快,网络具有较好的网络性能。

4.3　基于粒子群算法的水稻长势卷积神经网络模型的优化

4.3.1　粒子群优化网络权值

网络权值、网络结构、学习规则优化是粒子群算法在神经网络上优化的三个主要方向。为了优化网络权值,许多神经网络使用反向传播算法来提高网络权值,这是一个非常强大的局部搜索能力算法,但反向传播算法是一种梯度下降算法,很容易陷入局部最优解当中,并且解决方案与初始位置有关。

如图 4 - 17 所示,如果 S_1 是初始解决方案的位置,则 E_1 的位置很容易理解为该部分的最佳解决方案;如果 S_2 是初始解的位置,则可以找到全局最优解 E_2;如果 S_3 是初始解的位置,则可能落入 E_3 的局部最优解。

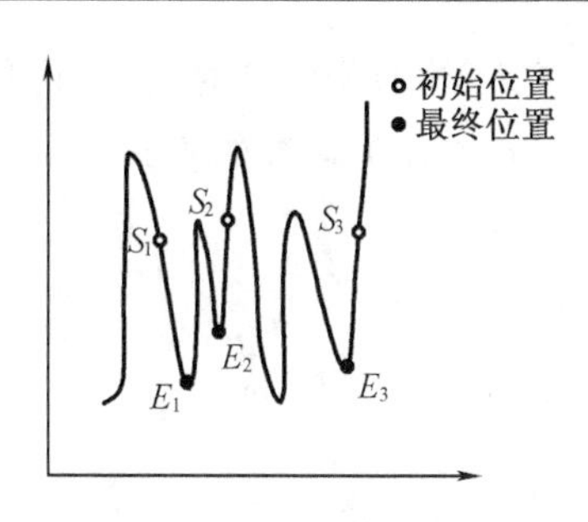

图 4－17　BP 寻优过程

为了克服反向传播算法陷入局部最优解的问题，本研究采用相对全局粒子群算法代替反向传播算法对卷积神经网络进行训练优化。

利用粒子群算法对卷积神经网络的权值进行优化，对神经网络的网络权值进行编码和解码。编码过程是提取网络权值，并按照一定顺序将它们重新组织为一维向量，即表示一个粒子。解码过程是将粒子转换为具有特殊结构的网络权值的过程。网络权值编解码过程如图 4－18 所示。

图 4－18　网络权值编解码过程

卷积神经网络由八个网络层构成，每层都有相对的输入和输出，并且层与层之间包括内部结构中都有参数的存在，这些参数就构成了整个卷积神经网络的参数。由于粒子群算法对参数比较敏感，参数设置不同会导致结果或有很大的差异。因此粒子群主要优化卷积神经网络中所有层间的网络权值参数。粒子群优化网络权值示意图如图 4－19 所示。

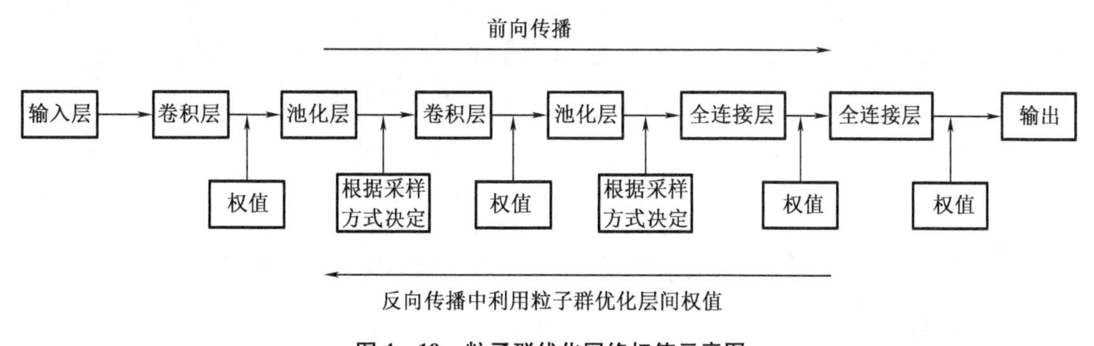

图 4－19　粒子群优化网络权值示意图

由上图可知，卷积层与池化层中会有权值、偏置等参数，在池化层中主要根据采样的方式决定，此处采用 max-pooling 方式，它的输出特征数量会变为原来的四分之一，因此该层没有内部网络参数。在每次迭代中，粒子群都会寻求网络训练中的全局最优解，使网络模型的准确率与收敛速度得到一定的提升。

神经网络的训练需要很长时间，如果尝试改变神经网络结构中的参数，将浪费大量时间并影响实验的进度和效率。为了缩短相应的时间,对优化算法的几个标准函数尝试使用不同的参数,并使用最好的一组参数作为最终的组参数。

整个算法的主要参数如下:

种群数量:*pop_siz*

惯性权重:w

学习因子变量:c_1,c_2

对查阅的文献进行整理发现,种群数量可以根据样本规模大小来确定,小规模种群数量可以取 10~30,大规模种群数量可取 50~100。

c_1,c_2 的取值主要有以下 3 种:

(1)$c_1 = c_2 = 2.0$

(2)$c_1 = c_2 = 1.49$

(3)$c_1 = 2.8, c_2 = 1.3$

w 的取值有 3 种

(1)w - const:$w = 0.9$

(2)w - lineDec:$w = w_{max} - \frac{T}{T_{max}} * (w_{max} - w_{min})$,其中 $w_{max} = 0.9$,$w_{min} = 0.4$,T 为当前迭代次数,T_{max} 为最大迭代次数。

(3)w - 0.5 + Rand/2:$w = 0.5 + \text{Rand}()/2$

根据本研究的数据规模判断,此处选取学习因子变量 $c_1 = c_2 = 2.0$,w 的取值选取 w - lineDec。

4.3.2 小批量优化样本试验与结果分析

在使用粒子群算法方式优化卷积神经网络时,首先建立粒子群模型,再将卷积神经网络结构中神经元与神经元之间连接的全部权值映射到粒子群算法中。在训练过程中,对粒子群进行参数设置,先将参数进行初始化,进而设置种群维数、规模、迭代次数、学习因子,采用线性递减设置惯性权重 w 的最大值和最小值、粒子位置与速度之间的关系。粒子群参数设置如表 4-3 所示。

表 4-3 粒子群参数设置

参数	取值	参数	取值
种群维数	2	粒子位置与速度关系(k)	0.5
规模	2	迭代次数(Iteration)	200
最大迭代次数	5	学习速率	0.000 1
学习因子(c_1c_2)	2.0	动量项系数	0.9
惯性权重最大值(w_{max})	0.9	批处理块大小	5
惯性权重最小值(w_{min})	0.4	正则化系数	0.005

粒子寻出个体最优解 Pid 和全局最优解 Pgd，将其解设置为粒子历史最优，后找出粒子全局的最优解设为一列，计算出全局最优的适应值及最优粒子的具体位置，对粒子的速度与位置参数进行更新，再通过对卷积神经网络结构参数与粒子群的参数设置，将训练集样本输入粒子群优化的水稻生长阶段优劣长势卷积神经网络模型中进行训练，得到训练过程中迭代次数与误差率的关系如图 4－20 所示。

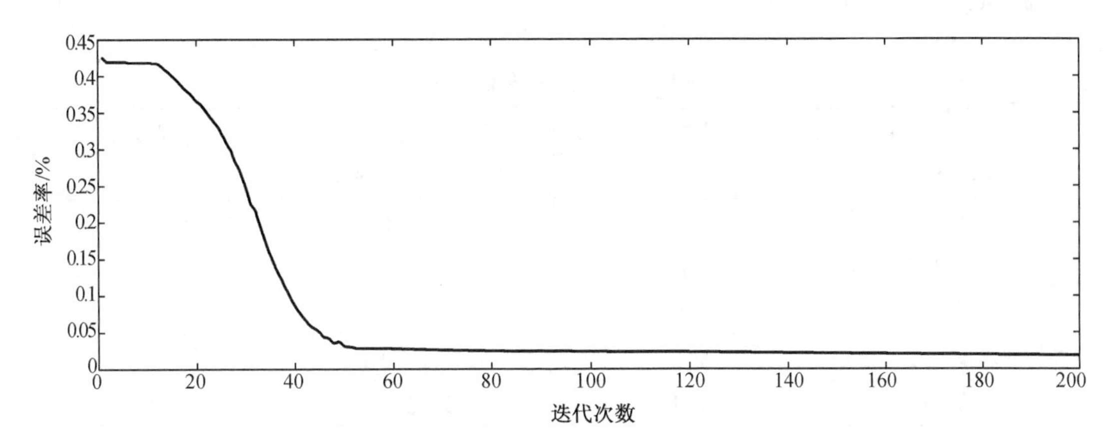

图 4－20　训练过程中迭代次数与误差率的关系图

由图 4－21 优化前后的小批量试验结果的对比图中可以看出，优化后模型在第 20 次迭代次数前就开始收敛，且收敛速度要比优化前的收敛速度快很多，同时优化后的模型振荡小比较平滑，表现出了良好的稳定性。在小批量样本试验中未经优化的准确率为 87.058 8%，经优化后模型的准确率为 97.263 3%。提高了 10.204 5%，试验表明，该粒子群算法在小批量样本的优化上表现出了较好的性能，为粒子群优化大批量试验进行了铺垫。

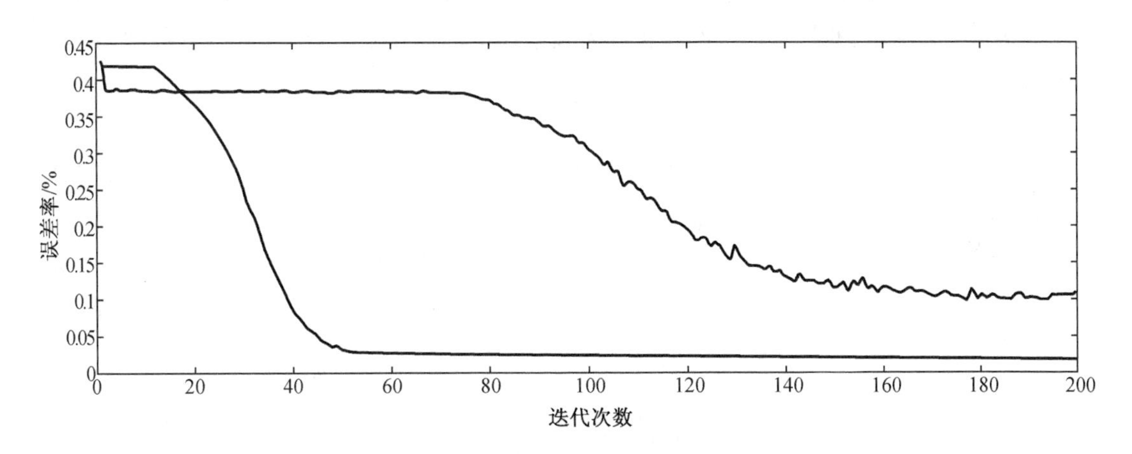

图 4－21　优化前后小批量样本试验结果对比图

4.3.3 大批量优化样本试验与结果分析

在大批量样本试验训练过程中,对网络结构模型的操作与小批量样本试验相同。对粒子群进行参数设置,先将参数进行初始化,进而设置种群维数、规模、迭代次数、学习因子,采用线性递减设置惯性权重 w 的最大值和最小值、粒子位置与速度之间的关系。粒子群参数设置如表 4-4 所示。

表 4-4 粒子群参数设置

参数	取值	参数	取值
种群维数	2	粒子位置与速度关系(k)	0.5
规模	2	迭代次数	200
最大迭代次数(T_{max})	5	学习速率	0.001
学习因子(c_1c_2)	2.0	动量项系数	0.9
惯性权重最大值(w_{max})	0.9	批处理块大小	50
惯性权重最小值(w_{min})	0.4	正则化系数	0.005

将大批量的目标数据库中的训练样本与测试样本分别输入粒子群优化卷积神经网络中进行训练,得到训练过程中优化后大批量样本的迭代次数与误差率的关系如图 4-22 所示,优化前后大批量样本试验结果对比图如图 4-23 所示。

同理,大批量优化结果与小批量优化过程的表现相似,由图 4-23 可以看出,优化后模型在第 10 次迭代次数之前就开始收敛,且收敛速度要比优化前的收敛速度快,相比优化前模型出现的振荡与不稳定效果要好很多,优化后模型表现出良好的稳定性。同时,在大批量样本试验中未经优化的准确率为 93.593 6%,经优化后模型的准确率为 99.013 3%,提高了 5.419 7%。试验表明,该粒子群算法在大批量样本的优化上有较高的准确率、收敛速度与模型的稳定性。

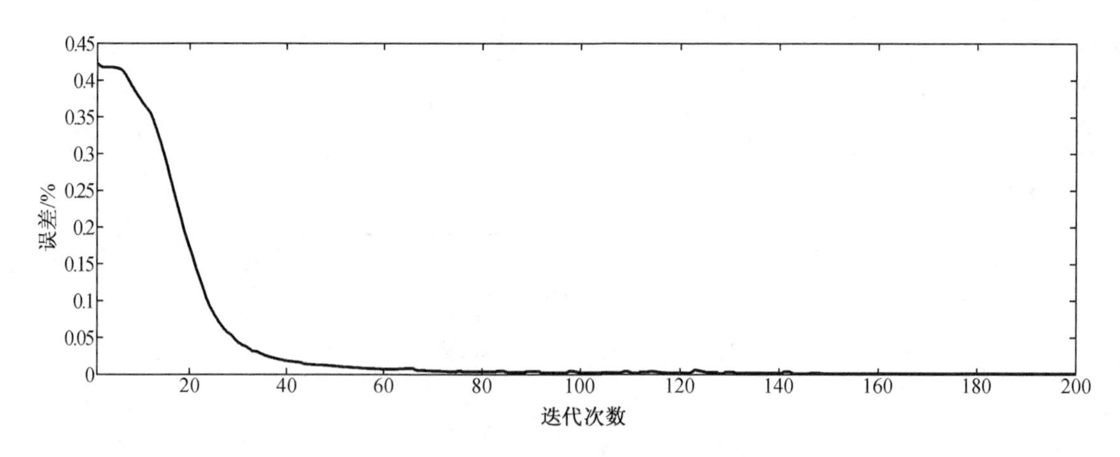

图 4-22 优化后大批量样本的迭代次数与误差率的关系图

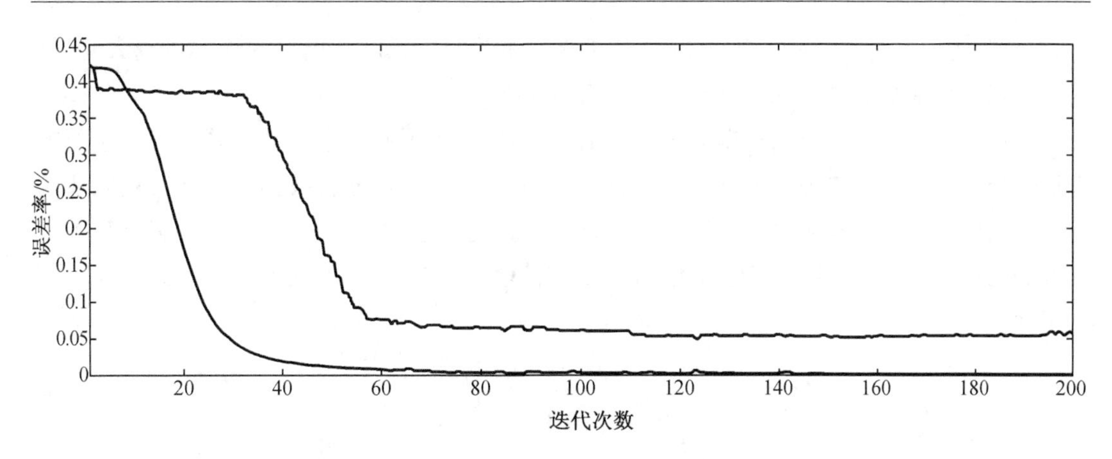

图 4－23　优化前后大批量样本试验结果对比图

4.4　对比分析

表 4－5 为小批量样本试验、大批量样本试验、优化小批量样本试验、优化大批量样本试验与准确率的关系总结。

表 4－5　试验类型与准确率关系总结

<table>
<tr><th>试验类型</th><th>准确率/%</th><th>大小批量提高百分比/%</th><th>优化前后准确率提高百分点/%</th></tr>
<tr><td>小批量样本试验</td><td>87.058 8</td><td rowspan="2">6.534 8</td><td></td></tr>
<tr><td>大批量样本试验</td><td>93.593 6</td><td></td></tr>
<tr><td>优化小批量样本试验</td><td>93.593 6</td><td rowspan="2">5.419 7</td><td>6.534 8</td></tr>
<tr><td>优化大批量样本试验</td><td>99.013 3</td><td>5.419 7</td></tr>
</table>

卷积神经网络模型对小批量样本的水稻生长阶段优劣长势的试验准确率为 87.058 8%。粒子群优化改进的卷积神经网络模型对小批量样本水稻生长阶段优劣长势的准确率为 93.593 6%，该试验经优化准确率提高了 6.534 8%。同理，对于大批量样本试验优化的前后对比，优化前准确率为 93.593 6%，优化后准确率为 99.013 3%，试验经优化准确率提高了 5.419 7%。由此可以表明粒子群算法在训练中对卷积神经网络模型的网络权值有很大的改进，且优化方法合理，能够提高模型的准确率，使模型具有很好的可用性。

对于小批量样本与大批量样本的试验结果进行对比可以看出：在优化前，小批量样本试验的准确率为 87.058 8%，大批量样本试验的准确率为 93.593 6%，试验的准确率提高了 6.534 8%。在优化后，小批量样本试验的准确率为 93.593 6%，大批量样本试验的准确率为 99.013 3%，试验的准确率提高了 5.419 7%。由此可见，在利用卷积神经网络深度学习时,数据库的样本量与试验结果的识别率有着正相关的关系。数据集的样本量越大,机器训练过程中特征提取越详细、越全面,所以识别率越高。

本章主要以农业农村大数据的实践案例为背景,提出了基于卷积神经网络深度学习的水稻生长阶段优劣长势图像的判别与研究,主要针对杜蒙县农业科技园区与讷河市农业园区两个地区的水稻生长阶段的图像进行研究。试验过程包括图像采集、水稻优劣长势等级标准的构建、采集图像的预处理、模型训练、优化模型、结果分析等,验证了模型具有良好的实用性。

第5章　基于人工智能算法的水稻病害短期分级预警系统

水稻病害是我国粮食生产过程中主要的生物性灾害，它的种类多样、侵害范围大、爆发速度快，是影响我国粮食安全的重要不良因素之一。随着水稻病害预警研究的不断发展，提高预警方法的通用性和预警结果的时效性对于水稻产量与质量的提升具有重要意义。气象因子是影响水稻病菌侵染寄主和水稻病害发生的主要因素，本章根据水稻病害与气象因子之间的理论关系，以模糊数学理论为基础，研究了一种基于气象条件的水稻病害短期分级预警系统。

5.1　水稻病害预警的依据和条件

通过对《中国水稻病害及其防治》等大量相关文献的查阅与总结，发现水稻病害的侵染与发展需要符合以下三个方面：一是时间上处于水稻的生长期以及水稻病菌的繁育期；二是当前作物能够为水稻病菌提供寄主与生长条件；三是水稻生长环境的气象条件有利于病菌的繁育和侵入。根据水稻病菌自身的生物学特性，气象条件与水稻病菌孢子的释放量密切相关，当各气象因子的数值达到水稻病菌孢子释放和生长的最适范围时，就会引起田间病菌孢子的大量繁殖与扩散，而田间病菌的孢子量与水稻的染病率呈正相关。因此，气象条件是影响水稻病菌繁殖扩散和侵染水稻的重要因素，在实际的生产过程中，可以利用气象条件对水稻染病及病害发生的可能性进行预警。

5.1.1　水稻病害预警的分类与特点

目前，我国水稻病害预警的类别可以按照时间和空间分为两大类：从时间上，一般包括短期预警、中期预警、长期预警三种；空间上，可以分为宏观大区预警和微观区域性预警。预警的主要内容一般包括预报警度、预计发生时间、病情指数与危害程度。下面针对不同预警类别的特点进行对比分析，如表5－1所示。

表 5-1　水稻病害预警的分类与特点

属性	预警种类	时效与范围	特点
时间	短期预警	小于 10 d	适用范围广,时效性和预见性强,能对各类病害近期的侵染和发生情况给出预警等级和具体防治指导
	中期预警	10~30 d	能够对病害的发生时间进行大概预测,根据历史数据预测病害的爆发程度和发展规律
	长期预警	大于 30 d	在研究病害发展规律的基础上,对次月或次年病害的发生趋势进行预测
空间	宏观大区预警	针对的地域广,范围大,往往针对一个省份或农场等大范围的地区	根据气候变化形势及历年灾害发生情况对大范围地区的病害流行和爆发进行预测,为相关部门提供调控依据,但预警的精准程度和通用性不强
	微观区域性预警	规模较小,主要针对某县乡或各种规模的水稻本田等小范围区域	根据当地的气象条件和菌量情况对水稻病害的发生进行预警,为农业工作者及时提供具体的防治指导

由于在适宜的气象条件下水稻病菌从大量繁育到侵入寄主最多仅需要 24 h 左右,在水稻病菌侵入后如果气象条件仍保持在适合病菌生长和繁育的范围内,且持续时间接近或大于病菌的潜育期,就会导致水稻病害的进一步发展,因此农业工作者需要一种高效、准确的短期预警方法对水稻种植管理区域进行警度的预知和有效的防治。而通过对侵入期内气象因子数值变化的分析与计算便能够准确、主动地获取未来一段时间内水稻病害发生与流行的情况,从而为农业工作者及时提供可靠的防治依据与指导。

5.2.1　作物病害侵染病程的划分

病原物从侵入寄主到作物病害症状显现的过程称为侵染病程,主要分为接触期、侵入期、潜育期和发病期四个阶段,而侵入期和潜育期是作物侵染性病害发生过程的重要阶段。当气象条件满足病菌大量繁育和侵染寄主的条件且在持续时间上满足侵入期和潜育期时,作物便极易受到病菌侵染,从而引起作物病害的爆发与流行。作物病害侵染病程各阶段的定义如表 5-2 所示。

表 5-2　作物病害侵染病程各阶段的定义

病程	定义
接触期	从病原物与寄主作物可侵染部位初次接触到病原物形成各种侵入结构的一段时间
侵入期	从病原物接触寄主到与寄主作物建立营养或寄生关系的一段时间
潜育期	从病原物与寄主作物建立寄生关系到作物出现明显症状的一段时间
发病期	受侵染的寄主作物在外部形态上呈现明显的症状后,包括染病作物在外部形态上反映出的病理变化和病原物产生繁殖体的阶段

5.2.2　水稻病害发生与气象条件之间的关系

通过对水稻发病与气象条件之间理论关系的分析与总结，表明气象条件对水稻病菌的大量繁育和侵染有着密切的关系，是导致水稻病害爆发和流行的一个十分重要的因素，每种气象因子的动态变化都会对水稻病害的发生产生不同程度的影响。

温度：影响着水稻病菌发育和繁殖的速度，是对水稻病害的分布和发生影响最大的气象因子。当温度达到病菌孢子大量繁育和侵染的最适范围时，就会使病菌的侵入期和潜育期随着温度趋于最适的繁育和侵染条件而逐渐缩短，危害程度也会随之加深。水稻生长的环境温度与水稻发病程度变化趋势之间的关系如图 5－1 所示。

相对湿度：影响水稻病菌繁育的高峰期和侵染的严重程度，是导致病害迅速爆发和扩散的十分重要的气象因子。当水稻生长环境的温度和相对湿度处于病菌最适的繁育和侵染范围，且持续时间大于病菌的侵入期时，便会导致水稻病菌侵入稻株，从而引起水稻病害的大范围发生。水稻生长的环境湿度与水稻发病程度变化趋势之间的关系如图 5－2 所示。

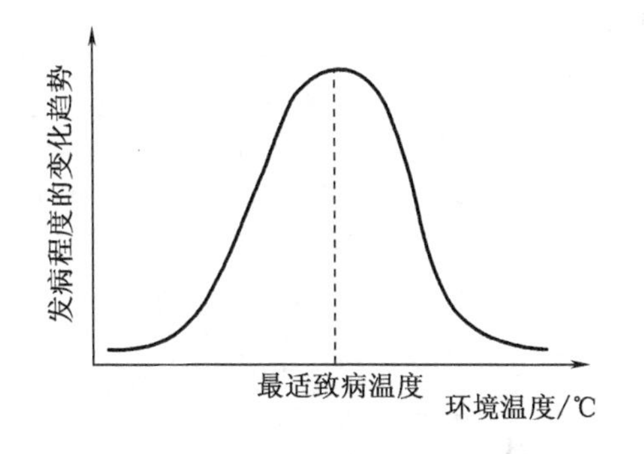

图 5－1　温度与水稻致病的关系

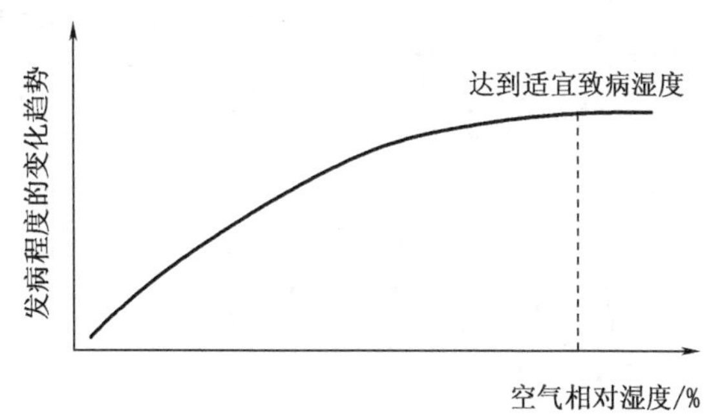

图 5－2　湿度与水稻致病的关系

降雨量：连续阴雨往往伴随着水稻生长环境相对湿度的增加和温度的降低，有利于水稻病菌孢子的大量繁育，同时使稻株对病菌的抵抗能力下降，在天气处于连续阴雨、相对湿度较高的情况下，比较容易诱发病菌的迅速繁育和侵染。

光照：当天气处于较为晴朗的白天时，较长的日照时间与较强的光照强度会在一定程度上抑制水稻病菌的繁育，减缓水稻病菌侵入寄主和病害发生的进程。

风速风向：对水稻病菌的扩散与传播具有一定的影响，风力较大时容易导致水稻相互摩擦产生破损和伤口，在一定程度上会促进病菌的侵入和蔓延。

综上所述，各气象因子的综合影响对于水稻病害在短期内的发生与流行具有重要的影响和作用，有效地选取气象因子是对于水稻病菌侵入及病害发生情况进行预警的关键。

5.2 降雨量与空气相对湿度的相关性分析

空气相对湿度和降雨量是影响水稻病菌繁育、侵染以及病害发生的重要气象因子，两者之间存在着较高的相关性，对两者之间的相关性进行研究，有利于提取水稻病害预警的主要气象因子，使系统设计更加简洁、合理，预警效果更加高效、准确。

将中国气象科学数据共享服务平台作为数据来源，对黑龙江省种植水稻的30个主要地区6—10月份的月平均降雨量和空气相对湿度数据进行相关性分析和线性回归。首先，利用SPSS统计分析软件对降雨量与空气相对湿度的相关性进行分析，分析结果如表5－3所示。分析结果表明：两者的显著性小于0.005，Pearson相关系数为0.841，降雨量与空气相对湿度二者呈显著相关。

表5－3 月平均降雨量与空气相对湿度的相关性

	月平均降雨量	月平均相对湿度	分析结果
月平均降雨量	1	0.841	Pearson 相关性
		0.000	显著性（双尾）
	150	150	N
月平均相对湿度	0.841	1	Pearson 相关性
	0.000		显著性（双尾）
	150	150	N

同时，利用SPSS统计分析软件对降雨量与空气相对湿度数据进行线性回归，线性回归后的模型表达式为：$y=59.498+0.131x$，相关测定系数$R^2=0.707$，方差分析显著性值等于0，证明回归模型的拟合效果良好，降雨量与空气相对湿度之间的线性关系显著。通过残差分析可以得到回归模型的残差图，如图5－3所示。通过残差图可以观察到各散点随机分布在以$\delta^*=0$为中心的坐标系中，证明该回归模型具有显著的合理性。

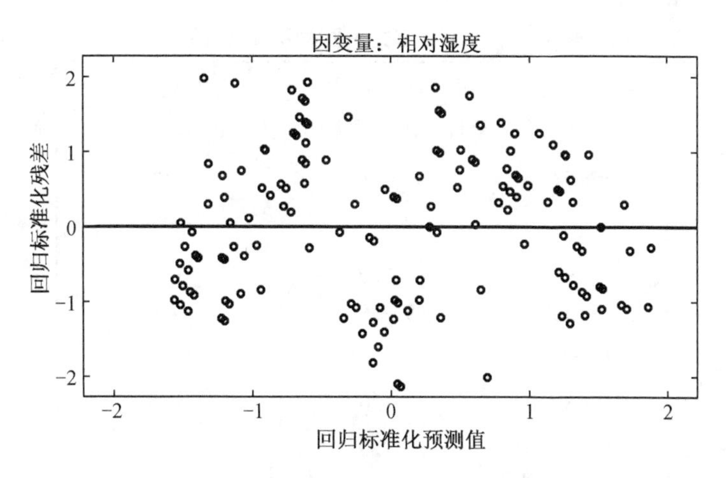

图5－3　月平均降雨量与空气相对湿度的线性回归残差图

通过上述对降雨量与空气相对湿度的相关性分析和线性回归运算，表明降雨量对空气湿度的影响是十分显著的，可以通过空气中相对湿度值的大小和变化情况来反映降雨量对水稻病菌侵染寄主和病害发生的影响。

5.3　水稻病害预警主要气象因子的选取

通过以上对水稻发病与气象条件关系的理论分析可知，由于昼夜交替和天气变化等原因，风和光照这两个气象因子具有不确定性且并非时刻作用于水稻，关于二者对水稻病害发生和流行的相关性研究和记载也相对较少。相比于其他气象因子，风和光照对于水稻病菌的侵染和病害的发生并不能产生主要的影响，而水稻生长的环境温度、空气中的相对湿度以及降雨量是影响水稻病害发生的主要气象因子。通过对降雨量与空气相对湿度的相关性分析，表明两气象因子之间存在的相关性十分显著，持续降雨的同时会伴随着空气湿度的大幅增长使稻株的抵抗力降低，为水稻病菌的大量繁育及侵染寄主提供有利环境，因此可以通过空气中相对湿度的变化直接体现出降雨量对于水稻病害发生的影响。

综上所述，从整体方面来看大部分侵染速度快、程度深、流行性强的水稻病害，其病菌的侵入及病害的发生均与气象条件存在十分密切的关系，所涉及的主要气象因子包括水稻生长的环境温度以及空气中的相对湿度。当各气象因子的数值符合病菌大量繁育和侵染水稻的条件，且在持续时间上满足水稻病菌的侵入期和潜育期时，稻株便极易受到水稻病菌的侵染，从而引起水稻病害的爆发与流行。通过查阅大量相关文献，总结了严重危害水稻生长的13种主要病害及其致病的主要条件，如表5－4所示。

表 5－4　水稻病害的主要类别与致病条件

病害种类	孢子的生长与繁育温限/℃	病菌孢子最适的繁育及侵染温度/℃	适合病菌发育和侵染的相对湿度/%	病菌的侵入期/h	病菌的潜育期/d
稻瘟病	20～32	24～28	>90	6～10	4～9
恶苗病	25～35	30～35	>80	8～10	2～4
纹枯病	20～38	28～32	>85	18～24	3～5
稻曲病	20～36	25～30	>80	18～24	4～5
胡麻斑病	8～33	24～30	>92	4～6	1～3
白叶枯病	20～33	25～30	>85	6～9	5～7
黄化萎缩病（霜霉病）	10～25	15～20	>83	16～18	9～10
稻粒黑粉病	20～34	25～30	>80	9～12	8～10
菌核秆腐病	15～35	25～30	>85	18～24	6～7
叶鞘腐败病	10～35	25～30	>90	18～24	2～4
褐色叶枯病（云形病）	15～30	20～25	>85	8～10	3～4
细菌性谷枯病	15～35	25～30	>85	12～14	4～6
细菌性褐斑病	20～30	25～30	>85	6～8	3～5

通过查阅文献和对上述表格的分析可知，水稻生长的环境温度和空气中的相对湿度既能够影响水稻病菌孢子的形成及其对寄主的侵染，又能够影响寄主对于病菌的抵抗能力，二者之间相互联系，是影响水稻病害发生和流行的重要因素。当水稻生长的环境温度与相对湿度的数值达到最适的侵染范围且持续时间满足病菌侵入期时，稻株最易受到病菌侵染，如果侵染稻株后环境的温度和相对湿度仍持续保持在该范围，且持续时间接近或大于病害的潜育期，便可能会引起水稻病害的爆发与流行。

5.4　基于物联网的气象数据获取方法的研究

5.4.1　田间实时与历史气象数据获取方法的研究

采用基于物联网的方式对水稻生长环境实时与历史气象数据进行获取，其构成主要由感知层、传输层、数据存储与支撑层和应用层四个方面组成，其中感知层主要包括具有气象数据获取功能的各类传感器，传输层主要利用无线网络对数据进行传输，数据存储与支撑层依托于阿里云平台，包括数据库系统和数据的处理与计算等支撑算法，应用层主要负责结合该部分所获取的气象数据对水稻病害进行预警并提出有效的防治方法。其体系结构如图 5－4 所示。

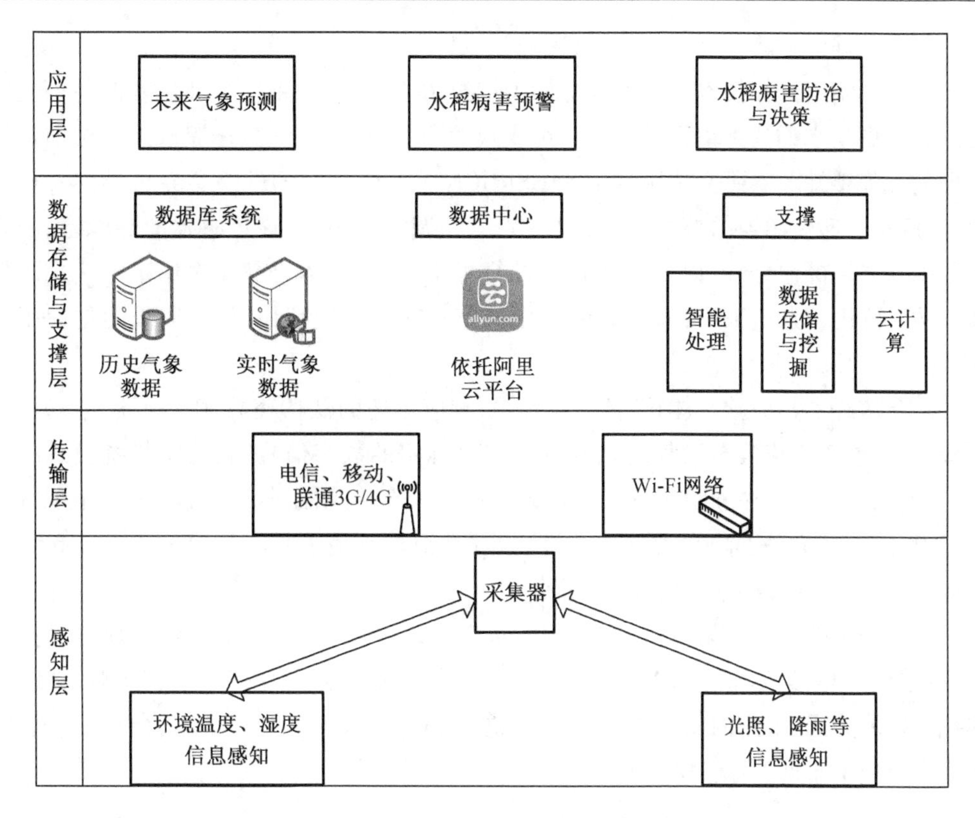

图 5－4　田间实时与历史气象数据获取体系结构

水稻生长环境实时与历史气象数据获取的整体原理是利用全网通无线路由器建立了智能农业信息采集器与阿里云服务器的通信链路，服务器通过内部程序的无线通信协议向采集器发送查询指令，利用无线网络将采集到的水稻生长环境气象数据传输至云服务器并存储于数据库中，预警系统利用 Socket 通信的方式对云服务器数据库中的田间气象数据进行调用，从而实现了预警系统对田间实时与历史气象数据的获取，其获取的整体原理如图 5－5 所示。

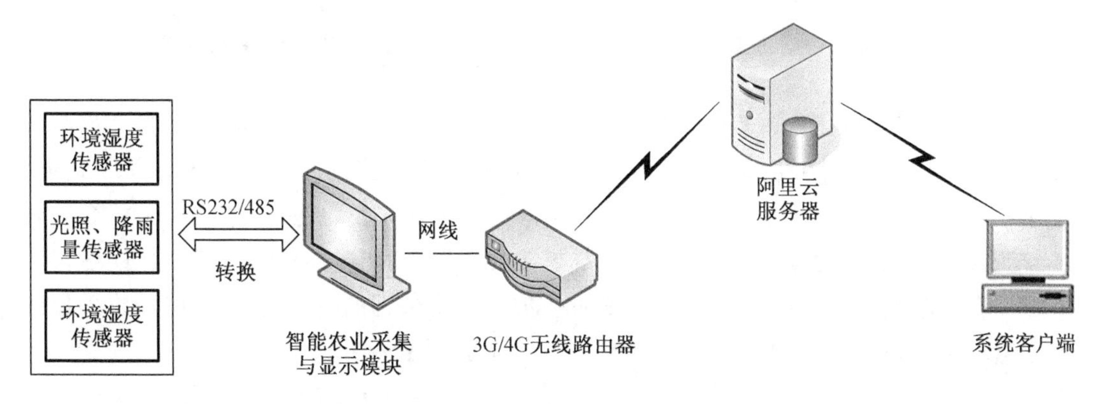

图 5－5　田间实时与历史气象数据获取原理图

1. 气象数据的采集

田间水稻病害预警技术是精准农业的关键技术之一，而水稻生长环境实时与历史气象数据的获取更是水稻病害预警系统中不可或缺的一部分，其中该数据获取的重要前提即气象数据的准确感知。本研究选用瑞士 SENSIRION 公司研发的 SHT10 数字传感芯片作为环境温、湿度和光照传感器的核心，经过自主集成和调试封装后，该传感器能够稳定、准确地对水稻生长环境的温、湿度以及光照强度进行采集。同时，本研究还选用了翻斗式雨量传感器对地区降雨量进行采集，采集到的数据可直接转换为数字信号持续、稳定地向服务器发送。

SHT10 传感器是一款小体积、抗干扰性强、响应迅速的低功耗数字传感器，它采用两线数字接口，能够直接连接至采集终端并输出完全标定的数字信号，相比于传统模式的传感器，其数据采集的精确性和稳定性都有较大的提高。在传感器封装的过程中采用了百叶箱型外壳设计，使其具备了防水透气的特性，能够在户外环境下长期稳定的工作。封装后的环境温、湿度与光照传感器如图 5 - 6 所示。

翻斗式雨量传感器测量范围在 0 ~ 30 mm/min，分辨率为 0. 2 mm，且芯片内置滤波电路，监测精度较高，整体采用 ABS 工程塑料制成，工作温度在 - 40 ~ 70 ℃，监测数据的稳定性和抗干扰能力强，采用内置锂电池进行供电，耗电量小，续航时间长，适合在复杂恶劣的农业生产环境下长期工作。降雨量传感器如图 5 - 7 所示。

图 5 - 6　环境温湿度、光照传感器

图 5 - 7　降雨量传感器

数据采集终端在工作过程中首先发送特定代码和地点编号至云服务器，服务器接收到信号后与负责储存地点信息的数据库表进行核对，同时存储当前时间和该终端的 IP 地址，核对无误后服务器端与采集端握手成功，并向采集端发送采集指令，采集端收到指令后采集当前传感器数据发送至云服务器，服务器在接收数据后对其进行校验，确认无误后将数据存入相应的数据库中。为了保证所获田间实时与历史数据的时效性和准确性，将采集频率设置为每 5 min 采集 1 次。采集端的整体工作流程如图 5 - 8 所示。

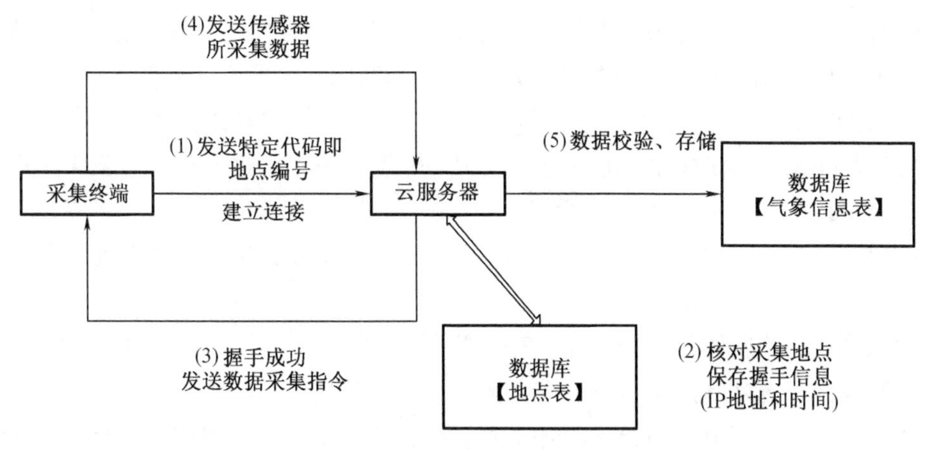

图 5－8　数据采集流程图

2. 气象数据的传输

数据传输是云服务器与采集终端之间的桥梁，可以通过 Wi-Fi 无线网络或全网通 3G/4G 移动网络等多种远程无线通信技术来实现。为了保证数据上传的实时性和稳定性，本研究选取了工业级的力必拓无线通信路由器，将采集终端采集到的气象数据实时上传，它的传输速率快、稳定性强、性价比较高，能够满足气象数据传输实时稳定的要求。其主要的性能参数如表 5－5 所示。

表 5－5　无线通信模块的主要性能参数

主芯片	Ralink　RT5350
无线接口	IEEE802. 11b/g/n
工作频段	2 400～2 483. 5 MHz
电源	直流供电(6～35 V　3 A)
功耗(电流)	小于 300 mA
数据速率	802. 11n：up to 150 Mb/s；802. 11b：1，2，5，5，11 Mb/s； 802. 11 g：6，9，12，18，24，36，48，54 Mb/s
工作环境	温度－20～75 ℃；湿度 5%～95%；无冷凝

为了适应农业生产地区种植面积大、位置较为偏远的特点，该通信模块选择利用国内三大通信运营商的 3G/4G 移动网络信号进行数据传输，将 SIM 卡安装到无线路由器中，路由器通过天线获取 3G/4G 移动网络信号并将数据实时传送到云服务器。通过反复应用试验，表明该传输方式的传输效果稳定、速率快，能够有效保证服务器对气象数据的接收，节省了数据传输的成本。

3. 气象数据的存储

气象数据的存储部分主要依托于阿里云服务器，云服务器中建立了农业数据集成中心以及相应的数据库，其主要功能包括对各采集点的气象数据进行实时监测与存储、对数据的采集时间和存储位置等参数进行设置、监测作物的生长环境等。云服务器的运行稳定可靠,维护成本低,有利于对所采集的数据进行存储和调用。为了能够实现气象数据在互联网上的存储和访问服务,需要对云服务器的 FTP 协议进行设置,具体步骤如下:

打开 Windows server 建立新的本地用户,成功后建立登录并进入到 FTP 服务器界面;

打开 Default FTP Site 属性开始设置;

进入 FTP 站点选项部分对站点参数进行设置,其中包括设置监听 IP 地址以及 TCP 端口号;

在 FTP 站点的“属性”菜单中选择“安全账号”选项卡,并选择“允许匿名登录”一项,此时 FTP 服务器便能够自动提供匿名登录权限;

再次输入用户名及密码登录 FTP 服务器,单击“主目录”选项卡对 FTP 站点的本地存储路径进行设置,设置完成后便可以将 FTP 服务器中的数据库列表下载后自动储存到本地;

单击“目录安全性”选项卡进入该选项的功能主界面,仅允许具有特定 IP 地址号段的计算机连接到 FTP 服务器,用来对有下载或访问需求的计算机进行授权;

返回 FTP 站点“属性”设置的主界面,单击确定按钮保存一系列设置,现在便可以将采集到的田间实时与历史气象数据储存到计算机本地。

4. 气象数据的调用

预警系统客户端将采用 Socket 通信的方式对云服务器数据库中所存储的气象数据进行调用,从而实现客户端与云服务器之间数据传输的功能。Socket 通信技术内部封装了 TCP/IP 协议,可以通过“open - send/write - close”的通信模式实现数据的传递,相比于 Http 通信其通信过程更加方便快捷、传输效率更高。

在数据调用的过程中,首先在系统客户端对 Socket 通信进行建立,建立成功后云服务器会时刻处于网络监听状态,判断是否有端口发出连接请求,当云服务器发现地址与端口号一致的客户端连接请求时,服务器便迅速做出反应并予以连接,然后对客户端所需的气象数据进行快速传输,从而实现客户端对田间实时与历史气象数据的调用,在数据传输结束后,服务器会对 close 功能进行调用,从而断开与客户端之间的连接并关闭监听程序。Socket 通信机制流程如图 5 - 9 所示。

5.4.2 水稻生长环境未来气象数据获取方法的研究

未来水稻生长环境气象数据是衡量水稻病菌能否成功侵染寄主,以及侵染寄主后水稻病害是否会流行进而大面积爆发的重要因素。为了保证系统预警结果的稳定性和可靠性,及时准确地获取系统所需的未来水稻生长环境气象数据是整体研究中十分重要的一环。通过对表 5 - 4 中所总结的各类水稻病害致病条件进行分析,预警系统需要获取当前预警地区未来 24 h 内每小时的温、湿度预报值以及未来 3 d 内每日温、湿度预报的极值,本研究利用 Python 网络爬虫技术来获取国际交换气象站上未来 24 h 内每小时的温、湿度以及未来 3 d 每日的温、湿度极值,并利用 MATLAB 对国际交换气象站上抓取到的预测数据与当地实测数据进行了拟合优度检验。

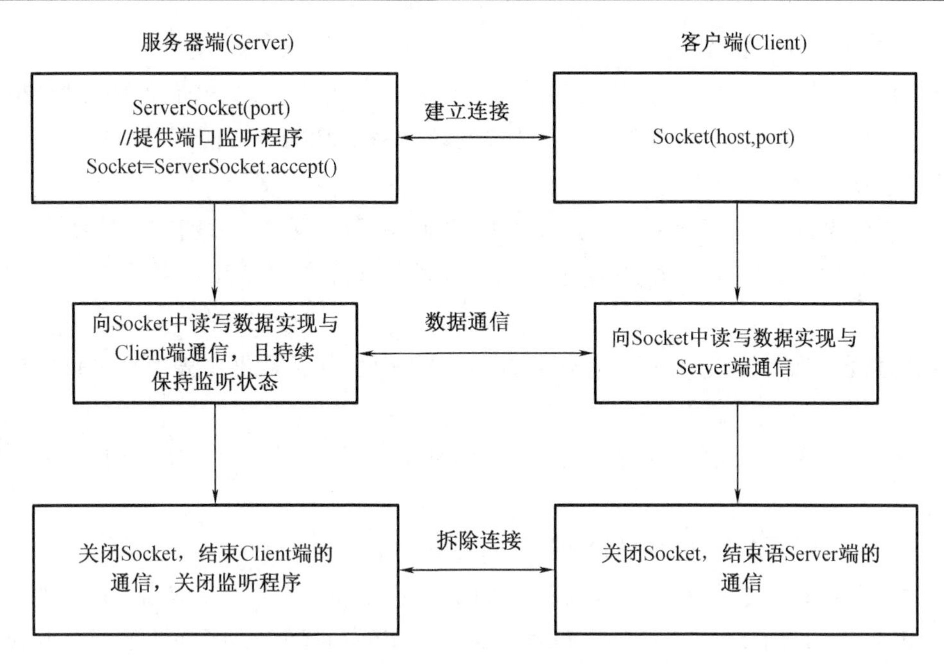

图5-9　Socket通信流程

1. 水稻生长环境未来气象数据获取的相关技术

(1) Python

Python是一种面向对象的解释性高级编程语言,具有动态数据类型,它应用广泛、结构简单,具有很强的可移植性和扩展性。在程序开发的过程中,Python的特点与优势主要有以下几点:

①采用强制缩进的方式使得代码具有较强的可读性,运行速度快;

②具备广泛的标准库,能够实现跨平台开发,在UNIX、Windows和Macintosh中都具有较强的兼容性;

③可移植性和扩展性强,Python语言本身具有开源的特性,并且能够实现对C/C++语言的调用;

④具有可嵌入性,Python语言能够嵌入到C/C++语言中,使程序的用户获得"脚本化"的能力;

⑤提供了所有主要的商业数据库接口。

在网络数据抓取方面,相比于其他动态脚本语言或静态编程语言,Python在内置的urllib2库中提供了相对完整的访问网页文档所需的API,且抓取网页文档的接口更加简洁。通过Python中Requests、Mechanize类的第三方包,可以模拟User Agent的行为构造合适的请求从而进行网络数据的抓取,使网络数据自动获取的可行性和适用性大幅度提高。不仅如此,Python中的BeautifulSoap模块为网络抓取提供了简洁高效的文档处理功能,可以利用极短的代码完成文本提取、HTML标签过滤等大部分文档处理工作。

基于Python的以上特点,本研究选择利用Python网络爬虫技术对预警地区的未来气象数据进行获取,以保证系统预警结果的主动可靠和及时准确。

(2)SQL Server 数据库

SQL Server 是当今应用最为广泛的关系型数据库管理系统之一,它使用方便、扩展性强,为关系型数据和结构化数据提供了更安全可靠的存储功能。在使用过程中,SQL Server 数据库的主要特性分为以下几点:

①高性能设计,具有强大的事务处理能力,能够保证数据的完整性和安全性;

②支持对称多处理器结构、存储过程和开放数据库互连(ODBC),并具有自主的 SQL 语言;

③通过创建唯一性索引,可以加快数据的检索速度,保证数据库表中每一行数据的唯一性;

④具有强大的管理工具,支持本地和远程的系统管理和配置,可以实现与 Internet 的紧密集成。

2. 水稻生长环境未来气象数据的网络定时获取

通过前文对 13 种主要水稻病害致病条件的分析,预警系统需要获取当前预警地区未来 24 h 的温、湿度预报值以及未来 3 d 每日温、湿度极值的预报值,为了保证数据获取的连续性和可靠性,本研究选取了 rp5. ru 国际交换气象站作为数据获取的来源,在抓取程序的开发过程中,利用 PyCharm 作为 Python 语言的开发工具,以杜蒙县水稻种植示范基地为例,对未来气象数据的网络获取方法进行了研究,气象网站的未来气象数据显示界面如图 5-10 所示。

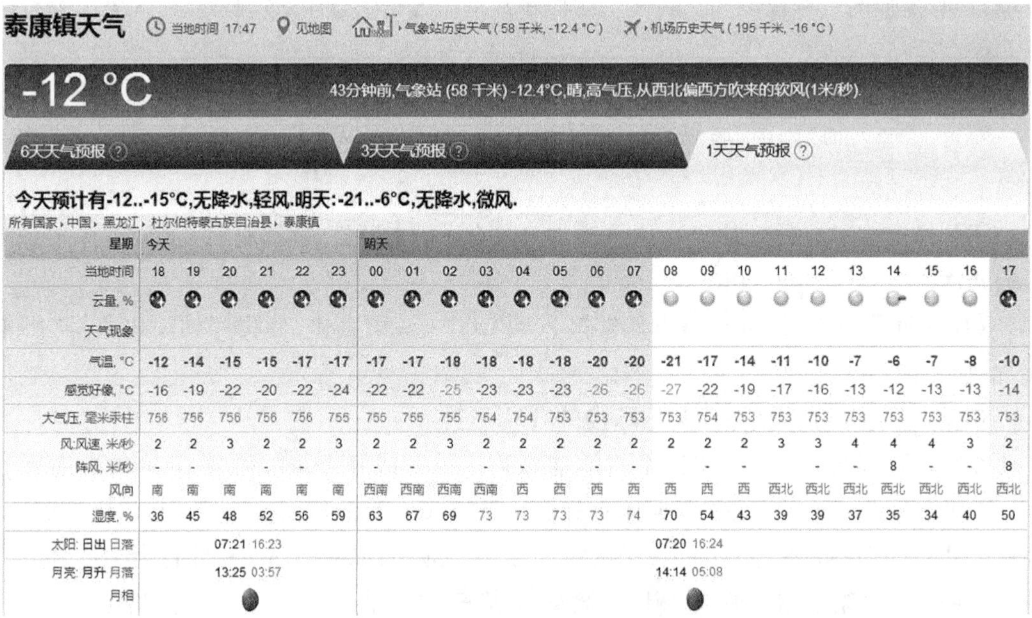

泰康镇天气 当地时间 17:47 见地图 气象站历史天气(58 千米,-12.4 °C) 机场历史天气(195 千米,-16 °C)

-12 °C 43分钟前,气象站 (58 千米) -12.4°C,晴,高气压,从西北偏西方吹来的软风(1米/秒).

6天天气预报 3天天气预报 1天天气预报

今天预计有-12..-15°C,无降水,轻风.明天:-21..-6°C,无降水,微风.

所有国家,中国,黑龙江,杜尔伯特蒙古族自治县,泰康镇

星期	今天						明天																	
当地时间	18	19	20	21	22	23	00	01	02	03	04	05	06	07	08	09	10	11	12	13	14	15	16	17
云量, %																								
天气现象																								
气温, °C	-12	-14	-15	-15	-17	-17	-17	-17	-18	-18	-18	-18	-20	-20	-21	-17	-14	-11	-10	-7	-6	-7	-8	-10
感觉好像, °C	-16	-19	-22	-20	-22	-24	-22	-22	-25	-23	-23	-23	-26	-26	-27	-22	-19	-17	-16	-13	-12	-13	-13	-14
大气压, 毫米汞柱	756	756	756	756	756	755	755	755	755	754	754	753	753	753	753	754	753	753	753	753	753	753	753	753
风:风速, 米/秒	2	2	3	2	2	3	2	2	3	2	2	2	2	2	2	2	2	3	3	4	4	4	3	2
阵风, 米/秒	-	-		-	-		-	-		-	-		-	-		-	-		-	-	8	-	-	8
风向	南	南	南	南	南	南	西南	西南	西南	西南	西	西	西	西	西	西	西	西北	西北	西北	西北	西北	西北	西北
湿度, %	36	45	48	52	56	59	63	67	69	73	73	73	73	74	70	54	43	39	39	37	35	34	40	50
太阳: 日出 日落			07:21 16:23												07:20 16:24									
月亮: 月升 月落			13:25 03:57												14:14 05:08									
月相																								

图 5-10 未来气象数据显示界面

(1)网页源代码的获取

首先,登录国际交换气象站对该地区的气象预报情况进行查询,并调用 PyCharm 中的

requests 库获取该网页的源代码。为了保证未来气象数据长时间获取的可行性和稳定性，首先需要对该网站的 User Agent 信息进行查询并将其存放于 Header 中，Python 抓取程序利用写入 Header 信息的方式便可以将抓取程序对网站的访问行为模拟成浏览器的访问行为，从而保证了数据抓取的持续稳定。在网页的 URL 以及 headers 写入成功后，利用 requests. get( ) 请求对网页源代码的获取进行包装，进而实现了 Python 抓取程序对该网页源代码的快速抓取。User Agent 的获取如图 5 – 11 所示。

图 5 – 11　User Agent 的查询与获取

(2) 网页源代码格式化

在成功获取网页源代码后，本研究利用 PyCharm 中的 BeautifulSoup 库对获取到的网页源代码进行格式化，它能够将输入文档转换为 Unicode 编码，并将输出文档转换为 utf – 8 编码，在获取到完整的 HTML 源代码后，BeautifulSoup 对 HTML 文档进行了格式化输出，并将其转换成一个复杂的树形结构，在结构中每个节点都是 Python 对象，其对象种类共包括 Tag、NavigableString、BeautifulSoup、Comment 四种，通过浏览器的开发者工具可以定位到源代码中未来 24 h 温、湿度的预报值及其所对应时间的位置，同时根据所定位到对象的不同属性和特点选取不同的数据提取方法，为 Python 前端能够高效的提取到预警系统所需的气象数据提供了前期准备。网页源代码的格式化解析如图 5 – 12 所示。

(3) 未来 24 h 温、湿度预报值及对应时间的提取

网页源代码格式化完成后，便能够清晰地将代表温、湿度的预报值及其对应时间的 HTML 源代码层进行定位，进而根据定位对象的标签以及不同的类型，选取不同的方法提取所需数据。在格式化输出后的源代码中，针对表示未来 24 h 整点温、湿度预报值的源代码层 <div class = "row wd"> 和 <div class = "row xdsd"> 进行了定位与分析，<div>标签是 HTML 语言中一种通用的层级 Tag 标签，本研究通过使用 PyCharm 中 regex 模块正则表达的方式对上述两层标签中代表温、湿度的源代码进行匹配，regex 模块的正则表达式不仅能够实现对于所需文本片段的查找匹配与获取，还可以与包含多个字符串的复杂语句进行匹配，进而实现了未来 24 h 整点温、湿度预报值的网络抓取。

与此同时,本部分还对表示相应整点时间的源代码层 <dl class = "table_h24" >进行了定位与分析, <dl>标签是 html 语言中一种用于列表的 Tag 标签,因此利用 soup. find_all( ) 函数便可以对源代码中所有包含 <dl>标签的整点时间进行搜索与获取,从而实现 Python 前端对温、湿度预报值所对应整点时间的网络抓取。

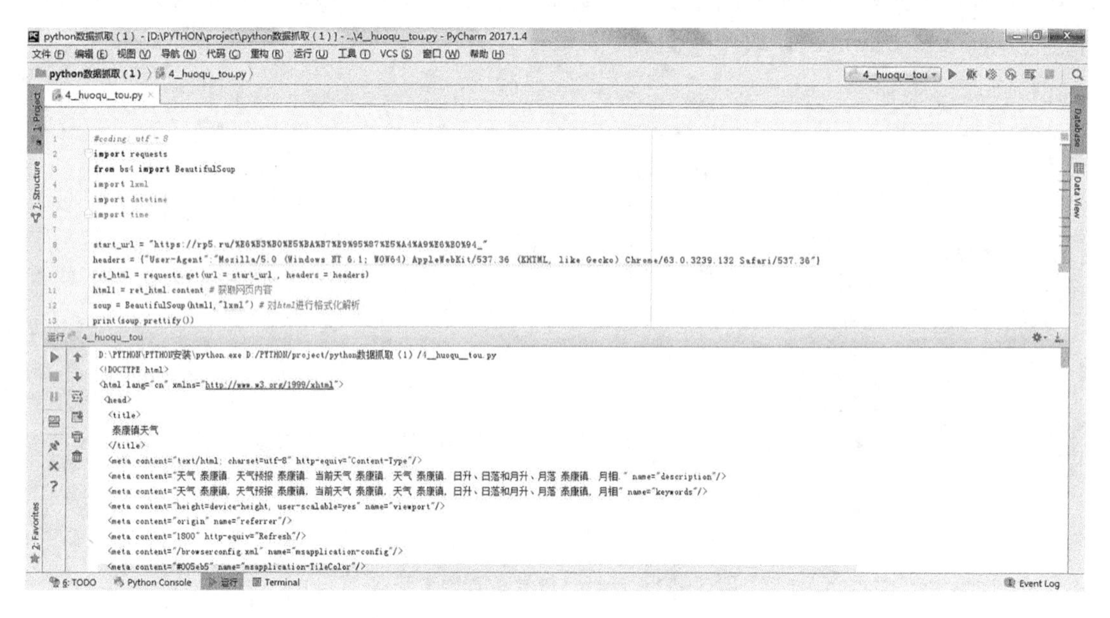

图 5-12 网页源代码的格式化解析

(4)未来 3 d 每日温、湿度预报极值的提取

为了获取该地区未来 3 d 每日温、湿度预报的极值,首先分别对格式化输出后网页源代码层 <div id = "forecast" class = "forecast" >中代表未来每日气象预报温、湿度极值的源代码层 <td class = "temp" >和 <td class = "humidity" >进行定位。 <td> 标签是用于定义 HTML 表格中的标准单元格的 Tag 标签,由于父节点 <div>标签中包含的信息较多,本研究选择利用 lxml. etree 模块中 xpath 的方法对每日温、湿度预报的极值进行抓取,lxml. etree 能够对 XML 或 HTML 语言进行高效解析,同时 xpath 函数可以通过使用路径表达式来定位 XML 或 HTML 文档中的静态文本或指定元素。在 etree. HTML 对相应的 HTML 对象进行解析后,通过利用 html. xpath( )函数分别定位并获取两个 <td> 节点中表示温、湿度的文本,实现了 Python 程序对未来 3 d 每日温、湿度极值的网络抓取。

(5)数据定时获取功能的实现

本研究利用 PyCharm 中 schedule 延时调度模块编写了一套非阻塞性的定时运行程序,实现了 Python 程序对系统所需气象数据进行定时抓取的功能,schedule 模块作为一种非阻塞性的延时处理机制,能够实现通过自定义的时间、函数或者优先级来执行特定程序,同时避免了在延时状态下当前线程被阻塞的情况发生。

在程序运行前,首先利用 sched_time 函数设定程序开始运行的时间,按照年、月、日、时、分、秒的顺序依次进行设定,设定完成后利用 datetime. timedelta( )对象来设定程序每次自动运行所间隔的时间，根据程序的运行速度以及多次试验，两次程序运行的最短间隔时间可以设定为 2 min，完全满足预警系统对于水稻生长环境未来气象数据获取的时间需求。未来气象数据定时抓取功能的实现如图 5 – 13 所示。

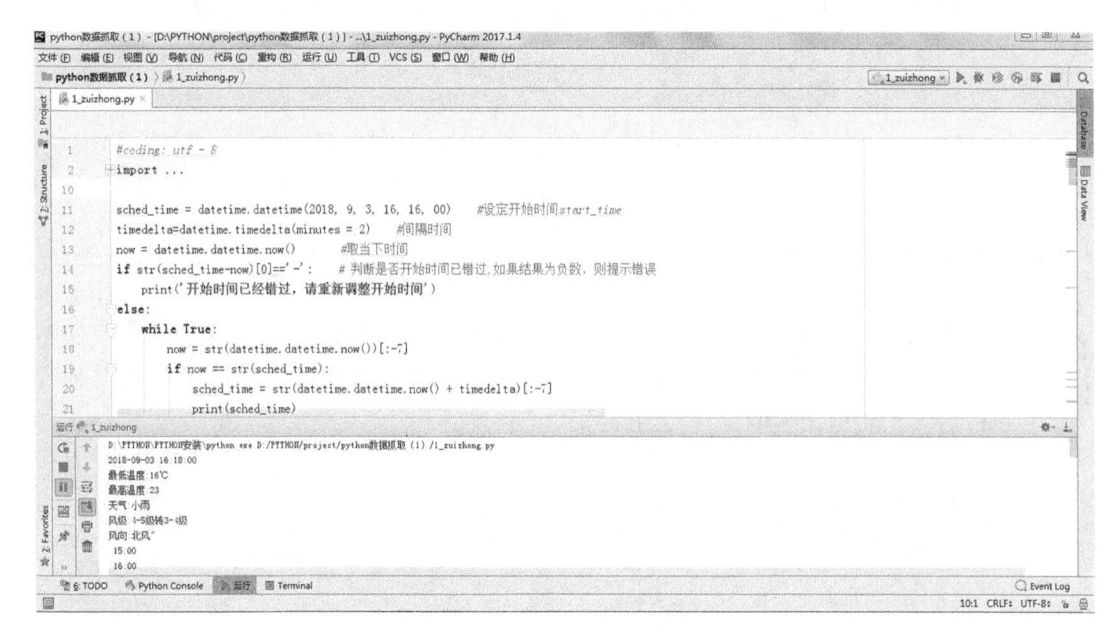

图 5 – 13　未来气象数据定时抓取功能的实现

3. 水稻生长环境未来气象数据库的建立

本研究采用 SQL Server 数据库作为未来水稻生长环境气象数据储存和调用的核心，以保证通过网络获取得到的气象数据储存的准确性和完整性，同时也有利于预警系统更加快速高效地对所需数据进行调用。利用 SQL Server 自带的 GUI 管理工具 SQL Server Management Studio（SSMS）创建新的数据库，并利用 SQL 语言建立气象数据存储所需的表，最终完成 Python 数据抓取部分与数据库的连接，实现对水稻生长环境未来气象数据进行网络抓取后的有效存储。

首先，打开 SSMS 并连接到数据库，在菜单栏中点击“新建查询”并输入创建指令“create database QXSJ”创建新的数据库，在新建的“QXSJ”数据库中建立两个数据库表分别用来储存未来 24 h 和未来 3 d 的水稻生长环境气象数据，并根据各表中数据类型的不同选择相应的字段类型。未来水稻生长环境气象数据表的整体设计如表 5 – 6 所示，由于两个数据库表中所对应的时间和数据类型不同，因此需要按照表 5 – 6 的设计分别建立两个数据库表对未来 24 h 和未来 3 d 的水稻生长环境气象数据分别进行存储，数据表中主要包括并储存了气象数据对应的时间、代表的地点、数据的种类、具体数值以及数据的单位等信息。

表 5-6　未来水稻生长环境气象数据表

编号	字段	字段类型	说明
1	xh	int	序号
2	t_where	int	地点编号
3	m_where	varchar	地点名称
4	t_where	datetime	对应时间
5	t_who	varchar	数据类型
6	t_what	numeric	具体数据
7	t_dw	varchar	数据单位

数据库表建立成功后，利用 Python 中的 pymysql 模块将 Python 未来气象数据获取程序连接到 SQL Server 新建的“QXSJ”数据库的表中，从而实现未来田间气象数据库的增删改查。Python 程序与数据库表的连接如图 5-14 所示。

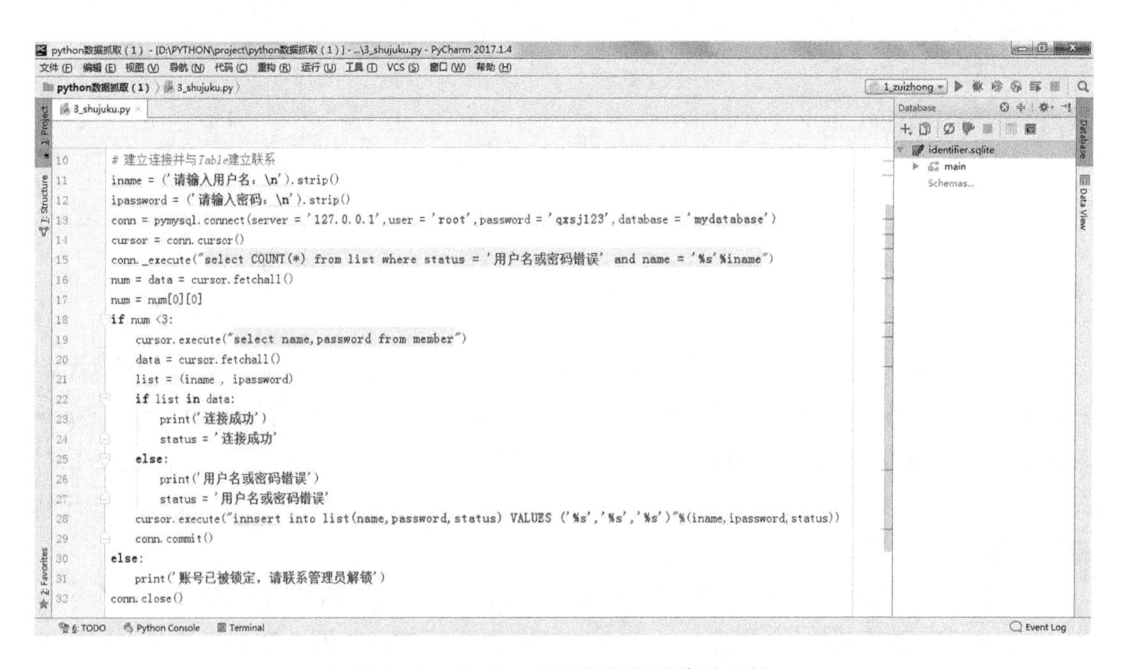

图 5-14　Python 程序与数据库表的连接

将 Python 程序与数据库成功连接后，便可以将抓取到的未来 24 h 和未来 3 d 的水稻生长环境气象数据写入已经建立好的两个数据库表中，从而为预警系统所需的水稻生长环境未来气象数据提供了稳定可靠的数据基础。下面根据数据库中所生成的两组未来水稻生长环境气象数据表，分别确定了两组数据的存储格式，其中未来 24 h 气象数据的储存格式如图 5-15 所示，未来 3 d 气象数据的储存格式如图 5-16 所示。

序号	地点编号	地点名称	对应时间	数据类型	具体数据	数据单位
xh	t_where	m_where	t_where	t_who	t_what	t_dw
1	01	杜尔伯特蒙古自治县江湾乡	2018/9/15 15:00	环境温度	24	℃
2	01	杜尔伯特蒙古自治县江湾乡	2018/9/15 16:00	环境温度	24	℃
3	01	杜尔伯特蒙古自治县江湾乡	2018/9/15 17:00	环境温度	23	℃
4	01	杜尔伯特蒙古自治县江湾乡	2018/9/15 18:00	环境温度	22	℃
5	01	杜尔伯特蒙古自治县江湾乡	2018/9/15 19:00	环境温度	20	℃
6	01	杜尔伯特蒙古自治县江湾乡	2018/9/15 20:00	环境温度	18	℃
7	01	杜尔伯特蒙古自治县江湾乡	2018/9/15 21:00	环境温度	18	℃
8	01	杜尔伯特蒙古自治县江湾乡	2018/9/15 22:00	环境温度	19	℃
9	01	杜尔伯特蒙古自治县江湾乡	2018/9/15 23:00	环境温度	18	℃
10	01	杜尔伯特蒙古自治县江湾乡	2018/9/15 0:00	环境温度	18	℃
11	01	杜尔伯特蒙古自治县江湾乡	2018/9/16 1:00	环境温度	17	℃
12	01	杜尔伯特蒙古自治县江湾乡	2018/9/16 2:00	环境温度	17	℃
13	01	杜尔伯特蒙古自治县江湾乡	2018/9/16 3:00	环境温度	16	℃
14	01	杜尔伯特蒙古自治县江湾乡	2018/9/16 4:00	环境温度	15	℃
15	01	杜尔伯特蒙古自治县江湾乡	2018/9/16 5:00	环境温度	12	℃
16	01	杜尔伯特蒙古自治县江湾乡	2018/9/16 6:00	环境温度	11	℃
17	01	杜尔伯特蒙古自治县江湾乡	2018/9/16 7:00	环境温度	14	℃
18	01	杜尔伯特蒙古自治县江湾乡	2018/9/16 8:00	环境温度	18	℃
19	01	杜尔伯特蒙古自治县江湾乡	2018/9/16 9:00	环境温度	20	℃
20	01	杜尔伯特蒙古自治县江湾乡	2018/9/16 10:00	环境温度	22	℃
21	01	杜尔伯特蒙古自治县江湾乡	2018/9/16 11:00	环境温度	22	℃
22	01	杜尔伯特蒙古自治县江湾乡	2018/9/16 12:00	环境温度	23	℃
23	01	杜尔伯特蒙古自治县江湾乡	2018/9/16 13:00	环境温度	24	℃
24	01	杜尔伯特蒙古自治县江湾乡	2018/9/16 14:00	环境温度	24	℃
25	01	杜尔伯特蒙古自治县江湾乡	2018/9/16 15:00	环境温度	24	℃
26	01	杜尔伯特蒙古自治县江湾乡	2018/9/15 15:00	环境湿度	62	%
27	01	杜尔伯特蒙古自治县江湾乡	2018/9/15 16:00	环境湿度	65	%
28	01	杜尔伯特蒙古自治县江湾乡	2018/9/15 17:00	环境湿度	66	%
29	01	杜尔伯特蒙古自治县江湾乡	2018/9/15 18:00	环境湿度	71	%
30	01	杜尔伯特蒙古自治县江湾乡	2018/9/15 19:00	环境湿度	76	%
31	01	杜尔伯特蒙古自治县江湾乡	2018/9/15 20:00	环境湿度	87	%
32	01	杜尔伯特蒙古自治县江湾乡	2018/9/15 21:00	环境湿度	87	%
33	01	杜尔伯特蒙古自治县江湾乡	2018/9/15 22:00	环境湿度	75	%
34	01	杜尔伯特蒙古自治县江湾乡	2018/9/15 23:00	环境湿度	67	%
35	01	杜尔伯特蒙古自治县江湾乡	2018/9/15 0:00	环境湿度	54	%
36	01	杜尔伯特蒙古自治县江湾乡	2018/9/16 1:00	环境湿度	60	%
37	01	杜尔伯特蒙古自治县江湾乡	2018/9/16 2:00	环境湿度	54	%
38	01	杜尔伯特蒙古自治县江湾乡	2018/9/16 3:00	环境湿度	58	%
39	01	杜尔伯特蒙古自治县江湾乡	2018/9/16 4:00	环境湿度	60	%
40	01	杜尔伯特蒙古自治县江湾乡	2018/9/16 5:00	环境湿度	74	%

图 5－15　未来 24 h 气象数据储存格式图

序号	地点编号	地点名称	对应时间	数据类型	具体数据	数据单位
xh	t_where	m_where	t_where	t_who	t_what	t_dw
1	01	杜尔伯特蒙古自治县泰康镇	2018/9/18	日最高温度	23	℃
2	01	杜尔伯特蒙古自治县泰康镇	2018/9/18	日最低温度	10	℃
3	01	杜尔伯特蒙古自治县泰康镇	2018/9/19	日最高温度	24	℃
4	01	杜尔伯特蒙古自治县泰康镇	2018/9/19	日最低温度	9	℃
5	01	杜尔伯特蒙古自治县泰康镇	2018/9/20	日最高温度	22	℃
6	01	杜尔伯特蒙古自治县泰康镇	2018/9/20	日最低温度	12	℃
7	02	杜尔伯特蒙古自治县江湾乡	2018/9/18	日最高温度	25	℃
8	02	杜尔伯特蒙古自治县江湾乡	2018/9/18	日最低温度	8	℃
9	02	杜尔伯特蒙古自治县江湾乡	2018/9/19	日最高温度	26	℃
10	02	杜尔伯特蒙古自治县江湾乡	2018/9/19	日最低温度	13	℃
11	02	杜尔伯特蒙古自治县江湾乡	2018/9/20	日最高温度	26	℃
12	02	杜尔伯特蒙古自治县江湾乡	2018/9/20	日最低温度	11	℃
13	01	杜尔伯特蒙古自治县泰康镇	2018/9/18	日最高湿度	87	%
14	01	杜尔伯特蒙古自治县泰康镇	2018/9/18	日最低湿度	63	%
15	01	杜尔伯特蒙古自治县泰康镇	2018/9/19	日最高湿度	91	%
16	01	杜尔伯特蒙古自治县泰康镇	2018/9/19	日最低湿度	66	%
17	01	杜尔伯特蒙古自治县泰康镇	2018/9/20	日最高湿度	89	%
18	01	杜尔伯特蒙古自治县泰康镇	2018/9/20	日最低湿度	58	%
19	02	杜尔伯特蒙古自治县江湾乡	2018/9/18	日最高湿度	87	%
20	02	杜尔伯特蒙古自治县江湾乡	2018/9/18	日最低湿度	62	%
21	02	杜尔伯特蒙古自治县江湾乡	2018/9/19	日最高湿度	92	%
22	02	杜尔伯特蒙古自治县江湾乡	2018/9/19	日最低湿度	64	%
23	02	杜尔伯特蒙古自治县江湾乡	2018/9/20	日最高湿度	88	%
24	02	杜尔伯特蒙古自治县江湾乡	2018/9/20	日最低湿度	59	%

图 5－16　未来 3 d 气象数据储存格式图

4. 未来气象数据预报值与实测值的误差分析

为了检验预警系统获取到的未来田间气象数据预报值与实际测量值之间误差，本研究以杜蒙县水稻种植示范基地为气象数据的获取地点，分别对 2018 年 6 月该地区未来气象数据的预报值与实测值进行了抓取和采集，并利用该数据对预报值与实测值进行了误差分析。

首先对未来 24 h 温、湿度的预报值与实测值的误差进行分析，每 24 h 抓取一组国际交换气象站对该地区未来 24 h 温、湿度的预报值，连续抓取 30 组数据作为样本，从中随机选取六组数据与该地区同一时间实测的温、湿度极值进行对比分析，并利用平均绝对误差（*MAE*）公式分别对六组数据中预报值与实测值之间的平均绝对误差进行计算。

$$MAE = \frac{1}{m}\sum_{i=1}^{m}|y_i - \hat{y}_i| \tag{5-1}$$

通过计算，得出 6 组温、湿度数据中预报值与实测值之间的平均绝对误差如表 5－7 所示，其中 T_{MAE} 表示温度预报值与实测值之间的平均绝对误差，U_{MAE} 表示湿度预报值与实测值之间的平均绝对误差，其中 T_{MAE} 的最大值为 1.53 ℃，U_{MAE} 的最大值为 1.83%，因此未来 24 h 温、湿度预报值与实测值之间存在的误差值处于合理范围内。

表 5－7　未来 24 h 预报值与实测值的平均绝对误差

项目	1	2	3	4	5	6
T_{MAE}	1.29	1.42	1.37	1.53	1.31	1.49
U_{MAE}	1.25	1.71	1.83	1.51	1.73	1.39

下面针对未来 3 d 的温、湿度预报极值与实测极值进行误差分析，每 3 d 抓取一组国际交换气象站对该地区未来 3 d 温、湿度预报的极值，连续抓取 5 组数据作为样本，然后将样本数据与该地区同一时间实测的温、湿度极值进行对比分析，其中温度极值拟合后的对比分析图如 5－17 所示，湿度极值拟合后的对比分析图如 5－18 所示。通过对拟合后的曲线进行观察，发现温、湿度预报极值的变化趋势与实际温、湿度的变化趋势相吻合，因此该预报数据可以真实地反映未来 3 d 温、湿度的变化趋势。

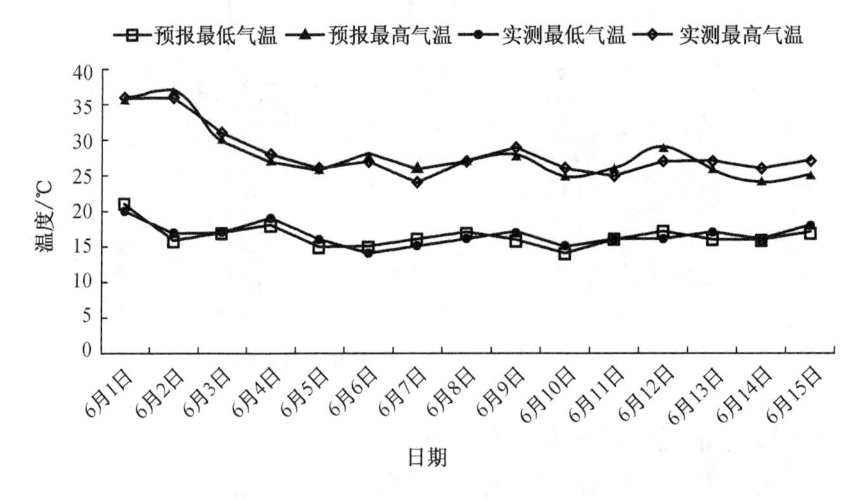

图 5－17　温度预报值与实测值的拟合曲线

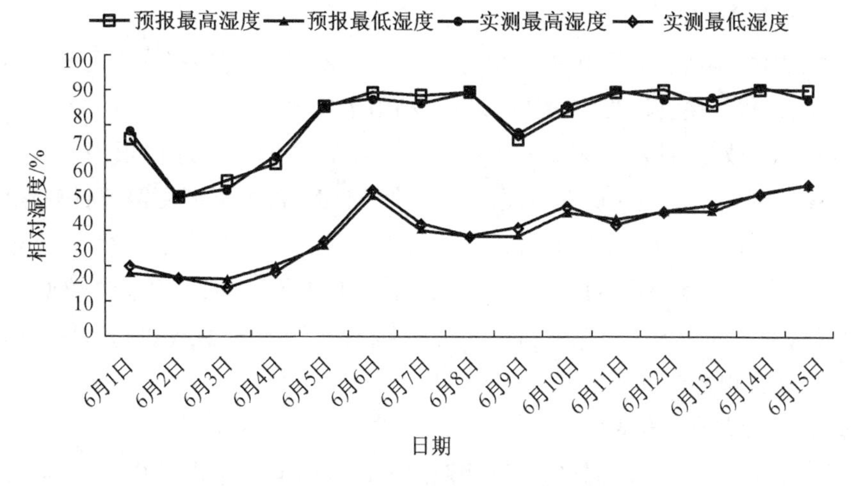

图 5－18　湿度预报值与实测值的拟合曲线

同时，利用公式（5－1）分别对以上温、湿度预报值与实测值之间的平均绝对误差进行计算。通过计算，得出每日最高气温的预报值与实测值之间的平均绝对误差 T_{MAE1} = 1.4 ℃，每日最低气温的预报值与实测值之间的平均绝对误差 T_{MAE2} = 1.2 ℃；每日最高湿度的预报值与实测值之间的平均绝对误差 U_{MAE1} = 1.9%，每日最低湿度的预报值与实测值之间的平均绝对误差 U_{MAE2} = 1.8%，因此未来 3 d 温、湿度预报值与实测值之间存在的误差值处于合理范围内。

综上所述，水稻生长环境未来气象数库中抓取的未来气象预报值与实际测量值之间的误差处于合理的范围内，能够反映未来 24 h 或未来 3 d 内水稻生长环境温、湿度变化的真实情况，可以作为预警系统判断水稻病菌侵染寄主和病害发生的依据。

5.5　水稻病害短期分级预警模型的设计与仿真

本研究通过对水稻病菌侵入和病害发生与气象条件之间的相关性进行分析，总结了影响水稻病菌侵入寄主以及病害大面积流行的主要气象因子为水稻生长环境的温度和空气的相对湿度；结合大量相关文献总结出了对于水稻生长造成严重危害的 13 种主要病害及其致病条件，以文献记载和农业专家经验为依托，根据水稻生长环境的历史数据和未来环境温、湿度的变化对水稻病害发生所产生的影响，建立了多输入单输出的 Mandani 型模糊推理预警模型。

5.5.1　预警模型模糊推理系统的设计

本研究将针对不同种水稻病害适宜发生的气象条件，分别建立模糊推理预警模型，并根据 13 种水稻病害的侵入期和潜育期，利用水稻生长环境的历史及预报气象数据对未来

3 d 内水稻病害的发生情况进行预警。

以稻瘟病为例,对模糊推理预警模型的建立进行研究。根据表 5 - 4 可知,稻瘟病的侵入期为 8 h 左右,预警模型以当前时间为基准,利用水稻生长环境前 5 h 的历史气象数据和后 3 h 的气象预报数据,针对未来 3 h 内该病菌侵染寄主的情况进行预警,并输出预警结果。如果预警结果显示稻瘟病病菌有侵入寄主的可能性,预警模型便需要针对稻瘟病的潜育期进行二次预警,从而进一步对稻瘟病病害可能发生与流行的严重程度进行预警。稻瘟病的潜育期为 4 ~5 d,预警模型以当日时间为基准,利用前 3 d 的历史气象数据和后 2 d 的气象预报数据,针对未来 3 d 内水稻病害可能发生与流行的严重程度进行预警,从而构建一套完整的水稻病害预警体系。

1. 模糊推理系统的语言变量

本研究将水稻生长环境的温度、空气相对湿度以及时间三个因素作为模糊推理预警模型的输入变量,三者分别用 dt、dh 以及 df 表示,模糊语言变量分别采用 DT、DH、DF 表示。将稻瘟病病菌侵入寄主和病害发生与流行的可能性分别设为输出变量 e_i 和 e_o,输出的模糊语言变量分别利用 EI 和 EO 表示。

(1)各变量基值的选取

由于每种水稻病害侵染寄主所需生长环境的最适温、湿度范围不同,且不同病害侵入期和潜育期的时间长短也不同,因此所对应的基值范围也并不完全相同。此处以适宜稻瘟病发生的气象条件为例,通过表 5 - 4 中对于稻瘟病致病条件的总结,适合稻瘟病病菌侵入寄主及病害发生的环境温度为 20 ~32 ℃,空气相对湿度为 90% 以上,病菌的侵入期为 6 ~10 h,潜育期为 4 ~9 d,同时将预警模型的输出端的预警等级分为 1 级、2 级、3 级,由低到高分别代表三种不同严重程度的水稻病害预警等级,其含义分别代表易侵染(发病)、较易侵染(发病)、极易侵染(发病)三个预警级别。

综上所述,可以确定各变量的基准值及其基本论域,将输入变量环境温度 dt 的基准值设为 20 ℃,则其基本论域为[0,12] ℃;空气相对湿度 dh 的基准值设为 90%,其基本论域为[0,10]%;病菌的侵入期 df_1 的基准值设为 6 h,其基本论域为[0,4]h;病害的潜育期 df_2 的基准值设为 4 d,则其基本论域为[0,5]d。

(2)输入变量量化因子的确定

模糊推理系统中的输入变量一般为实测值或基本论域中的清晰值,为了将输入变量由基本论域转化为模糊论域,就需要引进量化因子作为模糊推理系统的输入接口,将输入的清晰量进行放大或缩小的处理,使清晰量能够与语言表述的模糊规则匹配,也是模糊推理系统进行近似推理的前提基础。量化因子一般用字母“k”进行表示,各输入变量模糊论域的元素值与基本论域元素值之间的比值即为量化因子的值。

$$k = \frac{n}{[0,x]} \tag{5-2}$$

式中,$[0,x]$表示输入变量的基本论域,字母 n 表示该输入变量模糊论域的等级数。

根据稻瘟病病菌侵入以及病害发生的气象条件,分别对各输入变量的模糊论域进行设置。分别设定输入变量 dt 的模糊论域 $DT = \{0,1,\cdots,5\}$,变量 dh 的模糊论域 $DH = \{0,1\}$,

变量 df_1 的模糊论域 $DF_{\mathrm{I}}=\{0,1\}$，变量 df_2 的模糊论域 $DF_{\mathrm{II}}=\{0,1\}$。利用公式(5-2)能够计算得到输入量环境温度、空气相对湿度、病菌侵入期和病害潜育期的量化因子 k_{dt}、k_{dh}、k_{df_1} 以及 k_{df_2} 的值分别为

$$k_{dt}=\frac{5}{12}=0.42$$

$$k_{dh}=\frac{1}{10}=0.1$$

$$k_{df_1}=\frac{1}{4}=0.25$$

$$k_{df_2}=\frac{1}{5}=0.2$$

(3)隶属函数类型的确定

为了满足模糊推理过程中的实际工作需要，使模型的计算和处理更加简便，通常需要选择常用的解析函数形式作为模糊推理过程中输入量和输出量模糊子集的隶属函数。由于模糊子集隶属函数的选择没有固定的模式与规则，且选取不同的隶属函数对模糊推理系统运算结果的影响远小于论域上各 F 子集的分布以及相邻子集重叠交叉对运算结果产生的影响，因此考虑到运算简便、性能熟悉等因素，通常结合实际情况从三角形、梯形、钟形、高斯型这几种隶属函数中进行选取，以下为这四种基本隶属函数的解析表达式，其中 a、b、c、d 和 σ 均为确定各函数形态的重要参数。

①三角形

$$f(x)=\begin{cases}0 & x\leqslant a\\ \dfrac{x-a}{b-a} & a<x\leqslant b\\ \dfrac{c-x}{c-b} & b<x\leqslant c\\ 0 & x>c\end{cases}\tag{5-3}$$

其中，参数 a、c 用于确定函数的宽度，b 用于确定函数的高度。

②梯形

$$f(x)=\begin{cases}0 & x\leqslant a\\ \dfrac{x-a}{b-a} & a<x\leqslant b\\ 1 & b<x\leqslant c\\ \dfrac{d-x}{d-c} & c<x\leqslant d\\ 0 & x>d\end{cases}\tag{5-4}$$

其中，参数 a、d 用于确定函数的宽度，b、c 用于确定函数的高度。

③钟形

$$f(x)=\frac{1}{1+\left|\dfrac{x-c}{a}\right|^{2b}}\tag{5-5}$$

其中,参数 c 用于确定函数的中心位置,a、b 用于确定函数的形状。

④ 高斯型

$$f(x) = e^{-\frac{(x-c)^2}{2\sigma^2}} \tag{5-6}$$

其中,参数 c 用于确定函数的中心位置,σ 用于确定函数曲线的宽度。

通过结合各变量的实际情况对以上几种类型的隶属函数进行对比,本研究选取三角形隶属函数作为环境温度、空气相对湿度、病菌侵入期和病害潜育期四个输入量的模糊化隶属函数。三角形隶属函数具有简化计算、结构清晰、灵敏度和运行效率高的特点,且三角形隶的属函数均由直线构成,对于各类参数的动作区分十分明显。

2. 模糊推理系统语言模糊化

在模糊推理系统运算的过程中,为了将各变量输入的清晰值与语言表述的模糊推理规则相适配,需要把清晰值转换为模糊量,即模糊子集,这种将输入的清晰值映射到模糊子集及其隶属函数的变换过程,即称为模糊推理系统语言的模糊化。本研究将模糊推理系统的输入端语言变量 DT 划分为 5 个模糊语言值,并分别通过以下字母表示各模糊子集 $\{TL, TM, TN, TO, TP\}$,各子集分别表示的模糊量为水稻生长环境的温度“低,较低,中,较高,高”;将语言变量 DH 划分为 3 个模糊语言值 $\{HL, HM, HN\}$,各子集分别表示的模糊量为水稻生长环境的空气相对湿度“较高,高,极高”;将语言变量 DF_{I} 划分为 3 个模糊语言值 $\{FL, FM, FN\}$,各子集分别表示的模糊量为适宜病菌侵入的气象条件的持续时间“较长,长,极长”;将语言变量 DF_{II} 划分为 3 个模糊语言值 $\{FO, FP, FQ\}$,各子集分别表示的模糊量为适宜水稻发病的气象条件的持续时间“较长,长,极长”。

在确定各模糊子集的数量后,需要合理地设计模糊子集在模糊论域上的分布方式和情况,覆盖整个论域的 F 子集分布方式需要具备以下三个基本特性:

①完备性:论域上任意一个元素至少需要与一个 F 子集相对应;

②一致性:论域上任意一元素不得同时是两个 F 子集的核;

③交互性:论域上任何一个元素不能仅属于一个 F 子集合。

与此同时,当两个 F 子集的隶属函数交叉时,通常其交叉点的隶属度值在 0.3 ~ 0.6 之间的效果最佳,这样既能够保证模糊推理系统具有较为适宜的灵敏度,又能够确保其具备良好的稳定性和模糊性。因此,在模糊推理系统变量模糊子集分布的设计过程中,通常需要尽量减小一个模糊子集的中心“核”元素属于相邻模糊子集的隶属度,其隶属度值最好接近于零。

(1)输入变量模糊子集的分布

通过上述研究,本研究选取了三角形隶属函数作为所有输入变量的模糊化隶属函数。根据模糊论域上 F 子集分布的基本特性以及三角形隶属函数的表达公式,能够确定输入变量 dt、dh、df_1 和 df_2 的模糊论域上各模糊子集的分布方式和情况,其隶属函数分别用 $F(dt)$、$F(dh)$、$F(df_1)$ 和 $F(df_2)$ 进行表示,隶属函数图分别如图 5-19 中(a)(b)(c)(d)所示。

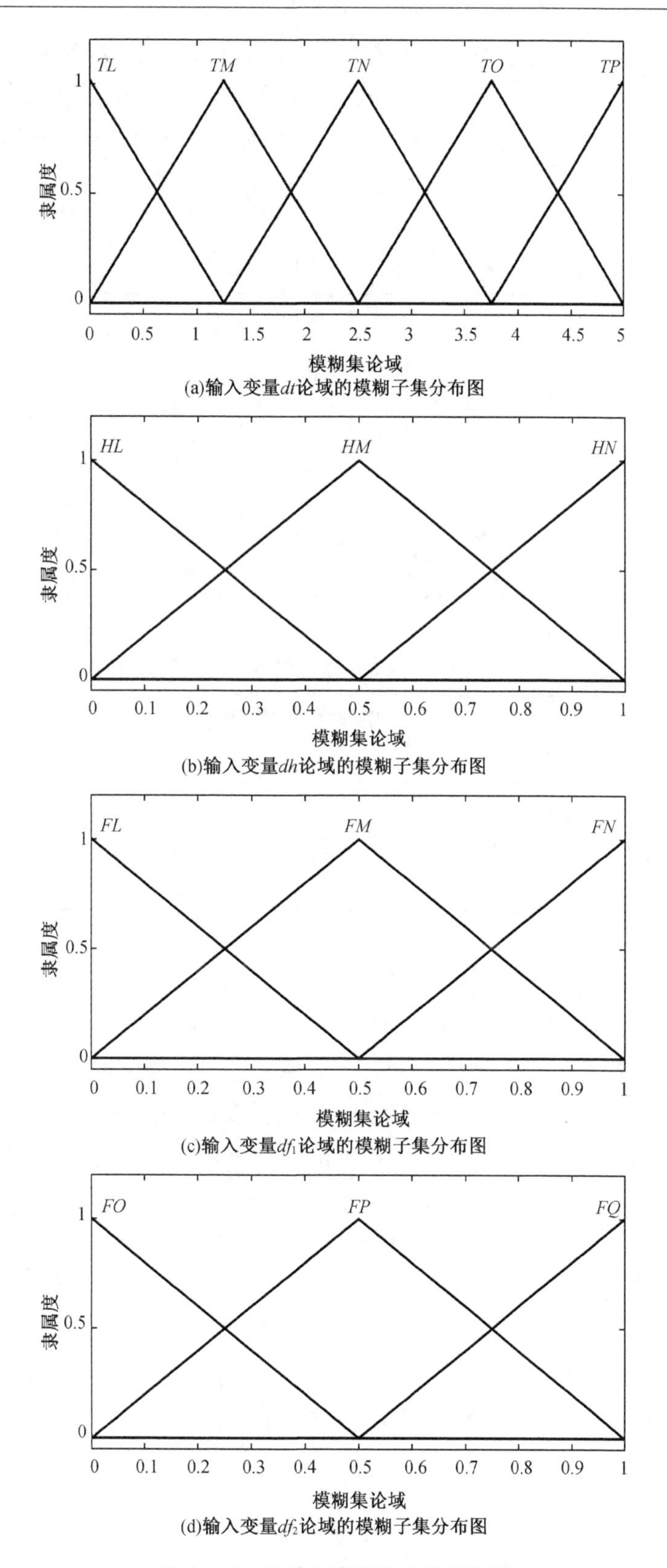

(a)输入变量dt论域的模糊子集分布图

(b)输入变量dh论域的模糊子集分布图

(c)输入变量df_1论域的模糊子集分布图

(d)输入变量df_2论域的模糊子集分布图

图 5－19　各输入变量的隶属函数图

根据上述各输入变量论域的模糊子集分布情况，可以分别获取到环境温度、空气相对湿度、侵入时间和潜育时间四个输入变量隶属函数的隶属度赋值情况，其中温度的隶属函数赋值情况如表5－8所示，相对湿度、侵入时间以及潜育时间的隶属函数赋值情况如表5－9所示。

表5－8　环境温度隶属函数赋值表

输入语言变量	模糊论域 *DT*					
	0	1	2	3	4	5
TL	1	0.2	0	0	0	0
TM	0	0.8	0.4	0	0	0
TN	0	0	0.6	0.6	0	0
TO	0	0	0	0.4	0.8	0
TP	0	0	0	0	0.2	1

表5－9　相对湿度、侵入时间以及潜育时间隶属函数赋值表

输入语言变量	模糊论域 $DH/DF_{\mathrm{I}}/DF_{\mathrm{II}}$					
	0	0.2	0.4	0.6	0.8	1
HL/FL/FO	1	0.6	0.2	0	0	0
HM/FM/FP	0	0.4	0.8	0.8	0.4	0
HN/FN/FQ	0	0	0	0.2	0.6	1

（2）输出变量模糊子集的分布

预警模型模糊推理系统的输出变量用 e_i 和 e_o 进行表示，二者分别为稻瘟病病菌侵入寄主的预警级别和病害发生与流行的预警级别，其模糊语言变量分别用 *EI* 和 *EO* 进行表示。根据前文可知，预警模型输出端的预警等级分为1级、2级、3级，其对应的输出量分别存在于(0,1]、(1,2]、(2,3]三个区间，故将变量 e_i 的基准值设为0，则其基本论域为[0,3]，设 e_i 的模糊论域 $EI=\{0,1\}$，并将语言变量 *EI* 划分为3个模糊语言值$\{IL,IM,IN\}$，各子集分别表示稻瘟病病菌侵入寄主的可能性“高，较高，极高”；同理，将变量 e_o 的基准值设为0，其基本论域为[0,3]，设 e_o 的模糊论域 $EO=\{0,1\}$，同时将语言变量 *EO* 划分为3个模糊语言值$\{OL,OM,ON\}$，各子集分别表示稻瘟病病害发生与流行的可能性“高，较高，极高”。根据公式(4.1)分别确定输出量的量化因子 $k_{e_i}=k_{e_o}=0.33$，输出变量 e_i 和 e_o 的隶属函数分别用 $F(e_i)$ 和 $F(e_o)$ 进行表示，二者在模糊论域上各模糊子集的分布方式分别如图5－20(a)和图5－20(b)所示。

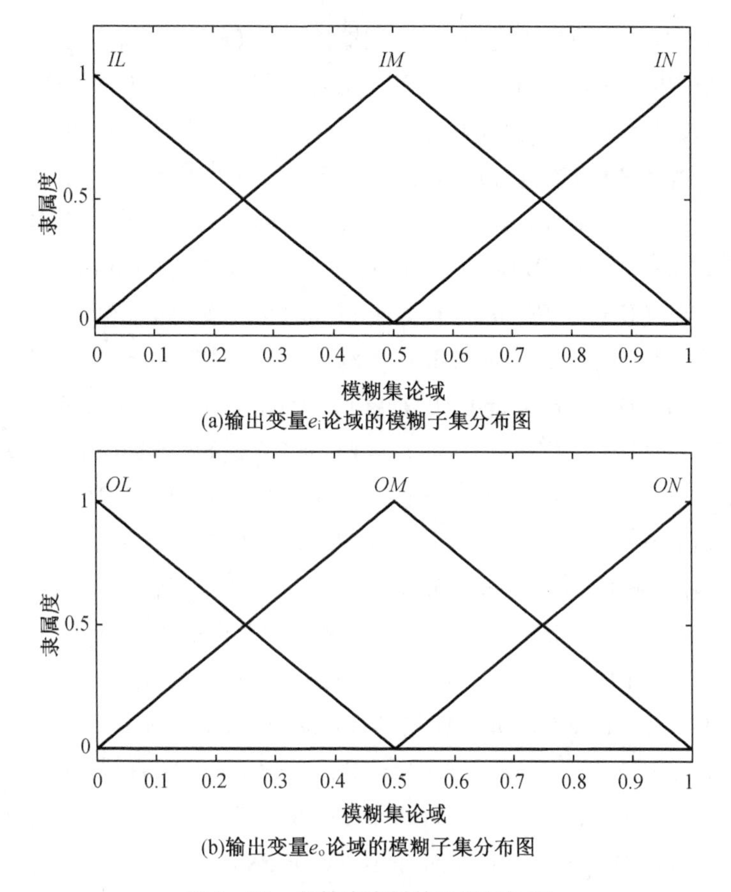

(a)输出变量e_i论域的模糊子集分布图

(b)输出变量e_o论域的模糊子集分布图

图 5－20　各输出变量的隶属函数图

根据各输出变量模糊子集的分布情况，可以分别确定稻瘟病病菌侵入寄主的预警等级以及病害发生与流行的预警等级两个输出变量隶属函数的隶属度赋值情况，具体赋值情况如表 5－10 所示。

表 5－10　输出变量 e_i 和 e_o 隶属函数赋值表

输入语言变量	模糊论域 *EI/EO*					
	0	0.2	0.4	0.6	0.8	1
IL/OL	1	0.6	0.2	0	0	0
IM/OM	0	0.4	0.8	0.8	0.4	0
IN/ON	0	0	0	0.2	0.6	1

3. 模糊推理语言规则的设计

模糊推理语言规则是预警模型输出水稻病害预警等级的核心内容，其内容组成包涵了一系列的模糊条件语句，形式由众多的模糊蕴含关系“if... then...”所构成。本系统是基于 Mamdani 型的多输入单输出模糊推理系统，推理规则是通过输入量与输出量之间多重组和并根据文献查阅和专家经验的归纳总结所形成的，其结构为“If A and B and C, then F(or

U)”,表达涵义为“若条件满足 A 且 B 且 C,则输出结果 F(或 U)”。

本研究将水稻生长的环境温度、空气相对湿度以及适宜环境下病菌侵入时间和潜育时间作为模糊推理预警系统主要的影响因素,根据查阅文献以及专家经验所获取的水稻稻瘟病致病条件,总结出了 90 条模糊推理语言规则,部分规则如下所示:

If(DT is TL)and(DH is HL)and(DFⅠ is FL or FM or FN)then(EI is IL)

If(DT is TL)and(DH is HM)and(DFⅠ is FL or FM or FN)then(EI is IL)

If(DT is TL)and(DH is HN)and(DFⅠ is FL or FM or FN)then(EI is IL)

If(DT is TP)and(DH is HL)and(DFⅠ is FL or FM or FN)then(EI is IL)

If(DT is TP)and(DH is HM)and(DFⅠ is FL or FM or FN)then(EI is IL)

If(DT is TP)and(DH is HN)and(DFⅠ is FL or FM or FN)then(EI is IL)

If(DT is TN)and(DH is HL)and(DFⅠ is FL or FM)then(EI is IM)

If(DT is TN)and(DH is HL)and(DFⅠ is FN)then(EI is IN)

If(DT is TN)and(DH is HM)and(DFⅠ is FL)then(EI is IM)

If(DT is TN)and(DH is HM)and(DFⅠ is FM or FN)then(EI is IN)

If(DT is TN)and(DH is HN)and(DFⅠ is FL or FM or FN)then(EI is IN)

If(DT is TM)and(DH is HL)and(DFⅠ is FL or FM or FN)then(EI is IL)

If(DT is TO)and(DH is HL)and(DFⅠ is FL or FM or FN)then(EI is IL)

If(DT is TM)and(DH is HM)and(DFⅠ is FL)then(EI is IL)

If(DT is TM)and(DH is HM)and(DFⅠ is FM or FN)then(EI is IM)

If(DT is TO)and(DH is HM)and(DFⅠ is FL)then(EI is IL)

If(DT is TO)and(DH is HM)and(DFⅠ is FM or FN)then(EI is IM)

If(DT is TM)and(DH is HN)and(DFⅠ is FL or FM or FN)then(EI is IM)

If(DT is TO)and(DH is HN)and(DFⅠ is FL or FM or FN)then(EI is IM)

通过上述一系列的模糊规则,可以将各变量的不同模糊论域进行组合并体现出相应的关系表达,每一条模糊推理语言规则都代表着在水稻生长的某一段时间内不同的环境条件下水稻病菌侵入寄主或病害发生的预警等级。

4.模糊推理系统的解模糊化

模糊推理系统通过一系列模糊推理规则的决策运算后,输出结果是代表着输出量模糊论域中的某一模糊集合,为了便于预警系统在开发应用过程中直观清晰地反映出水稻病害预警等级,需将模糊集合映射到一个具有代表性的清晰数值上,这种选取某模糊集合中的一个清晰数值来代表整个模糊集合的方法通常称为模糊集合的“解模糊化”或“清晰化”。

解模糊化的方法一般包括面积重心法、面积平分法、最大隶属度法三种,选取不同的方法所得的清晰化结果也有所不同。由于面积平分法在模糊推理系统清晰化的过程中具有直观合理、计算简洁的特点,故本研究选取了面积平分法进行解模糊化,其计算公式为

$$\int_{a}^{u_{bis}} A(u)\mathrm{d}u = \int_{u_{bis}}^{b} A(u)\mathrm{d}u = \frac{1}{2}\int_{a}^{b} A(u)\mathrm{d}u \tag{5-7}$$

通过公式(5-7)能够得出解模糊化后的清晰值,根据所得清晰值利用输出变量的量化

因子计算得出预警模型的输出量，从而对应到相应的预警等级作为预警模型最终的输出结果。模糊推理预警模型的预警结果查询表中水稻病菌侵染寄主的预警结果查询表如表 5－11 所示，水稻病害发生与流行的预警结果查询表如表 5－12 所示。

表 5－11　水稻病菌侵染寄主的预警结果查询表

模糊论域		模糊论域 DT					
DH	DF_{I}	0	1	2	3	4	5
0	0	0	0	0	0	0	0
	1	0	0	0	0	0	0
	2	0	0	0	0	0	0
	3	0	0	0	0	0	0
1	0	0	0	0	0	0	0
	1	0	1	1	2	1	1
	2	0	1	1	2	1	1
	3	0	1	1	3	1	1
2	0	0	0	0	0	0	0
	1	0	1	1	2	1	1
	2	0	1	2	3	2	1
	3	0	1	2	3	2	1
3	0	0	0	0	0	0	0
	1	0	1	2	3	2	1
	2	0	1	2	3	2	1
	3	0	1	2	3	2	1

表 5－12　水稻病害发生与流行的预警结果查询表

模糊论域		模糊论域 DT					
DH	DF_{II}	0	1	2	3	4	5
0	0	0	0	0	0	0	0
	1	0	0	0	0	0	0
	2	0	0	0	0	0	0
	3	0	0	0	0	0	0
1	0	0	0	0	0	0	0
	1	0	1	1	2	1	1
	2	0	1	1	2	1	1
	3	0	1	1	3	1	1

表 5-12(续)

模糊论域		模糊论域 *DT*					
DH	DF_{II}	0	1	2	3	4	5
2	0	0	0	0	0	0	0
	1	0	1	1	2	1	1
	2	0	1	2	3	2	1
	3	0	1	2	3	2	1
3	0	0	0	0	0	0	0
	1	0	1	2	3	2	1
	2	0	1	2	3	2	1
	3	0	1	2	3	2	1

5.5.2 预警模型的建立与仿真

Matlab 是一款以强大数值计算能力见长的数学软件,具有丰富的算法开发、数值运算、数据处理、建模仿真等一系列可视化与智能化的人机交互功能,在各类系统设计与仿真领域得到了广泛的应用。本研究选取了 Matlab R2014a 对预警模型进行建立与仿真,其中可视化的模糊逻辑工具箱(Fuzzy Logic Toolbox)为预警系统的数学模型转化为仿真模型提供了可靠的途径,Simulink 仿真工具箱为预警系统模糊推理模型的仿真与分析提供了直观有效的交互仿真环境。

1. 模糊推理系统的编辑

为了简洁、直观地对系统的预警模型进行仿真建立和观察分析,利用 Matlab 模糊逻辑工具箱的 GUI 界面对预警模型的模糊推理系统(Fuzzy Inference System)进行仿真,其功能主要包括:模糊推理系统编辑器、隶属函数编辑器、模糊规则编辑器以及模糊规则观测窗和输出量的曲面观测窗,能够较为理想地实现模型仿真,准确直观地观察并分析仿真结果。

首先,根据上文对模糊推理系统数学模型的设计,通过模糊推理系统编辑器(FIS Editor)构建出仿真模型的基本框架,创建输入端的隶属函数 *DT*、*DH*、DF_{I}和 DF_{II}分别代表水稻生长的环境温度、空气相对湿度、侵入时间和潜育时间四个输入变量,创建输出端的隶属函数 *EI* 和 *EO* 分别代表水稻病菌侵入寄主的预警等级和水稻病害发生与流行的预警等级。

隶属函数创建完成后,需要通过变量区“Current Variable”对各语言变量的基本属性进行设置,完成仿真模型框架的整体构建。隶属函数创建完成后的 FIS 编辑器界面如图 5-21 所示。

仿真模型的整体框架构建完成后,利用 GUI 界面中的隶属函数编辑器(Membership Function Editor)对各变量所述的隶属函数中的模糊论域进行赋值,并对模糊集的分布等参数进行设置。以输入变量 *DT* 为例,在 *FIS* 编辑器界面中双击隶属函数 *DT*,进入隶属函数编辑器界面,输入变量 *DT* 所属隶属函数的模糊论域,通过 Edit 菜单中“Add MFs”选项选择三角形隶属函数添加到模糊论域中,并分别对各模糊子集的名称和分布情况进行设置,隶属函数编辑完成后的编辑器界面如图 5-22 所示。

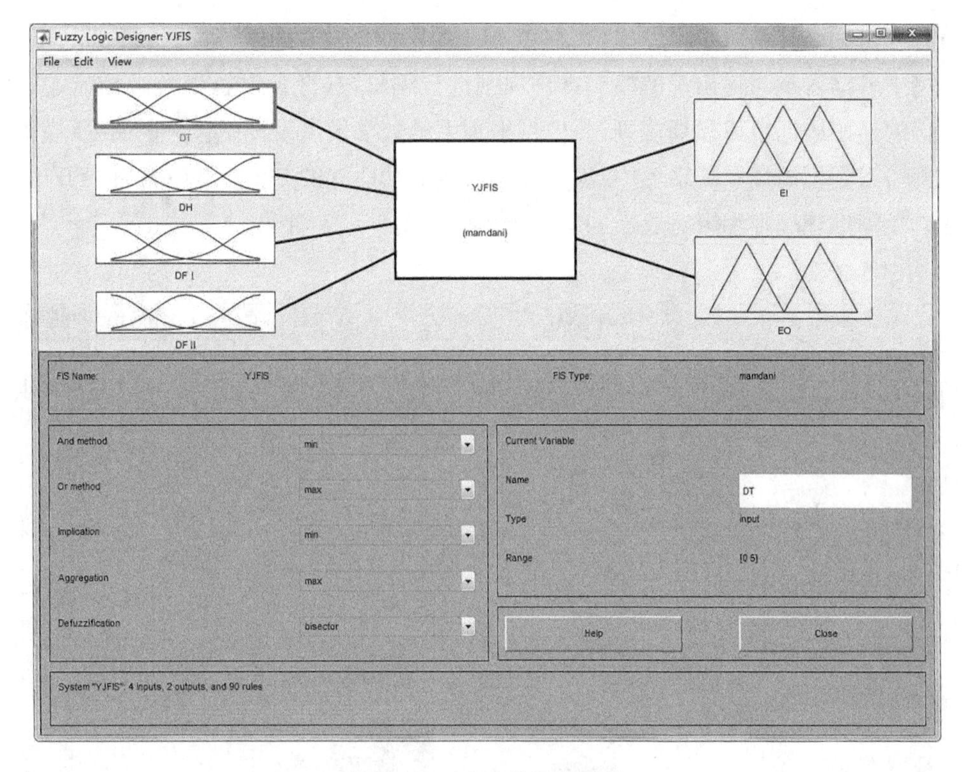

图 5－21　FIS 编辑器界面

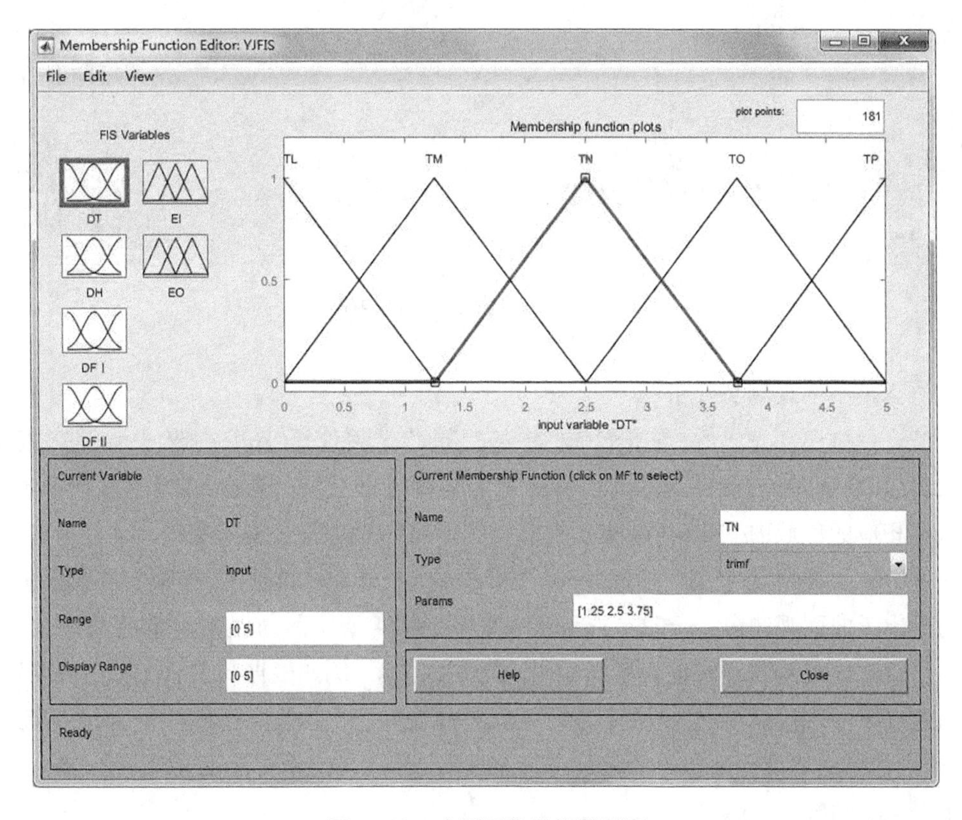

图 5－22　隶属函数编辑器界面

将各变量的隶属函数编辑完成后,利用 GUI 界面中的模糊规则编辑器(Rule Editor)对仿真模型中各输入量与输出量的模糊推理规则进行编辑,选择各隶属函数中相应的模糊子集和正确的连接语词组成模糊规则,将模糊推理系统数学模型设计中包含的 90 条模糊推理规则全部写入到模糊规则编辑器中,编辑完成后将成功建立的 FIS 模型命名为“YJFIS”并进行保存。模糊推理规则编辑完成后的编辑器界面如图 5 – 23 所示。

图 5 – 23　模糊规则编辑器界面

2. 仿真模型的观测与分析

将仿真模型建立完成后,点击菜单栏中的“View”选项选择“Rules”选项卡,进入模糊规则观测窗(Rule Viewer)能够观测到仿真模型的模糊推理过程,观测结果表明,当各输入变量的值在相应的论域内变化时,模型预警等级的输出结果均符合模糊逻辑。

通过 GUI 编辑界面中菜单栏的“View”选项选择“Surface”选项卡,能够获取到模糊推理系统的输出量曲面观测窗(Surface Viewer),如图 5 – 24 所示。通过输出量的曲面观测窗,能够清晰直观地观测到不同输入量与输出量之间的关系,例如根据图 5 – 24 可以观测到,颜色由深蓝逐渐变化至浅黄代表预警等级由低向高变化,当水稻生长的环境温度趋近于适中,即达到稻瘟病病菌侵染寄主的最佳环境温度时,若空气的相对湿度越大,稻株受到稻瘟病病菌侵染的预警等级越高。

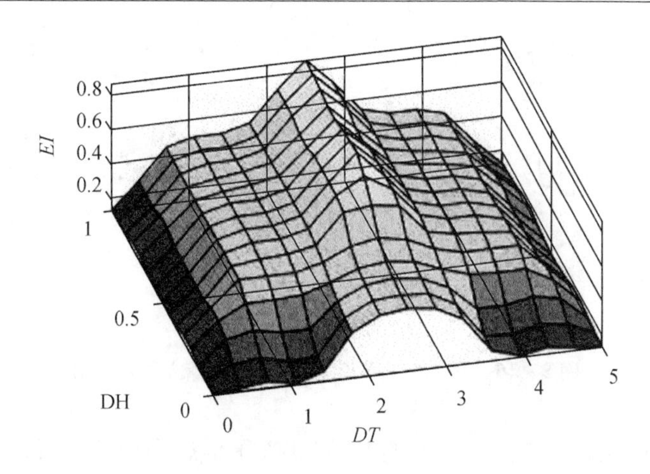

图 5－24　FIS 输出量曲面观插图

3. Simulink 仿真

Simulink 是 Matlab 中的一种可视化仿真工具，它的人机交互性强、仿真流程精细清晰，被广泛地应用于工程建模与仿真等领域。利用 Matlab 中的 Simulink 工具对成功建立后的模糊推理预警模型进行了仿真与分析，通过信号源、增益模块、模糊逻辑控制器、显示器等模块组成了完整的仿真结构图。根据前文模糊推理系统数学模型的设计，利用“readfis”指令将“YJFIS”成功嵌入到模糊逻辑控制器中，同时对各模块的参数进行设置，编辑各输入量、基值以及量化因子的值。仿真结构建立成功后，点击运行模块便能够实现 Simulink 对预警模型的仿真，最后通过 Scope 显示窗实现仿真结果的观察与分析。稻瘟病病菌侵入寄主的预警仿真连接图如图 5－25 所示，病害发生与流行的预警仿真连接图如图 5－26 所示，其输出分别代表水稻病菌侵入寄主的预警等级以及病害发生与流行的预警等级。

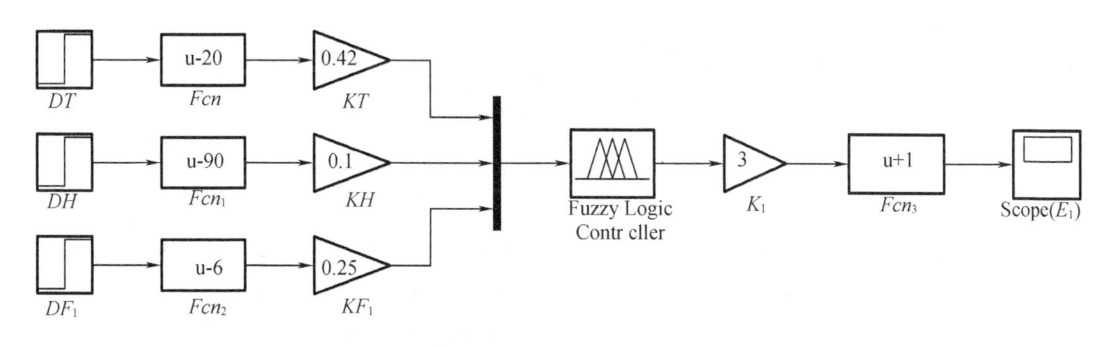

图 5－25　稻瘟病菌侵入寄主的预警仿真连接图

4. 仿真结果与分析

根据上文对预警模型模糊推理系统的设计，分别将预警模型仿真系统中各阶跃信号的初始值设定为各输入变量的基准值，其中温度为 20 ℃，环境相对湿度为 90%，侵入时间为 6 h，潜育时间为 4 d。阶跃信号在仿真开始时越升至设定值，阶跃响应时间设定为 5 s。

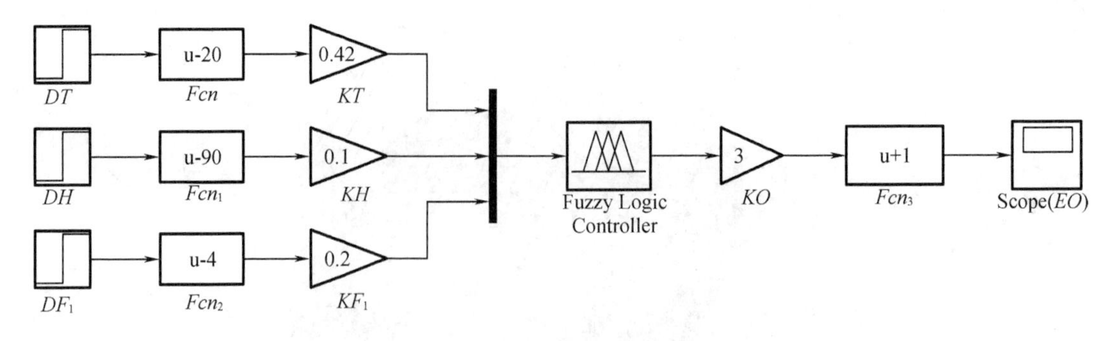

图 5-26 稻瘟病害发生与流行的预警仿真连接图

在一定范围内,随着水稻生长环境的温、湿度趋于稻瘟病病菌繁育及侵染的最适条件,以及在该气象条件下病菌持续侵入时间的不断增加,稻瘟病病菌侵染水稻的可能性就越大,稻瘟病病菌侵入寄主的预警级别随之升高。当预警系统仿真的环境参数分别设定为:温度 26 ℃,环境相对湿度 95%,侵入时间 8 h。得出预警模型的输出量由初始值 1.5 阶跃到 2.6,则其对应稻瘟病病菌侵入寄主的预警等级为 3 级,预警系统仿真效果图如图 5-27 所示。根据运行结果可以得出,仿真结果符合水稻病菌侵染寄主的实际规律。

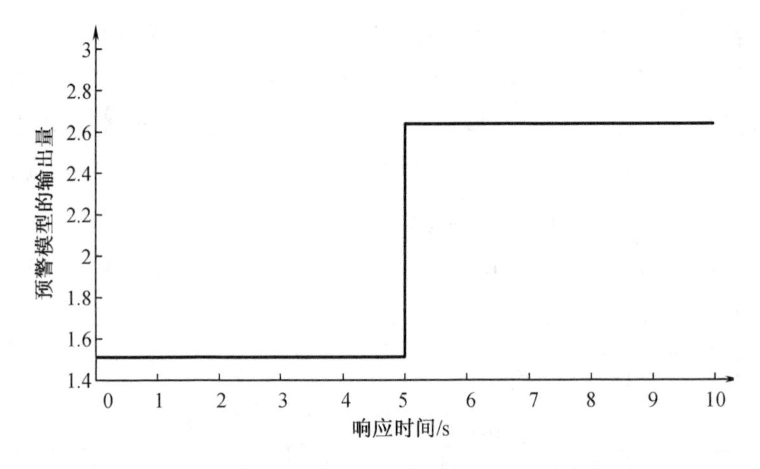

图 5-27 稻瘟病病菌侵入寄主的预警仿真效果图

在稻瘟病病菌侵入寄主的情况下,随着水稻生长环境的温、湿度趋于稻瘟病病害流行与发生的最适条件,以及在该气象条件下病菌在寄主内部持续繁育时间的不断增加,稻瘟病发生与流行的可能性就越大,稻瘟病发生与流行的预警级别随之升高。当预警系统仿真的环境参数分别设定为:温度 26 ℃,环境相对湿度 95%,潜育时间 7 d。得出预警模型的输出量由初始值 1.5 阶跃到 2.8,则其对应稻瘟病发生与流行的预警等级为 3 级,预警系统仿真效果图如图 5-28 所示。根据运行结果可以得出,仿真结果符合水稻病害发生与流行的实际规律。

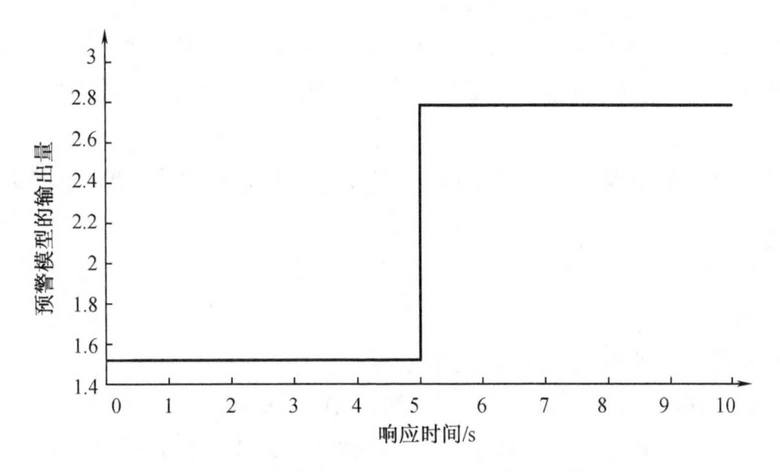

图 5－28　稻瘟病发生与流行的预警仿真效果图

5.6　水稻病害短期分级预警系统的开发与应用

上文通过对气象数据获取和预警模型构建的方法进行研究,使预警系统的开发具备了可靠的数据基础和算法支撑。为了进一步满足用户的实际需求,使农业工作者及时有效地获取到各类水稻病害的预警信息及防治指导,本研究对水稻病害短期分级预警系统的客户端进行了设计与开发,并针对预警系统客户端的整体功能、体系结构与实现方法进行了研究与阐述。

5.6.1　预警系统开发的相关技术

1. Object Pascal

Object Pascal 是一种高级编译语言,也是 Delphi 开发所使用的核心语言,它在 Pascal 语言的基础上得到发展,继承了 Pascal 语言严谨的语法和丰富的数据结构,同时融入了面向对象编程的语法要素,使其成为一种功能完善的面向对象的编程语言。该语言的主要特性有以下几点:

(1)具有强类型的特性,对于数据类型的检查十分严谨,可以实现结构化和面向对象编程。

(2)操作语句简洁灵活、易读性强,可以实现系统开发过程中的快速编译。

(3)具有丰富完备的数据类型,可以合理有效地利用存储空间。

(4)运行速度快、效率高,可以方便地用于描述各种算法与数据结构。

(5)语法严谨、层次分明,具有较强的纠错能力。

2. MySQL

MySQL 作为一种操作简洁、适用性强的数据库管理系统,是在应用系统的开发与应用方面使用较为广泛的数据库服务器之一。MySQL 使用的 SQL 语言是进行数据库操作时通用的标准化语言，可以与 Delphi 构成优秀的应用系统开发环境，MySQL 的特点与优势有以下几点：

(1)MySQL 是为服务器端设计的数据库，可以承受高并发访问，使得系统数据的访问与使用方便快捷。

(2)MySQL 是一种拥有优质性能并且使用相对容易的关系型数据管理系统，具有较高的运行速度与灵活性。

(3)MySQL 是一个多用户、多线程的服务器。

(4)MySQL 是开源的，大部分用户在使用 MySQL 数据库时都是免费的。

(5)MySQL 采用了 GPL 协议，用户可以通过修改源码来开发自己的 MySQL 系统。

基于上述 MySQL 数据库优势，本研究选择使用 MySQL 作为水稻病害短期分级预警系统客户端的数据库。

5.6.2 预警系统的整体功能与体系结构

为了使预警模型的研究能够有效地应用于生产实践当中，本研究针对水稻病害短期分级预警系统的客户端进行了软件开发与应用。预警系统的客户端利用 Delphi7 进行开发，主要通过调用云服务器和 Python 前端中的数据库实现了对系统预警所需气象数据的获取，Delphi 结合气象数据并利用模糊推理动态预警模型的数学方法计算出预警结果，最后通过 MySQL 数据库实现预警结果的存储与查询，使用户足不出户就能够获取到有效的水稻病害防治工作指导。除此之外，该系统还实现了气象数据的动态显示以及查询与导出功能，可以使用户随时了解水稻生长环境的气象情况；根据系统的工作原理和客户端的开发理论，设计出了水稻病害短期分级预警系统的两个功能模块以及各模块分别所需实现的功能。预警系统客户端开发的体系结构划分如图 5－29 所示。

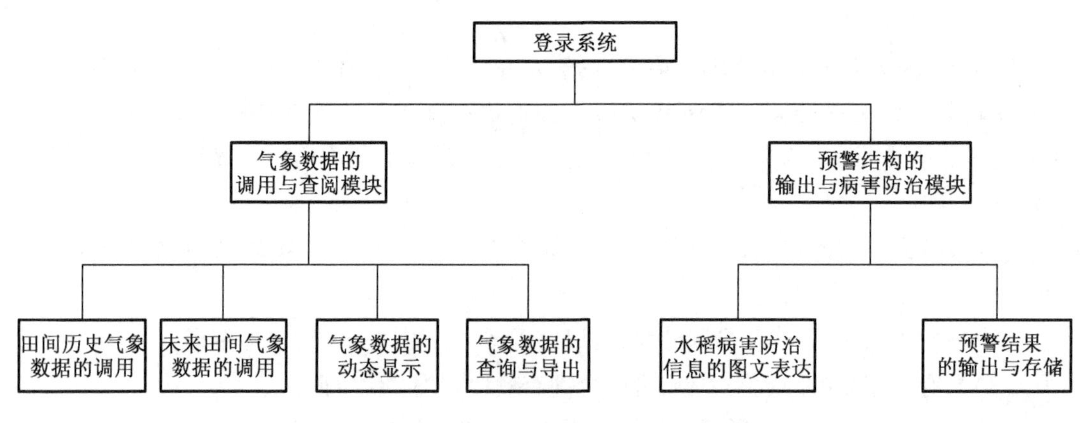

图 5－29　预警系统客户端开发的体系结构

5.6.3　气象数据获取功能的实现

1. 气象数据调用功能的实现

(1)水稻生长环境实时与历史气象数据的调用

为了使预警系统能够及时稳定地获取到水稻生长环境的田间实时与历史气象数据,客户端采用了 Socket 通信的方式对云服务器中所采集的气象数据进行调用,利用 Socket 通信多线程传输的特性,保证了所获数据的完整性和时效性。

在气象数据调用功能实现的过程中,通信部分主要利用了 ClientSocket 和 SeverSocket 这两个组件,ClientSocket 作为客户端套接字负责主动向服务器请求数据并建立通信连接,SeverSocket 作为服务器端套接字负责监听并被动响应客户端的连接请求。首先,需要对 ClientSocket 和 SeverSocket 的属性进行设置,将两者 Port 属性设置为相同的通信端口(此处将 Port 定义为 8080),并分别将 ClientType 和 SeverType 设置为 stNonBlocking,实现异步读写信息。然后在 ClientSocket 中设置云服务器的 IP 地址,最后通过客户端与云服务器的 Socket 通信连接程序就可以实现预警系统对所需气象数据的调用。服务器与客户端进行 Socket 通信的界面如图 5－30 所示。

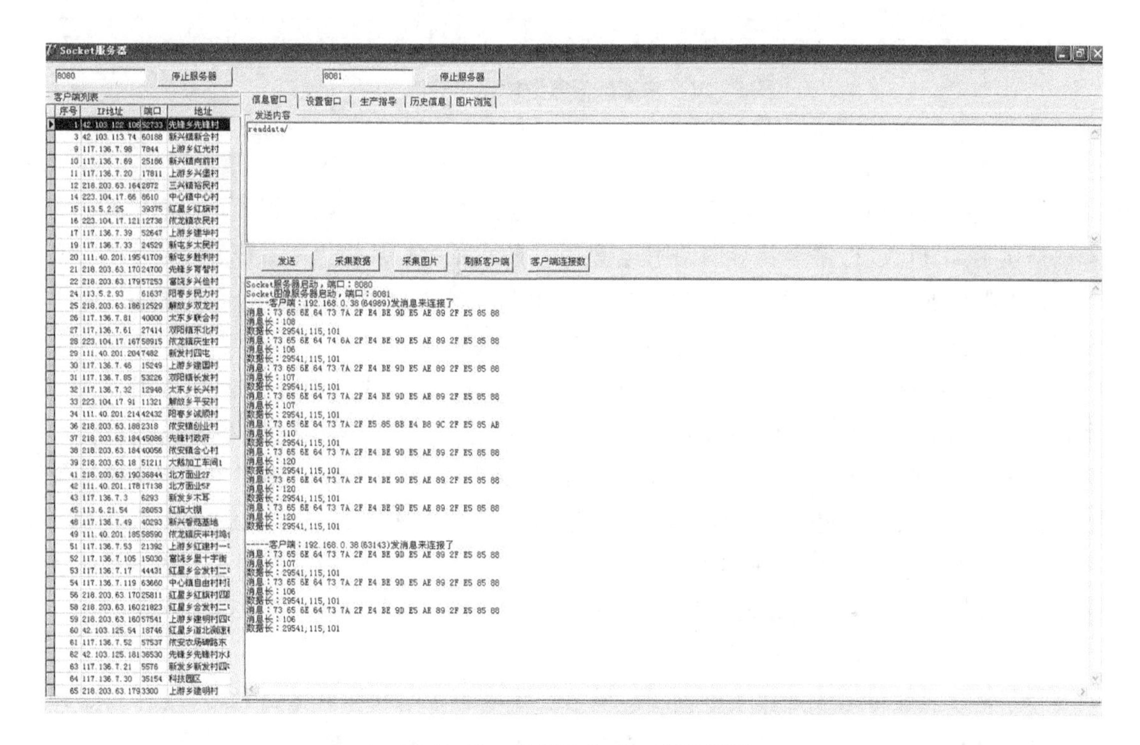

图 5－30　服务器 Socket 通信界面

(2)水稻生长环境未来气象数据库的调用

在气象数据获取功能模块开发的过程中,客户端通过对 Python 前端数据库的调用,成功获取到了预警系统所需的未来田间气象数据。利用 SQL 语句建立客户端与数据库之间的连接,并通过 Parameters. ParamByName( )获取特定时间内所需的气象数据的值,实现客户端对未来田间气象数据的调用。客户端对未来田间气象数据库的调用方法如图 5－31 所示。

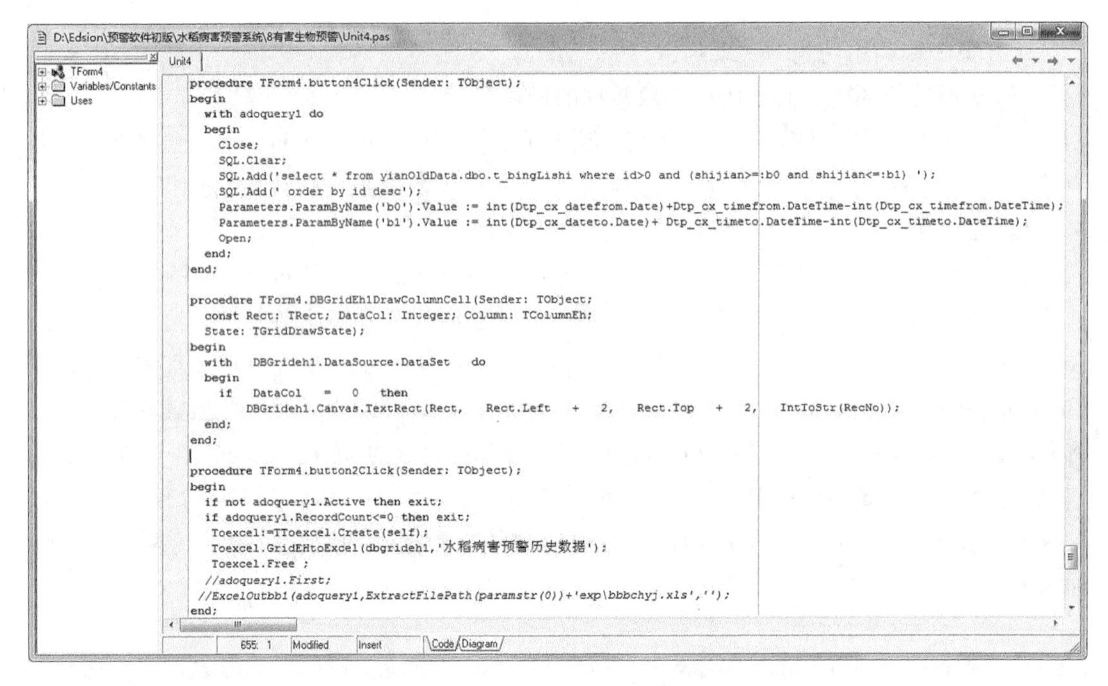

图 5－31　未来田间气象数据库的调用

2. 气象数据的动态显示

气象数据的动态显示模块包括逐日气象数据显示和逐小时气象数据显示，其中逐日气象数据显示部分可以根据当前日期调用连续 10 d 的水稻生长环境气象数据，包括当日气象数据在内的前 6 d 和后 3 d 的田间气象数据，逐小时气象数据显示部分可以调用包括当前时间在内的前 5 h 及后 4 h 的田间气象数据进行显示。

在气象数据显示的过程中，客户端向服务器发送 edit1. text 数据查询指令，服务器在接收到指令后，对 edit1. text 中代码显示的类型进行分析并查找所需数据，最后将数据传输给客户端，客户端接收到数据后将信息反馈给服务器，从而实现了系统客户端对田间实时与历史气象数据的获取。在未来田间气象数据的获取方面，客户端利用 ADOConnection 和 DataSource 控件对数据库进行连接，并利用 ADOQuery 控件对数据库进行查询，实现客户端对水稻生长环境未来气象数据库的调用。预警系统客户端的气象数据动态显示界面如图 5－32 所示。

3. 气象数据的查询与导出

为了便于农业专家或工作人员查阅水稻生长环境的田间气象数据，预警系统客户端开发了气象数据的查询与导出功能。该功能模块集成了时间选取、间隔时间设置、数据类型选取、数据查询与导出这一系列功能，用户可以根据自己的需求查阅任意时间段内水稻生长的环境数据和气象数据，并可以通过时间间隔设置来决定每条所查数据之间的时间间隔。除此之外，该功能模块还为用户提供了数据导出功能，能够将数据以 Excel 的格式导出，方便用户对数据的下载和进一步分析。气象数据的查询与导出界面如图 5－33 所示。

Form1

气象数据动态显示　　2018-06-01 09:10:20

逐日气象数据显示

日期(d):	2018-05-26	2018-05-27	2018-05-28	2018-05-29	2018-05-30	2018-05-31	2018-06-01	2018-06-02	2018-06-03	2018-06-04
最高温度(℃):	23	15	21	21	26	33	37	38	30	28
最低温度(℃):	10	11	9	12	11	15	20	21	20	18
平均温度(℃):	17	13	15	17	19	24	29	30	25	23
最高湿度(%):	83	89	88	89	90	86	72	50	56	62
最低湿度(%):	29	60	41	48	39	17	10	15	20	18
平均湿度(%):	56	75	65	69	65	52	41	34	38	40

逐小时气象数据显示

时间(t):	4:00	5:00	6:00	7:00	8:00	9:00	10:00	11:00	12:00	13:00
温度(℃):	20	22	24	27	28	31	33	34	35	37
湿度(%):	70	64	58	48	37	30	27	25	20	18

气象数据查询　　病害预警　　返回

图 5－32　气象数据的动态显示界面

开始时间: 2018-05-01　00:00:00　截止时间: 2018-06-01　00:00:00　时间间隔: 1440　分钟　查询　导出EXECEL

土温(5cm)　环境湿度　露点温度　地表温度　风　速
土温(10cm)　叶面湿度　环境温度　土壤热通量　风　向
土温(15cm)　土壤湿度　蒸发　降水量　平均风速2″
土温(20cm)　热通量累计　蒸发量累计　降雨量累计　平均风速10″

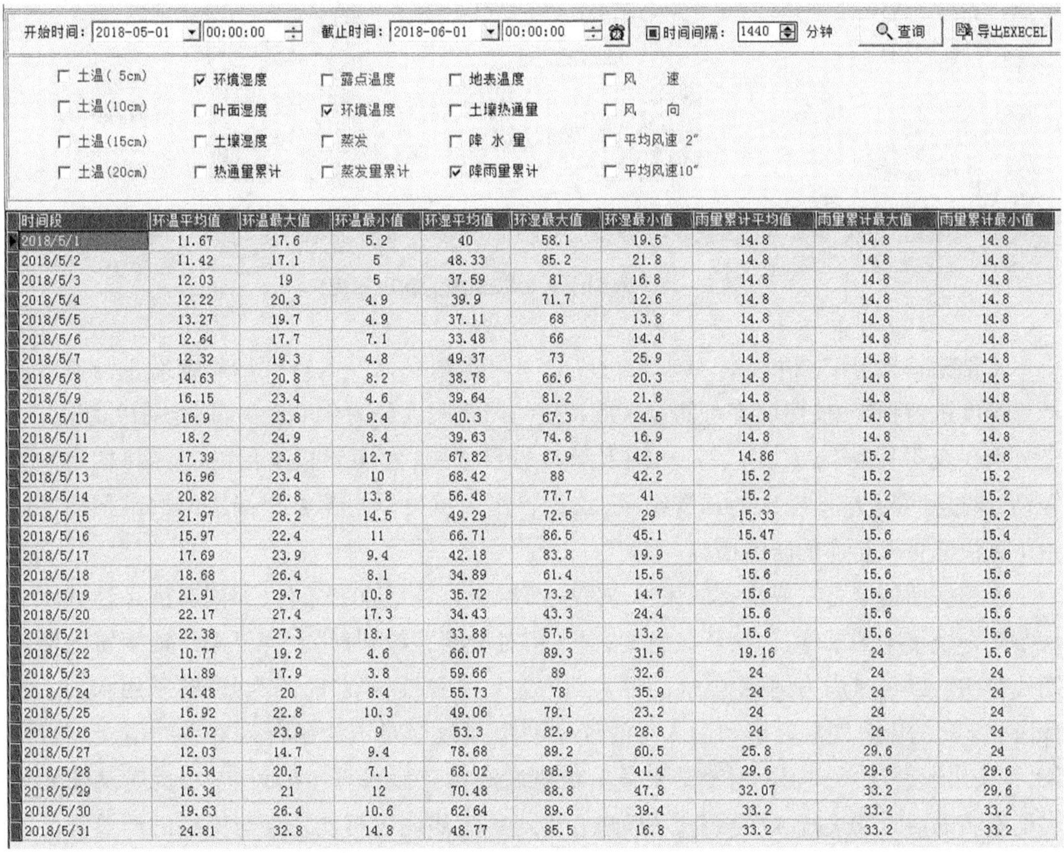

时间段	环温平均值	环温最大值	环温最小值	环湿平均值	环湿最大值	环湿最小值	雨量累计平均值	雨量累计最大值	雨量累计最小值
2018/5/1	11.67	17.6	5.2	40	58.1	19.5	14.8	14.8	14.8
2018/5/2	11.42	17.1	5	48.33	85.2	21.8	14.8	14.8	14.8
2018/5/3	12.03	19	5	37.59	81	16.8	14.8	14.8	14.8
2018/5/4	12.22	20.3	4.9	39.9	71.7	12.6	14.8	14.8	14.8
2018/5/5	13.27	19.7	4.9	37.11	68	13.8	14.8	14.8	14.8
2018/5/6	12.64	17.7	7.1	33.48	66	14.4	14.8	14.8	14.8
2018/5/7	12.32	19.3	4.8	49.37	73	25.9	14.8	14.8	14.8
2018/5/8	14.63	20.8	8.2	38.78	66.6	20.3	14.8	14.8	14.8
2018/5/9	16.15	23.4	4.6	39.64	81.2	21.8	14.8	14.8	14.8
2018/5/10	16.9	23.8	9.4	40.3	67.3	24.5	14.8	14.8	14.8
2018/5/11	18.2	24.9	8.4	39.63	74.8	16.9	14.8	14.8	14.8
2018/5/12	17.39	23.8	12.7	67.82	87.9	42.8	14.86	15.2	14.8
2018/5/13	16.96	23.4	10	68.42	88	42.2	15.2	15.2	15.2
2018/5/14	20.82	26.8	13.8	56.48	77.7	41	15.2	15.2	15.2
2018/5/15	21.97	28.2	14.5	49.29	72.5	29	15.33	15.4	15.2
2018/5/16	15.97	22.4	11	66.71	86.5	45.1	15.47	15.6	15.4
2018/5/17	17.69	23.9	9.4	42.18	83.8	19.9	15.6	15.6	15.6
2018/5/18	18.68	26.4	8.1	34.89	61.4	15.5	15.6	15.6	15.6
2018/5/19	21.91	29.7	10.8	35.72	73.2	14.7	15.6	15.6	15.6
2018/5/20	22.17	27.4	17.3	34.43	43.3	24.4	15.6	15.6	15.6
2018/5/21	22.38	27.3	18.1	33.88	57.5	13.2	15.6	15.6	15.6
2018/5/22	10.77	19.2	4.6	66.07	89.3	31.5	19.16	24	15.6
2018/5/23	11.89	17.9	3.8	59.66	89	32.6	24	24	24
2018/5/24	14.48	20	8.4	55.73	78	35.9	24	24	24
2018/5/25	16.92	22.8	10.3	49.06	79.1	23.2	24	24	24
2018/5/26	16.72	23.9	9	53.3	82.9	28.8	24	24	24
2018/5/27	12.03	14.7	9.4	78.68	89.2	60.5	25.8	29.6	24
2018/5/28	15.34	20.7	7.1	68.02	88.9	41.4	29.6	29.6	29.6
2018/5/29	16.34	21	12	70.48	88.8	47.8	32.07	33.2	29.6
2018/5/30	19.63	26.4	10.6	62.64	89.6	39.4	33.2	33.2	33.2
2018/5/31	24.81	32.8	14.8	48.77	85.5	16.8	33.2	33.2	33.2

图 5－33　气象数据的查询与导出界面

5.6.4 短期分级预警功能的实现

1. 水稻病害预警结果的输出

水稻病害预警结果输出模块主要实现了各水稻病害发病条件显示、预警结果输出，以及预警信息查询与存储功能，使用户能够及时地获取到各水稻病害的预警等级，从而根据预警等级采取有效的防治措施。水稻病害预警结果的输出界面如图 5－34 所示。

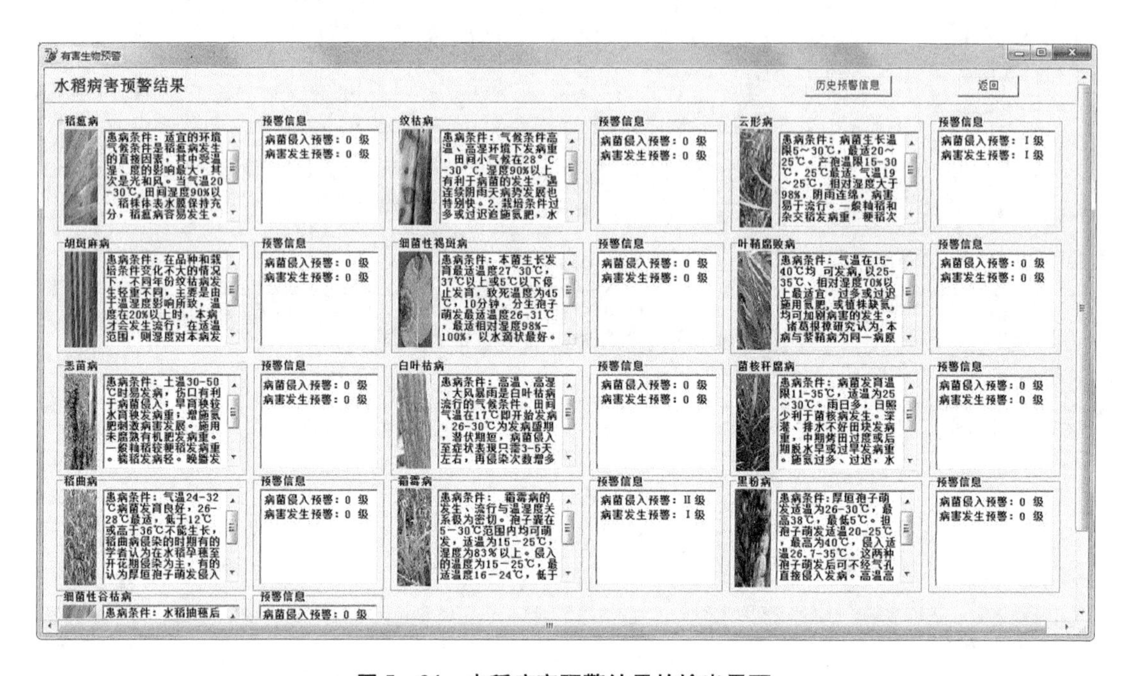

图 5－34　水稻病害预警结果的输出界面

水稻病害预警结果主要针对未来一段时间内水稻病菌侵入寄主和病害发生与流行的严重程度进行预警，按照病害可能侵入或发生的严重程度分为 0，1，2，3 四个预警等级，其含义分别代表不易侵染（发病）、易侵染（发病）、较易侵染（发病）、极易侵染（发病）四个预警级别，通过预警系统所输出的预警结果，农业工作人员可以根据客户端给出的水稻病害防治信息快速采取相应的防治措施。

水稻病菌侵染寄主或病害的流行与发生都需要具备适宜的条件，即同时满足适宜水稻病菌繁育及侵染的条件，包括环境温度、空气相对湿度，以及时间上需要满足该病害的侵入期或育期。以稻瘟病为例，稻瘟病的侵入期为 8 h 左右，以当前时间为基准，利用水稻生长环境前 5 h 的历史气象数据和后 3 h 的气象网预报数据对该病菌侵入寄主的情况进行预警，并输出预警结果。如果预警结果显示稻瘟病病菌有侵入寄主的可能性，此时就需要针对稻瘟病的潜育期进行二次预警，从而进一步对稻瘟病病害可能发生与流行的严重程度进行预警。稻瘟病的潜育期为 4 ~ 5 d，以当日时间为基准，利用前 3 d 以及后 2 d 的气象数据对未来 3 d 内水稻病害可能发生与流行的严重程度进行预警，从而使农业工作者快速掌握水稻病害预警情况，并及时做出防治措施。预警结果计算的具体方法已经在前文水稻病害

预警模型的设计与仿真处详细阐述,此处不再复述

2. 水稻病害防治信息的图文表达

为了使农业工作者在获取水稻病害预警结果的同时,能够第一时间了解各类水稻病害的详细信息和防治方法,预警系统客户端开发了水稻病害防治信息的图文表达功能。当用户双击水稻病害预警界面中的病害图像时便可打开该功能模块,其功能主要包括对 13 种主要水稻病害的名称、发病图像、病原菌图像、发病条件、发病症状以及防治方法进行编辑与查阅,农业工作者可以通过该功能及时地查阅到所需的病害信息及防治方法,提高了水稻病害防治的工作效率。水稻病害防治信息的图文表达界面如图 5－35 所示。

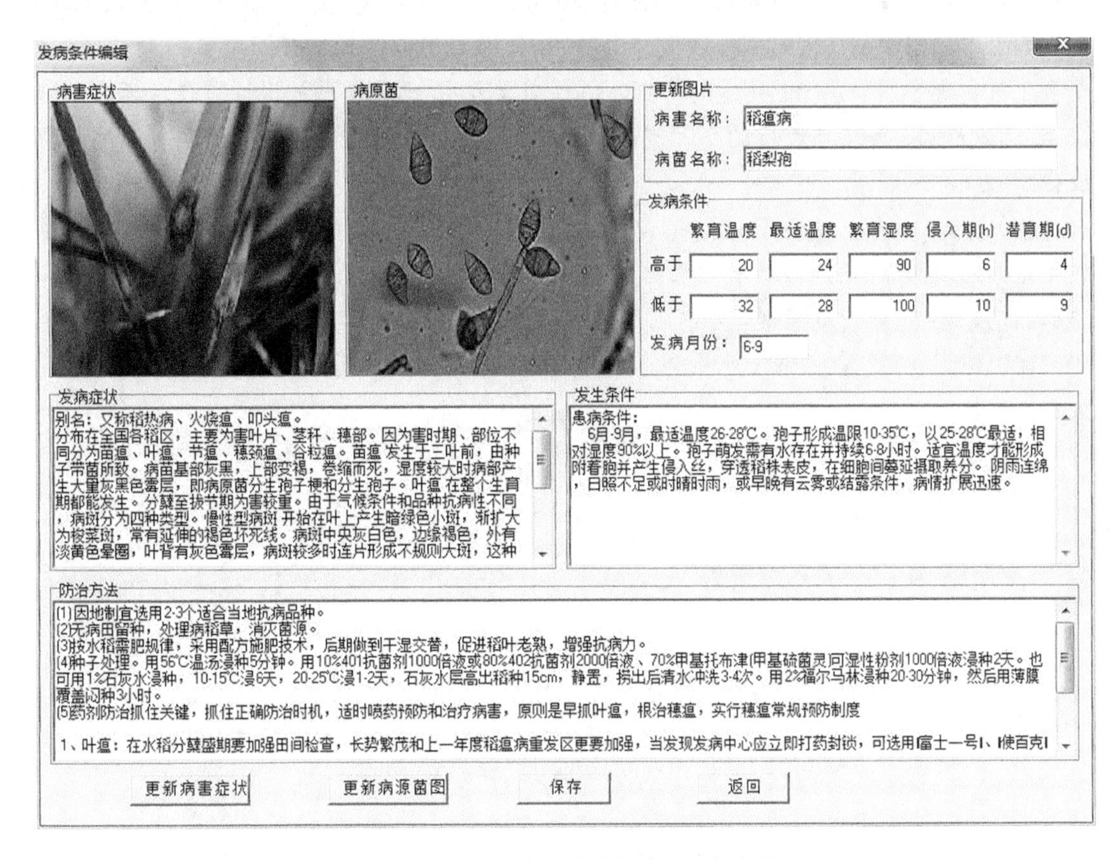

图 5－35　水稻病害防治信息的图文表达界面

本章以小气候环境下水稻病害的短期分级预警方法为研究对象,结合模糊推理算法与作物生长环境信息获取等相关技术,研究了一种基于气象条件的水稻病害短期分级预警系统;通过对水稻发病与气象条件之间关系的理论分析,选取了水稻生长的环境温度、空气的相对湿度等条件作为病害预警的主要气象因子,分别针对 13 种主要水稻病害的侵入期和潜育期,构建了基于 Mamdani 的多输入单输出水稻病害模糊推理动态预测模型,并利用 Delphi 软件实现了基于气象条件的水稻病害短期分级预警应用系统的开发。主要结果如下:

(1)总结了关于水稻病菌侵入寄主和病害发生的主要气象条件。针对模糊推理的典型算法、基本原理和特点进行了阐述与分析,针对气象条件与水稻病害发生的关系进行了总

结,通过对比分析选取水稻生长环境的温度和空气相对湿度作为病害预警的主要气象因子,为后续研究提供了理论基础和依据。

(2)实现了水稻生长环境气象数据的获取及数据库的建立。通过智能农业田间环境采集设备实现了田间实时与历史气象数据的采集,采用 Python 网络数据抓取技术实现了未来气象预报数据的网络定时获取,并利用 MySQL 数据库和 Socket 通信方式构建了完整的数据存储体系和调用方法,为预警系统所获数据的时效性、准确性以及数据传输的稳定性提供了保障。

(3)基于模糊推理算法的数学原理实现了预警模型的设计,完成了模糊推理系统语言变量设计、语言模糊化、模糊推理规则设计、模糊集清晰化的全过程,构建了基于 Mamdani 的多输入单输出水稻病害模糊推理预警模型,并利用 Matlab 的模糊逻辑工具箱和 Simulink 仿真工具实现了预警系统的构建与仿真。仿真结果表明:预警模型的设计符合水稻病菌侵染寄主,以及病害发生与流行的实际规律,能够为预警系统客户端的开发提供可靠的算法支撑。

(4)基于 Delphi + MySQL + Object Pascal 对预警系统进行软件开发和应用试验,实现了气象数据的动态显示、预警结果的输出、历史数据的查询与导出等一系列功能。系统的应用试验结果表明:客户端数据显示清晰准确,运行过程中稳定性与人机交互性较强,预警结果的输出稳定,时效性强,对于水稻病害预警和防治具有积极的指导意义。

第6章　基于人工智能算法的作物图像种类自动识别

随着“互联网+”农业项目的推进，农业园区内设置了大批定点摄像头采集作物图像信息，在此过程中产生了大量无标签作物图像，至今图像数量已达到无法人工目视识别的程度。因此，急需一种有效的方法实现作物图像种类的自动识别。以往的作物识别有采用遥感等技术获取样本进行人工特征提取，如支持向量机等方法。参阅相关研究可知，支持向量机是较好的分类器之一，但适用于小样本；人工观测需要大量劳动力，且识别精度有待提高；遥感采集的范围较广但易受环境影响。随着图像识别技术的发展，利用机器学习的方法进行作物图像识别已逐渐得到了应用。其中，卷积神经网络是目前流行的机器学习算法之一，并在图像识别等领域使用较广。因此，本章采用卷积神经网络算法实现作物种类图像识别。

6.1　作物图像采集及预处理方法研究

6.1.1　基于远程监测点的作物图像采集与选择

本研究作物图像采集地点为黑龙江省齐齐哈尔市依安县、龙江县及讷河市和大庆市杜蒙县的四个作物园区，研究对象为北方特色作物大豆、马铃薯、水稻和玉米多簇图像。其中，作物图像由定点摄像头拍摄，通过远程无线方式传输至信息数据库，处理、分析后存储至云服务器(Elastic Compute Service)。通过获取的IP地址运用FTP Rush软件进行远程传输下载，作物图像的原始分辨率为1 920×1 080和2 560×1 080，图像格式为.jpg，摄像头型号为HIKVISION DS-2CD5A52EF-IZ和DS-2DF7220IW-A。摄像头像素为200万，支持GBK字库、处理灵活、适合逆光环境监控。支持3D数字降噪功能，适应不同监控环境和支持FTP和NTP等服务器测试。共采集大豆、马铃薯、水稻和玉米从幼苗期到完熟期的作物图像13 064张，结合数据增广技术变换得到图像共计18 930张。

FTP Rush是一个在Windows平台运行的高性能客户端，支持SFTP协议和TFTP协议，可以通过内置的脚本功能制作自动化任务。多窗口界面，上传和下载文件的速度比同类客户端快，实时压缩，节省带宽和时间。软件远程传输界面如图6-1所示。

考虑到作物生长在自然环境中，主要以多簇的形式出现，拍摄获取的作物图像都是以多个数量为主。主要的拍摄条件也是以室外自然环境为背景，在自然光照和夜间环境中、远近景、微枯、形态正常或风天，作物图像为正常或成一定角度拍摄。图像的采集时间具体为，依安县：2015—2018年5—9月；讷河市：2016—2017年6—9月；龙江县：2015—2017年5—9月；杜蒙县：2016—2018年5—10月。四类作物的不同形式的部分展示如图6-2

所示。

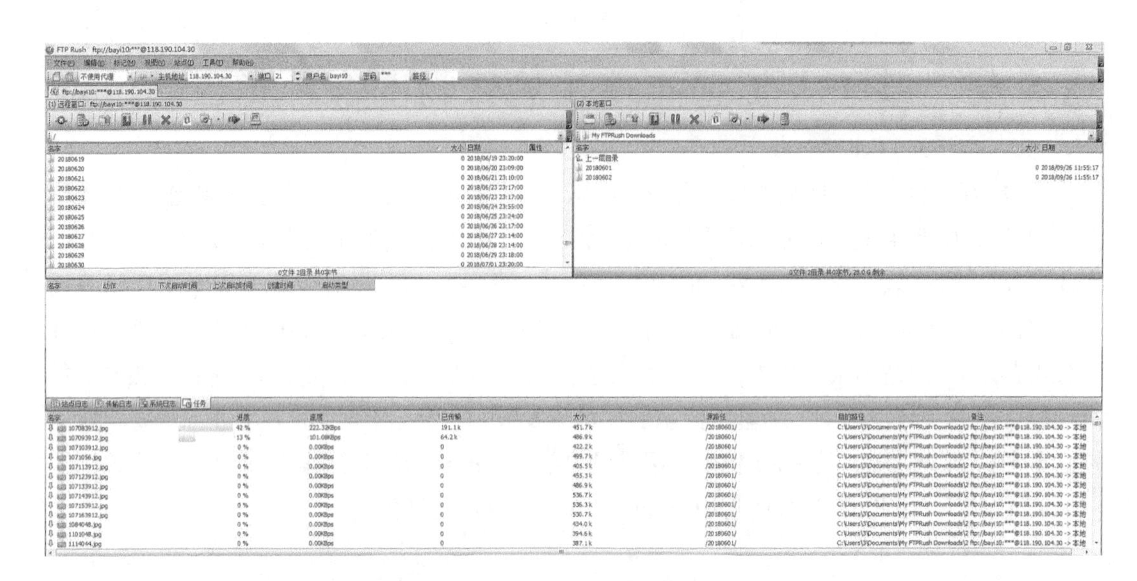

图 6－1　FTP Rush 远程传输界面

(a)大豆图像

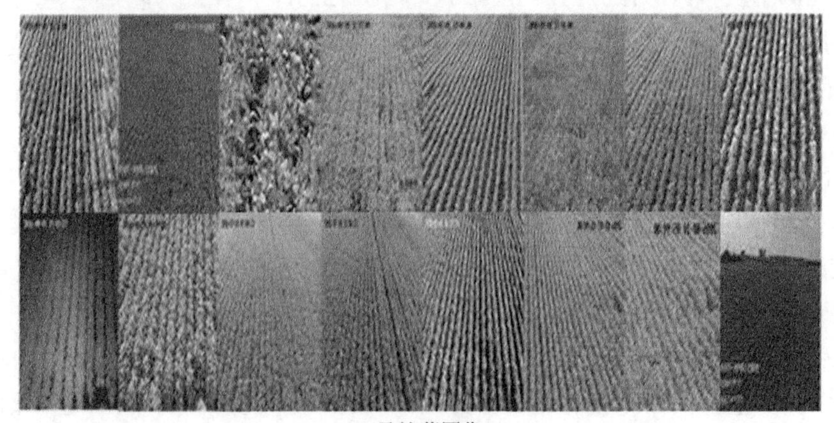

(b)马铃薯图像

图 6－2　四类作物不同形态的部分展示图

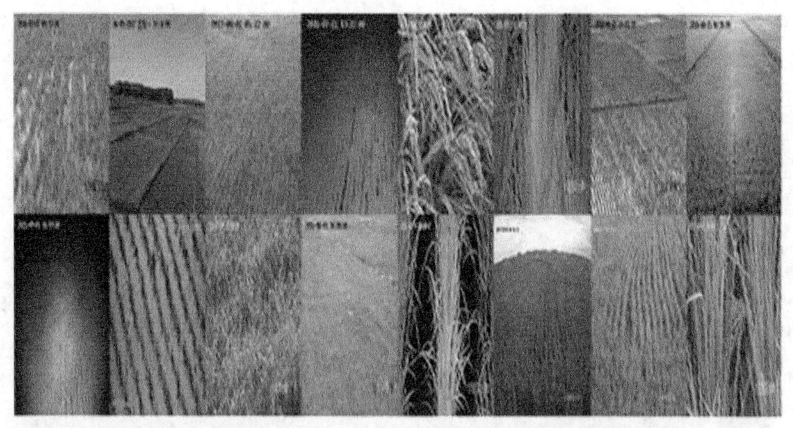

(c)水稻图像

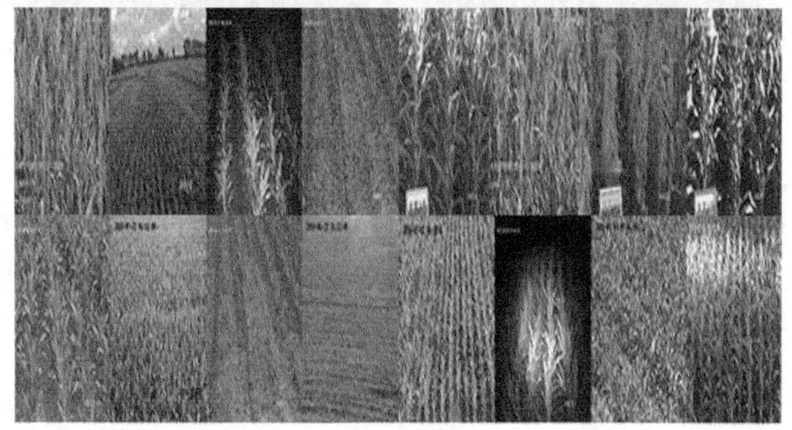

(d)玉米图像

图6-2(续)

6.1.2 研究对象的形态特征

1. 大豆

大豆是一年生草本植物,高30~90 cm。豆的荚果肥大,长圆形,稍弯,下垂,黄绿色,长4~7.5 cm,宽8~15 mm,茎粗壮,直立,或上部近缠绕状。叶通常有3个小叶,托叶宽卵形,渐尖,长3~7 mm,有脉纹,黄色柔毛;叶柄长2~20 cm,幼嫩时散生疏柔毛或有棱并长硬毛;小叶纸质,宽卵形,近圆形或椭圆状披针形,顶生一枚较大,长5~12 cm,宽2.5~8 cm。大豆样本示例如图6-3所示。

2. 马铃薯

马铃薯属茄科,一年生草本植物,地上茎呈菱形,有毛。初生叶为单叶,随着植株的生长,逐渐形成奇数不相等的羽状复叶。小叶常大小相间,长10~20 cm,叶柄长约2.5~5 cm,小叶6~8对,卵形至长圆形,最长可达6 cm,宽达3.2 cm,最小者长宽均不及1 cm。顶端叶片为单生,末端小叶下面横向有4~5对小叶。叶柄花瓣基部的小叶或镰状叶与主茎连接为托叶,可用作物种识别特征。马铃薯样本示例如图6-4所示。

图 6-3 大豆图像样本

图 6-4 马铃薯图像样本

3. 水稻

水稻性喜温湿，50% 的植株心叶展开时为返青期，50% 植株剑叶漏出叶鞘时为孕穗期，50% 水稻吐穗是抽穗期，80% 的稻壳变黄，约 1 m 高时为成熟期。水稻植株叶子细长，宽约 2～2.5 cm。水稻是两性花，花朵相对较小，叶是线形的和披针形的，长约 40 cm，宽约 1 cm。水稻作物部分样本示例如图 6-5 所示。

4. 玉米

玉米是喜温作物，幼苗出土 2～3 厘米为苗期，有 60% 的植株第一茎节露出地面 1～2 cm 为拔节期，60% 的玉米心叶是空心的，如喇叭状为大喇叭期，60% 的玉米雄花抽出 3～5 cm 为抽雄期，有 60% 的玉米花丝露出 2～3 cm 为吐丝期，苞叶变黄松散状态为成熟期。玉米植株茎直立，通常不分枝，高 1～4 m，叶鞘具有横向脉，叶扁平而宽，基部呈圆形和耳形。玉米作物部分样本示例如图 6-6 所示。

图 6-5 水稻图像样本

图 6-6 玉米图像样本

6.1.3 作物图像数据集的建立

本研究获取的大豆、马铃薯、水稻和玉米四类作物图像类型为自然环境下的多簇作物图像，包括自然光照和夜间环境中，远、近景，微枯，形态正常或风天，将获取的图像进行分类建立。四类作物种类图像统一在"Classification and recognition summary of crop varieties image"文件夹下，内含"train""test"两个针对作物种类图像的训练和测试两个子文件夹，将获取的作物图像根据不同作物种类进行文件分类建立，为作物种类识别模型的研究提供前期的图像数据支持。

6.1.4 作物图像数据集的划分

训练集和测试集的选取通常需要遵循互斥的原则，本章对数据集的安排分为训练集和测试集两类。在样本采样方面，有随机采样、等距采样和分层采样等。参照相关文献，将采集的作物图像，根据作物种类进行分类标签后，按照2:1的比例随机划分训练集和测试集图像。为了保证训练集和测试集数据分布的一致性，避免数据划分过程中引入的偏差，本研究采用分层采样和等距采样相结合的采样方法。

先从包含较多图像位置分层和等距采样出一部分测试集，测试集采样后剩余的所有数据被当作训练集。考虑到测试集对模型性能的验证能力，包含数据较少的监测点图像被加入测试集中。在对包含较多监测点图像的采样点，首先根据作物种类不同，将整个数据集划分为4个类别，进行样本分层。然后再从每一个监测点的数据集中按照图像获取的时间先后顺序，依次等距间隔随机抽取一定数量图像，组成一个子测试集。最后将不同监测点的子测试集合成起来，形成最终的测试集，不包括测试集以外的样本则全部作为训练集。每隔5个样本采样一个测试样本，一天中不同时刻获取的图像样本在自然环境等方面的变化与实际情况较接近。因此，按照图像获取的时间先后次序进行等距采样。最终本研究中，小样本数据集由训练集400张和测试集200张组成，总共600张；结合图像增广技术大样本数据集的训练集为12 620张，测试集为6 310张，共计18 930张图像。

6.1.5 作物样本的分类标签

为了便于网络模型程序对图像数据的读取，图像名称进行统一命名，具体如下：

(1)作物种类标签号

作物种类标签号用于对作物叶片的类别进行标签化。其中，数字"1"表示大豆，数字"2"表示马铃薯，数字"3"表示水稻，数字"4"表示玉米。

(2)作物图像序列号

作物图像序列号用于对图像进行标记排序。假定第一类作物大豆第一张作物图像为1(1)以此类推，第二类至第四类作物序列号同理设置。

6.1.6 作物图像预处理方法

在图像识别过程中,输入图像的质量会在一定程度上影响测试结果。预处理可以一定程度消除图像不相关信息,加强可用信息,最大程度使数据简化。

1. 图像增广技术

在图像的深度学习中,为了丰富图像训练集,更好的提取图像特征,防止模型过拟合,一般会对数据图像进行图像增光处理。本研究采用随机剪裁、缩放和水平翻转方式处理图像数据集。

(1)本研究利用 imcrop 函数实现了试验中图像随机部分剪裁。通过程序调用实现相关功能,在 Matlab 中 imcrop 函数的功能主要用于回到图像的某个剪裁区域,通过程序调用实现相关功能。

自动截图调用格式:

I2 = imcrop(I,rect);

X2 = imcrop(X,MAP,rect);

RGB2 = imcrop(RGB,rect);

其中,I、X 和 RGB 分别对应于灰度图像,索引图像和 RGB 图像的数据矩阵,MAP 是索引图像颜色表。I2、X2、RGB2 分别为各自输入矩阵所对应的输出矩阵。

手动截图调用格式:

[Img0,rect] = imcrop (Img);

随机选择一张玉米样本,剪裁示例如图 6-7 所示,其中,图 6-7(a)为玉米原图,图 6-7(b)为剪裁后玉米图像。

(a)玉米图像原图

(b)玉米剪裁后图像

图 6-7 玉米样本剪裁示例

(2)imresize 函数实现获取的作物图像的缩放归一化预处理,使用参数方法指定的插值运算执行图像缩放处理。主要包括三种插值算法,最近邻插值算法(nearest),双线性插值算法(bilinear)和双三次插值算法(bicubic)。其中,bicubic 插值算法实现效果较好,最常用的插值基函数为

$$W(x)=\begin{cases}(a+2)|x|^3-(a+3)|x|^2+1 & for\ |x|\leq 1\\ a|x|^3-5a|x|^2+8a|x|-4a & for\ 1<|x|<2\\ 0 & otherwise\end{cases} \tag{6-1}$$

插值的像素点(x,y)，取其附近的4×4邻域点(xi,yj)，i、$j=0,1,2,3$。插值计算公式为

$$f(x,y)=\sum_{i=0}^{3}\sum_{j=0}^{3}f(x_i,y_j)W(x-x_i)W(y-y_j) \tag{6-2}$$

随机选择一张玉米样本，缩放示例如图6-8所示，其中，左图为玉米原图，右图为缩放后玉米图像。

(a)玉米图像原图

(b)玉米缩放后图像

图6-8　玉米样本缩放示例

2. RGB图像灰度化处理

在RGB空间中定义的颜色图，每个像素的颜色由R、G和B三个分量确定。图像的灰度化使得每个像素点的颜色取值范围降低，不但可以提高图像处理的速度，还可以节约存储空间。灰度化处理是很多图像处理技术的预处理方法之一，在本研究中，运用matlab图像处理函数rgb2gray实现图像灰度化，采用R，G和B分量的加权平均算法。

3. 二值化阈值处理

图像二值化（Image Binarization）是图像处理的基本技术，可以将图像图像结果转换为黑白二值图像，以获得清晰的边缘轮廓。图像的二值化在灰度化的基础上进一步减少了图像的数据量，提高计算速度。其中，分割阈值是图像二值化的重要步骤，基于作物图像特征，本研究选用双峰法实现阈值选取。背景和每个目标在每个图像直方图中形成峰值，并且该区域对应于峰值，并且在峰值之间形成波谷。为了实现两个区域之间的图像分割，可以选择波谷表示的灰度值作为阈值。

图像预处理及样本标签化示例如图6-9所示。

4. 输入图像尺寸的选择

卷积神经网络模型可以直接将原始图像作为网络输入，但为了减少网络运行时间，提高模型识别效率。参阅相关研究可知，针对网络输入图像大小可采用227×227、96×96、32×32等尺寸，图像输入尺寸不固定可根据图像识别需要而定。当输入图像较大尺寸时，网络的权重数量增加。不仅增加计算复杂度，还会提高训练的难度。本研究的作物图像为多

簇带背景图像,较小的输入尺寸可能会造成像素过低,提取特征不全面。因此,本研究AlexNet模型选择原始图像作为网络输入,LeNet－m模型选择96×96大小的图像尺寸。其中,1 920×1 080的原始图像及缩放后96×96大小的图像对比图如图6－10所示。

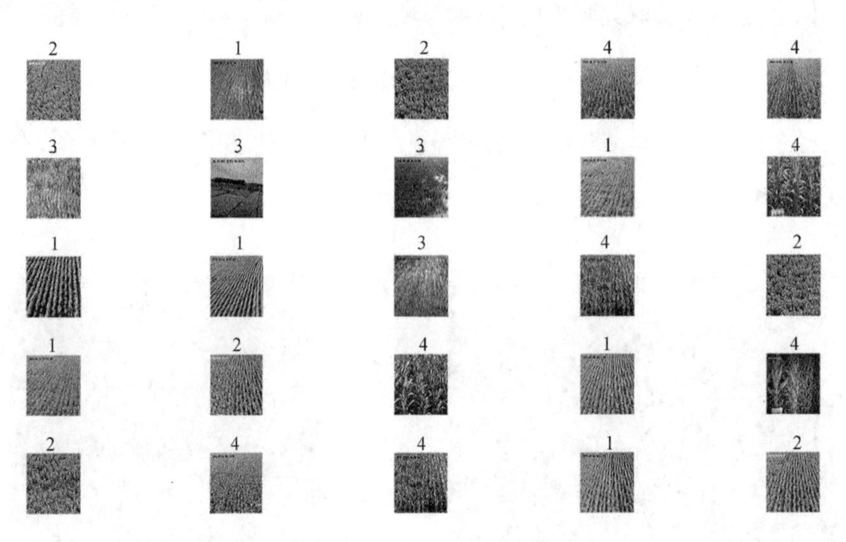

图6－9　图像预处理及样本标签化

图6－10　四类作物的原始图像与缩放后的图像对比

6.2　基于卷积神经网络的作物图像识别模型

6.2.1　作物种类图像识别网络模型

本研究基于卷积神经网络算法设计三种作物种类图像识别方法，以实现四类作物种类图像识别。包括模型迁移学习、AlexNet与PSO算法结合和LeNet－m网络模型的设计。参阅相关研究发现，一般在大样本数据集训练最优模型前会进行小样本数据集的模型试验，测试模型的泛化能力。由于AlexNet网络结构较深，参阅ImageNet视觉识别挑战赛的网络识别结果及相关研究，本研究中的AlexNet模型试验初步选择为5步。

其中，ImageNet数据集对深度学习的发展起了巨大的推动作用。ImageNet数据集具有1 400多万幅图片，ILSVRC使用ImageNet的一个子集，分为1 000种类别。参阅相关资料可知，ImageNet数据集是目前深度学习图像应用较广的一个领域，使用方便。关于图像分类、检测等研究工作大多基于此数据集展开，本研究的AlexNet模型采用ImageNet数据集进行模型预训练。

1. AlexNet深度卷积模型的迁移学习

迁移学习（Transfer Learning）是机器学习中一种在不同任务中重用任务模型的新方法，作为另一个任务模型的起点，节省卷积神经网络训练所需的计算和时间。迁移学习方法的实现主要包括以下几种，如表6－1所示。

表6－1　迁移学习方法对比

序号	迁移方法	内容
1	样本迁移	在源数据域中搜索与目标数据域类似的数据，并对数据的不同实例进行加权和放大，使用该数据重新训练目标数据域任务
2	特征迁移	确定源数据是否与目标数据域的特征空间一致，并查找数据属性之间的共同特征。使用获得的常用功能在不同级别的功能之间进行迁移训练和测试
3	模型迁移	通常与深度学习相结合，将在大规模数据集上培训的网络模型（如Alex Net，GoogLe Net等）迁移到新的目标数据域
4	关系迁移	将事物之间的关系分类为类似事物，将源数据域中的数据之间的关系迁移到目标数据域

通过对比几类迁移学习方法并结合本研究图像特点，本研究选择模型特征迁移的学习方法，通过寻找原数据与目标数据中共有的特征进行小样本数据集试验，修改源数据域训练卷积网络模型，迁移其训练参数和权重，分层迭代优化，并根据经验值和测试条件进行调整。为了提高模型实用性能，本试验方法将通过ImageNet数据集训练完成的AlexNet模型迁移应用到目标数据集重新进行训练，并对最后三层网络进行重新设置。

如图6-11所示,该迁移学习方法首先在相关领域对大规模数据集进行模型预训练。提取预训练模型的参数和图像特征,用于初始化目标域中的新训练过程;然后,通过反向传播算法和学习率的小梯度来调整模型训练过程;最后,输出识别结果由Softmax回归分类器实现。

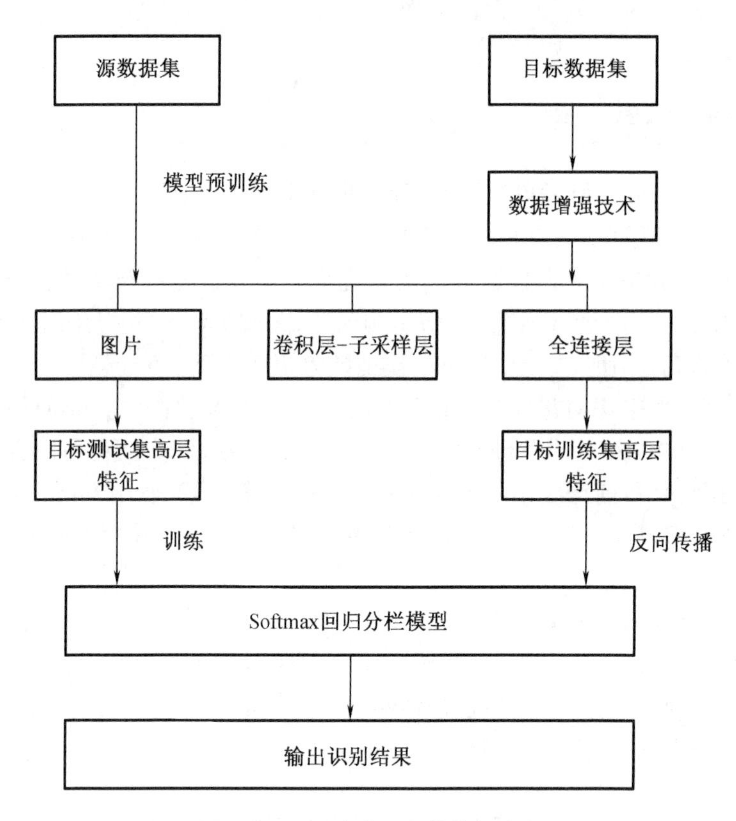

图6-11　迁移学习总体执行流程

基于AlexNet模型迁移学习的作物识别模型网络实现过程如表6-2所示,其中,"conv"表示卷积层,"pool"表示池化层,"norm"表示归一化,"fc"表示全连接层,"drop"表示随机丢弃,"prob"表示概率,"output"表示输出层,"Relu"表示激活函数,"Max Pooling"表示最大采样,"Softmax"表示分类器。

通过小样本数据集和引入的迁移学习方法可以获得现有的经验和图像特征,能够进一步提高卷积神经网络的特征表示能力。实现主要步骤总结如下:

(1)将网络模型的输出层改成适合本研究目标数据的大小。

①提取除了最后三层外的所有网络层。

②提取的层将迁移到新任务,并重置网络的最后三层,包括全连接层,Softmax层和分类输出层。

③根据本研究作物新数据配置新的全连接层参数。

(2)将输出层的权重初始化成随机值,其他网络层的权重保持跟原模型训练好的权重一致。

(3)在目标数据集上进行网络训练。

表 6－2　AlexNet 模型网络实现过程

序号	网络层	网络含义(函数)	参数
1	data	Image Input	227x227x3
2	conv1	Convolution	96 11x11x3
3	Relu1	Relu	
4	norm1	Channel Normalization	5 channels
5	pool1	Max Pooling	3x3 max pooling
6	conv2	Convolution	256 5x5x48
7	Relu2	Relu	
8	norm2	Channel Normalization	5 channels
9	pool2	Max Pooling	3x3 max pooling
10	conv3	Convolution	384 3x3x256
11	Relu3	Relu	
12	conv4	Convolution	384 3x3x192
13	Relu4	Relu	
14	conv5	Convolution	256 3x3x192
15	Relu5	Relu	
16	pool5	Max Pooling	3x3 max pooling
17	fc6	Fully Connected	4096 fully connected layer
18	Relu6	Relu	
19	drop6	Dropout	50% dropout
20	fc7	Fully Connected	4096 fully connected layer
21	Relu7	Relu	
22	drop7	Dropout	50% dropout
23	fc8	Fully Connected	
24	prob	Softmax	
25	output	Classification Output	

2. AlexNet 网络模型与 PSO 算法结合

(1)PSO(Particle Swarm Optimization)优化算法

PSO 算法也称为粒子群优化算法,是一种相对全局的算法,从随机解决方案开始,通过群体个人之间的合作和信息共享找到最优解。由于 PSO 算法具有易于实现和快速收敛的优点,但 PSO 算法局部搜索能力相对较弱,易于陷入局部最优解。参照相关研究发现,卷积神经网络中的 BP 反向传播是基于梯度下降算法实现的,其中,梯度下降本身也是一种局部搜索求解较好的方法,本研究 AlexNet 模型采用的随机梯度下降,训练速度较快,但可能不是全局最优,为了减少各自算法单独使用时可能产生的不足,本研究采用全局 PSO 与 BP 结合的方法进行权值更新,对 PSO 的局部最优解执行梯度下降算法,希望可以得到较好的结果。

PSO 算法初始化为一组随机粒子,通过迭代寻找最优解。在每次迭代中,通过跟踪两个“极值”(*pbest*,*gbest*)进行粒子更新。找到两个最佳值后,粒子通过以下公式更新其速度和位置:

$$v_i = v_i + c_1 \times rand() \times (pbest_i - x_i) + c_2 \times rand() \times (gbest_i x_i) \tag{6-3}$$

$$x_i = x_i + v_i \tag{6-4}$$

式中,$i = 1,2,3,\cdots,N$,N 表示群中粒子的总数,v_i 表示粒子速度,$rand()$ 代表介于(0,1)间的随机数,x_i 代表粒子当前位置,$c_1 c_2$ 代表学习因子,v_i 的最大值为 V_{max}(大于0),如果 v_i 大于 V_{max},则 v_i 和 V_{max} 相等。

公式(6-3)的 v_i 称为记忆项,表示上次速度大小和方向的影响;$c_1 \times rand() \times (pbest_i - x_i)$ 代表自身认知项,是从当前点到粒子本身的最佳矢量;公式(6-3)的第三部分称为群体认知项,是从当前点到群体最佳点的向量,反映了粒子之间的协同作用和知识共享。PSO 的算法流程图如图 6-12 所示。

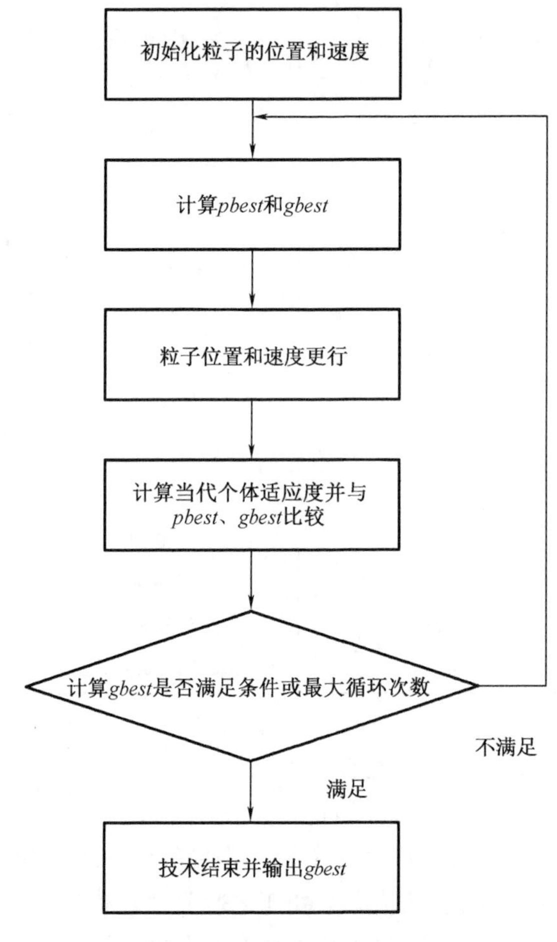

图 6-12 PSO 的算法流程图

(2)PSO 算法优化网络权值

首先要对神经网络的网络权值进行编解码。其中,编码是先提取卷积神经网络的权值,按一定顺序重新组织成一个一维向量;解码是将粒子反向转换为结构特性的网络权值。

其次确定网络结构和训练输入样本的尺寸,就可以确定网络的参数个数。由 batch_size (批处理大小)确定样本分组大小,创建好识别网络,就可以得到模型所有参数的维数,然后将所有网络参数构建成的一维数组作为 PSO 的优化目标。

最后,将 PSO 中种群各粒子的位置矩阵维度值映射为 BP 神经网络的网络权值和阈值,并结合训练的数据集,设计 PSO - BP 网络模型的适应度函数。卷积神经网络通常使用 Softmax 函数计算一个网络训练的损失值,训练误差损失表示 PSO 的适应值。PSO 主要优化卷积神经网络中的权值,PSO 优化网络权值示意图如图 6 - 13 所示。

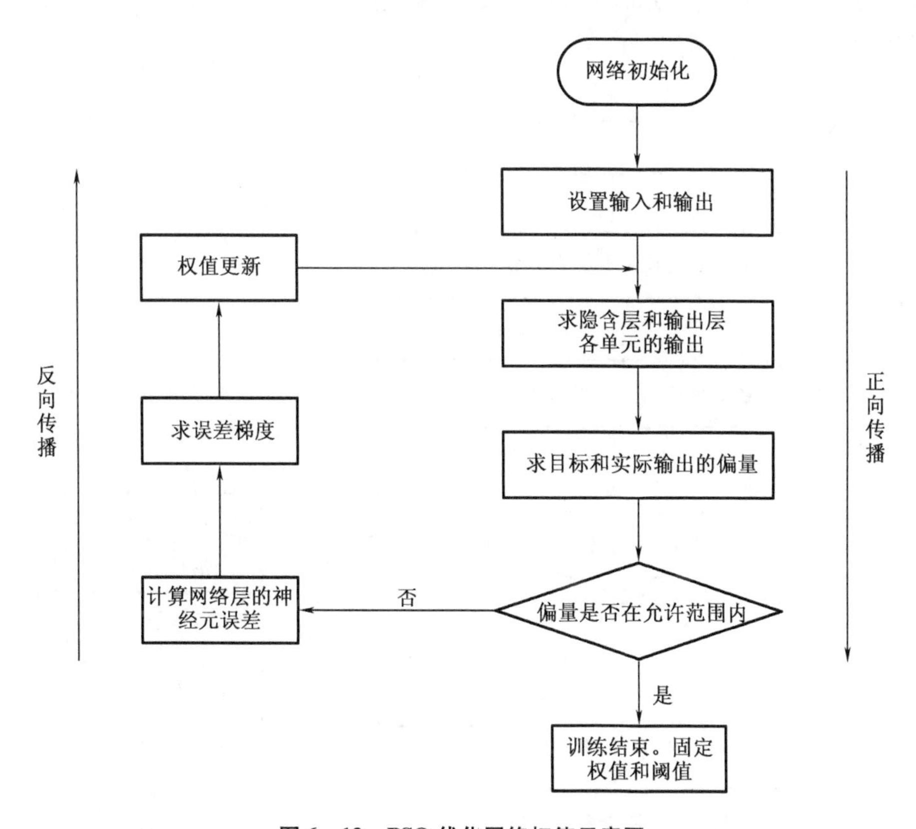

图 6 - 13　PSO 优化网络权值示意图

PSO - BP 网络模型的求解满足适应度函数全局最小时所对应的粒子,该粒子为全局最优解,并且该粒子的位置矩阵各维度的值,即为 BP 神经网络的网络权值和阈值,试验结果总结在本章试验部分。具体设计步骤如下:

①粒子的数量。参照相关研究,运用 PSO 算法解决优化问题,小样本的粒子数目范围为 10 ~ 30,一般取值 20。

②单个粒子的维度取值。粒子群的单个粒子维度如公式(6 - 5)所示:

$$n = Y_1 * (A + 1) + (Y_1 + Y_2) \tag{6-5}$$

其中,Y_1 表示单隐含层的结点数,Y_2 表示输出的结点数,A 为输入层的结点数。

③粒子的初始位置。粒子位置矩阵的元素与粒子维数相同,参照相关研究,元素的取

值范围[-1.5,1.5],每次迭代检查是否越界。

④惯性权重。惯性权重 w 的最大和最小值,采用线性线性递减,一般最大值取 0.9,最小值取 0.4。

⑤粒子的速度最大值 V_{max}。本研究的粒子数为 20,范围设置为[-20,20],那么 V_{max} 取 20。

⑥学习因子的选择。参照经验值学习因子 c_1 和 c_2 一般取 2。

⑦终止条件的选定。先设置迭代次数为 5,当模型迭代到最大次数,则终止程序运行,适应度函数的值小于误差和出现异常情况,程序停止运行。

⑧适应度函数的设计。均方误差的定义在前面已经介绍。

PSO - BP 算法流程图如图 6 - 14 所示。

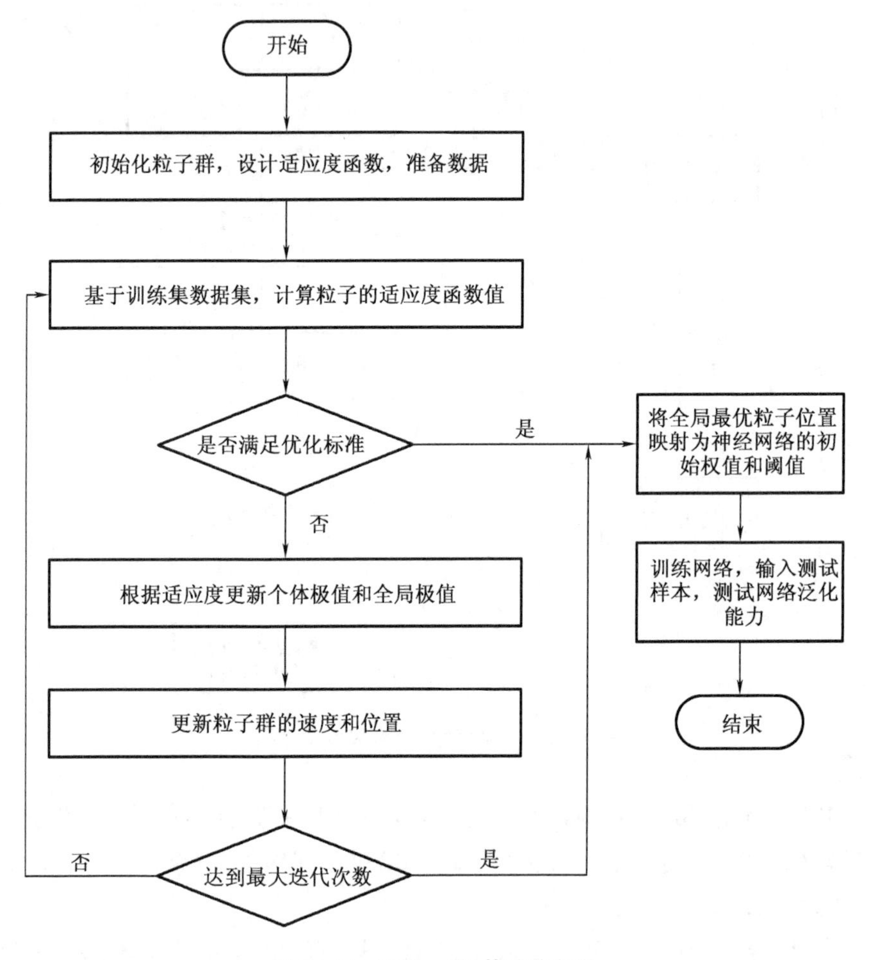

图 6 - 14　PSO - BP 算法流程图

3. LeNet - m 模型结构设计

卷积神经网络中卷积核的选择对特征提取有着重要的作用,小尺寸卷积核可以提取图像中的细节,但是小卷积核需要的计算时间长,提取的特征存在较大冗余。大卷积核可以避免小卷积核产生的问题,但是大卷积核存在提取出来的特征图像不够明显,而且大卷积核计算需要的时间也较多。参阅相关研究发现,提高卷积神经网络算法的准确率,最常用的方法之一就是增加网络的深度,但是加深神经网络的深度同样也会带来一些问题。

首先,加深网络的深度需要更多的数据集去训练整个网络,数据集不够的话会导致网络训练不够,达不到所需的准确度,如果正常训练会导致网络陷入过拟合;其次由于网络的层数增加了,所以训练网络所需要计算的参数个数也会增加,需要更多的内存空间进行权重存储,而且每次迭代计算的时间也会增加。

针对上述提出的问题,本研究参照 LeNet - 5 模型结构,设计作物识别模型LeNet - m,网络设计两层卷积和池化层,网络最后三层设置为全连接层,网络第五层(池化层)直接连接全连接层,输入图像大小选择为 96 ×96,选择 MSE 损失函数,并附加动量项进行权值更新。网络模型结构主要采用批处理算法,核心为卷积运算和输出层批量映射进行网络正向传播;BP 网络输出层反向传播隐藏层的灵敏度(残差)进行参数更新,LeNet - m 网络实现过程如下所示。

(1)网络前向传播

前向传播的卷积、池化和全连接层的实现过程总结如下,图 6 - 15 所示为正向传播的卷积操作实现过程。

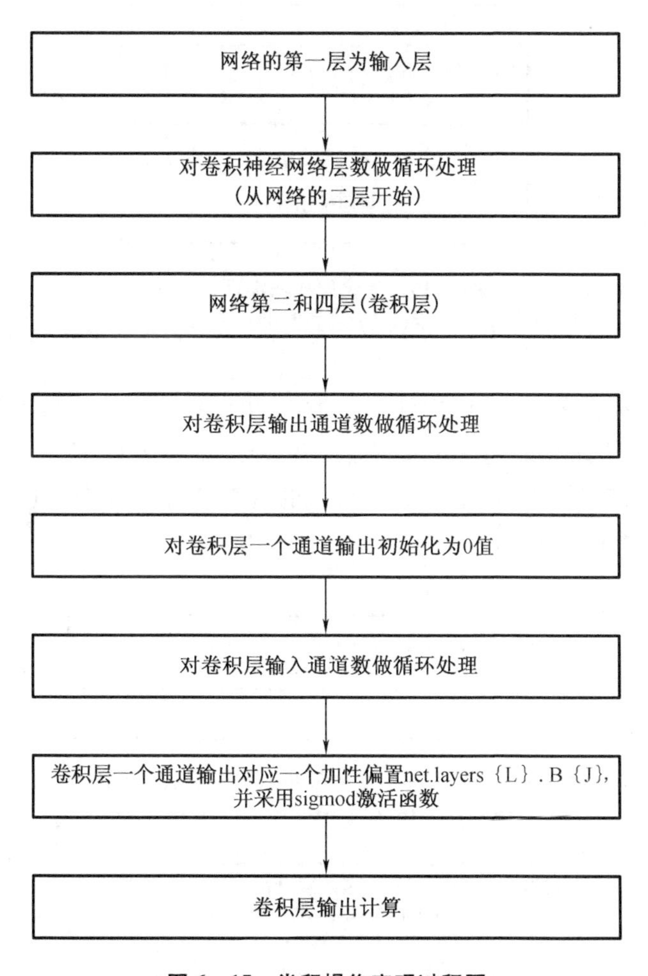

图 6 - 15　卷积操作实现过程图

LeNet－m 网络中的第二层和四层为卷积层，设置一个通道输出初始化为 0 值，一个通道输出对应一个加性偏置并采用 Sigmoid 激活函数进行卷积操作。第三层和第五层为池化层，图像的行列采样倍数设置为 iSample，采样区间为 2。第六层到第八层为全连接层，其中第八层也可以表示为输出层，将所有的特征图形成一条列向量，每个样本为一列，每列是相应的特征向量，并计算网络的最终输出结果。其中，net. layers{L－1}. X{I}为 opts. batchsize 幅输入，表示三维矩阵；net. layers{L}. Ker{I}{J}表示二维卷积核矩阵；这部分采用了 convn 函数，实现多个样本输入的同时处理。卷积层涉及三个运算：(1)卷积；(2)偏置(加)；(3) sigmoid 函数映射。

图 6－16 为正向传播的池化层操作实现过程。

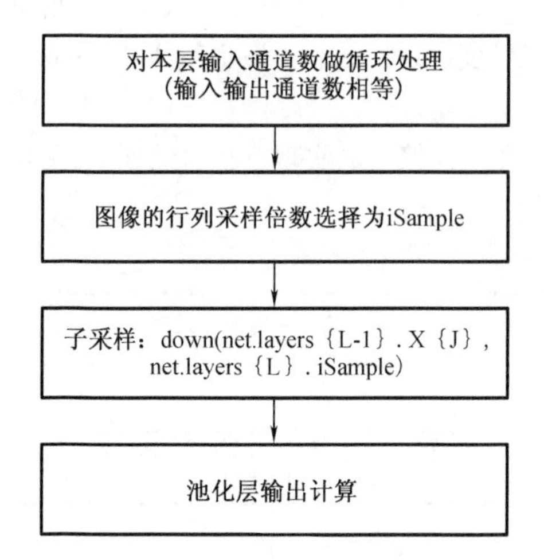

图 6－16　池化层操作实现过程图

池化层涉及两个运算：(1)子采样；(2)偏置(乘或加)。

(2)网络反向传播

网络的反向传播过程中，采用批处理算法，输出误差，代价(损失)函数选择均方误差(MSE)，上采样函数本研究采用 expand 函数，第六层(全连接层)权值矩阵梯度。其中，输出层灵敏度(残差)表示偏置的梯度。反向传播的卷积层、池化层及全连接层的操作实现过程如图 6－17 和图 6－18 所示。

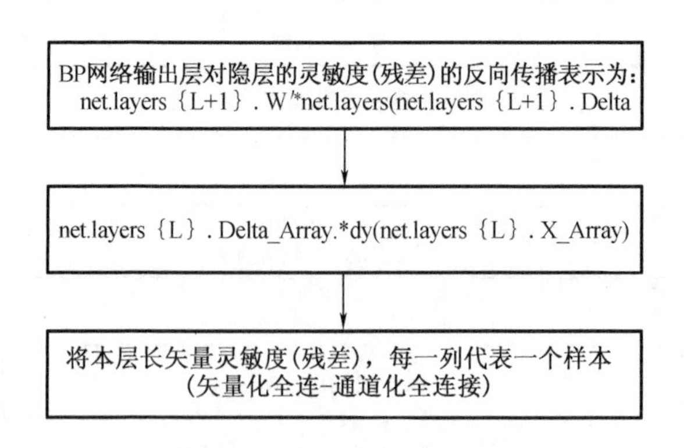

图 6－17　卷积层操作实现过程图

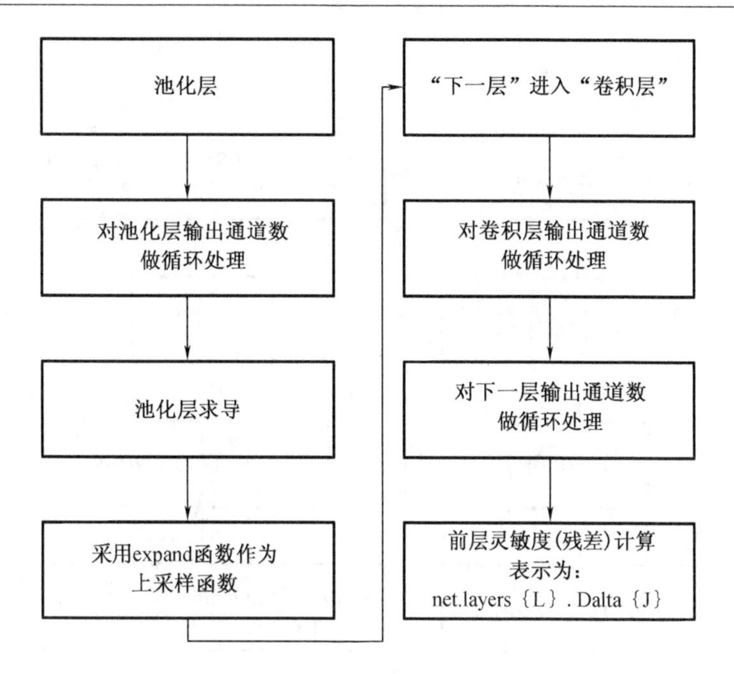

图6-18　池化层及全连接层操作实现过程图

(3)权值更新

本研究通过梯度下降的方法进行权值更新。

$$W_{\text{new}}^{l}=W_{\text{old}}^{l}-\alpha\cdot\frac{\partial E}{\partial W_{\text{old}}^{l}} \tag{6-6}$$

其中,W_{new}^{l}表示更新后的权重,W_{old}^{l}表示更新前的权重,α 表示学习率,$\frac{\partial E}{\partial W_{\text{old}}^{l}}$表示误差和权重的比值。

卷积层和输出层的权值更新实现过程如图6-19所示。

作物识别网络结构层的数量包括八层,其中第一层是输入层,两个卷积层与两个池化层交替,三层全连接,最后一层也可以称为网络输出层。本试验设计的作物种类图像识别网络结构图如图6-20所示。

网络模型的第一层为图像输入层,输入图像的大小是96×96;第二层是卷积层,卷积核大小为5×5,卷积核的移动步长为1。网络选择Sigmoid作为激活函数,并在卷积运算后得到相应大小为92×92的特征映射;第三层为池化层,使用均值采样方法进行采样,特征图大小缩至为46×46第四层特征图大小为42×42,第五层特征图大小缩至21×21,第六至八层为全连接层,相当于基于最后一层卷积层加上两层的全连接神经网络分类器,最后一层也称为输出分类层,本研究输出类别参设置为4维向量。三种试验方法的相关网络参数由参照相关文献、研究的经验值及试验测试确定。

(4)数据可视化

可视化的思想是为了构建一个逆向的卷积神经网络,使用原网络各个层的特征图作为输入,逆向生成像素级图片,观察每一层中每一个神经元学习到的特征。作物图像数据集经过预处理后进入卷积模型,图像数据首先会进入网络输入层,网络数据层的部分图像数据如图 6－21 所示。

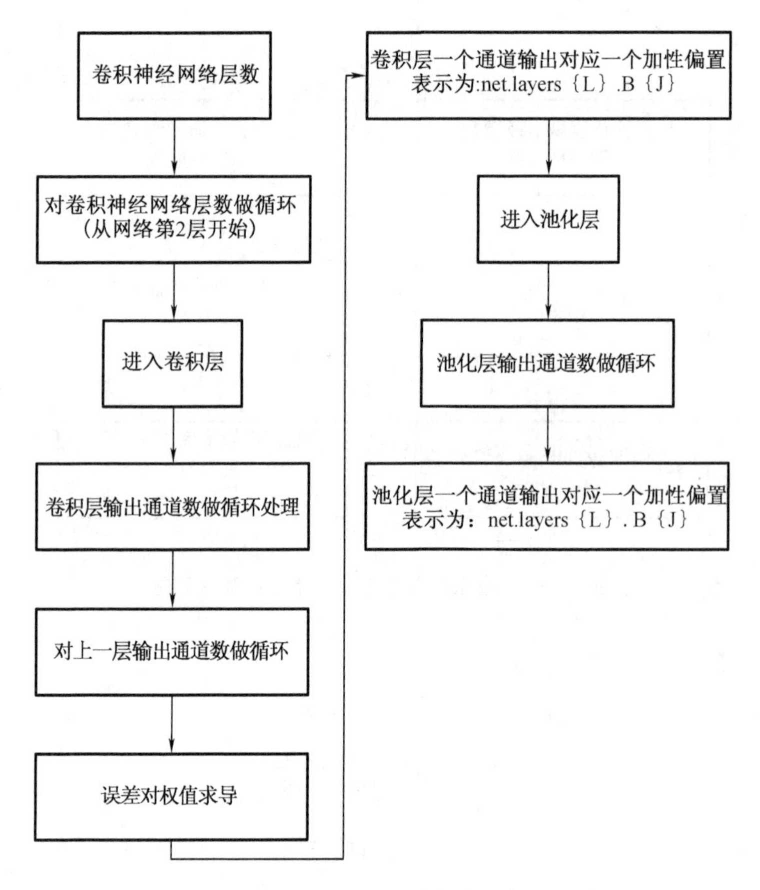

图 6－19　卷积层和输出层的权值更新实现过程

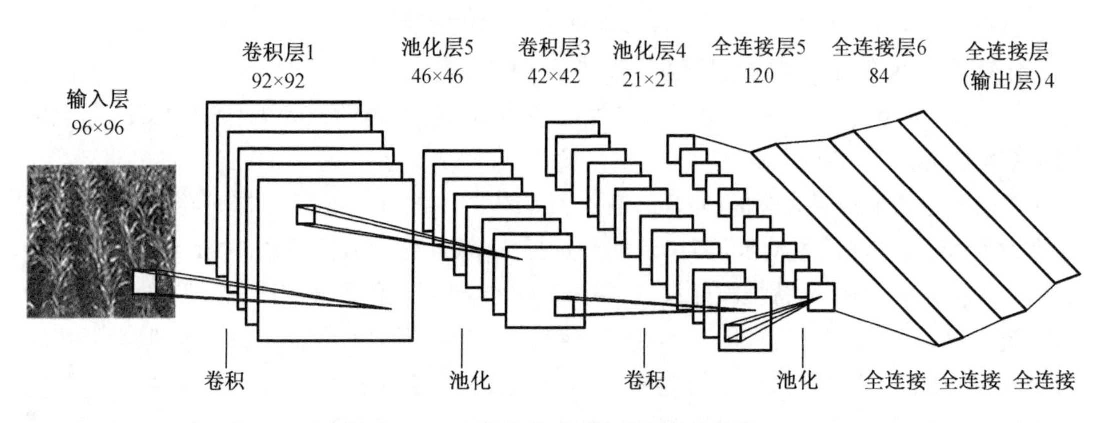

图 6－20　作物种类图像识别网络结构图

经过数据层后图像进入卷积层，卷积核大小为 5 ×5，网络通过卷积操作进行特想特征提取，卷积操作后部分作物特征图预览图如图 6－22 所示，表示随机选取的输入图像经过卷积核操作后的特征效果图。

池化层在整个网络中起到降维的作用，使得图像在保留大量细节的同时还可以降低网络的计算量，采样区域为 2 * 2，经过池化层操作的效果图像如图 6－23 所示，表示随机选取的输入图像经过池化层采样区域降维后的特征效果图。

图 6－21　数据层可视化

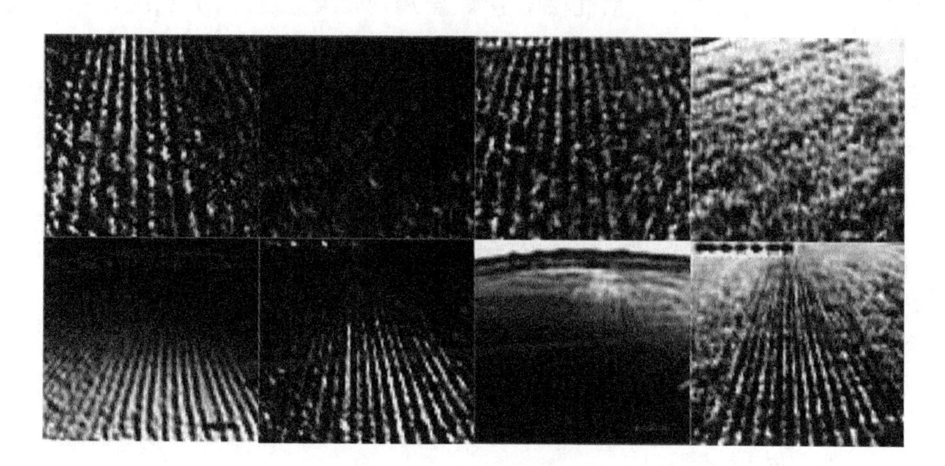

图 6－22　卷积层可视化

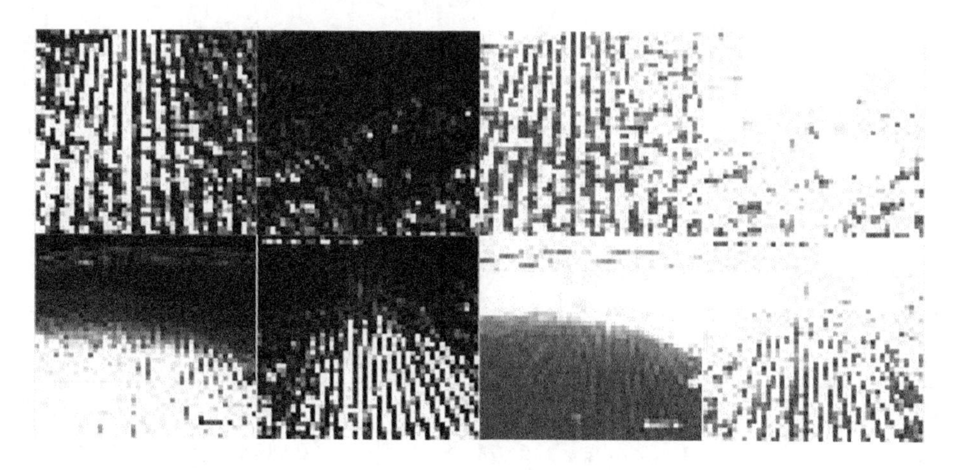

图 6－23　池化层可视化

6.2.2 作物图像种类识别试验与分析

1. 基于 AlexNet 深度网络模型

(1) AlexNet 模型的模型迁移学习

基于 AlexNet 模型迁移学习并重置网络的最后三层,包括完全连接层,Softmax 层和分类输出层。AlexNet 模型的输入图像大小为 227 × 227,在读入作物图像数据前运用 imresize 函数进行归一化处理,并运用 image data store 函数读取数据集。参照相关经验参,模型学习率的初始值设置为 0.000 1,输出类别根据本研究作物种类设置为 4,激活功能选择 Relu 函数,迭代次数设置为 5 步,模型识别率为 85.94%。

(2) AlexNet 网络模型与 PSO 算法结合。

PSO 算法对于参数比较敏感,不同的问题参数设置之间可能会有差异,如经典的 Schaffer's F6 函数结构,参照相关研究发现,当种群数量越多,算法的收敛速度也更快,但更多的种群将带来更大的计算量。惯性权值越大,全局搜索能力越好,惯性权值越小,局部搜索能力越好。

卷积神经网络的参数维数很高,粒子群算法的种群更多,有利于算法找到更优解,但是总种群数量过多,会增加计算的复杂度。因此,参照经验值,本试验主要参数设置总结如表 6 - 3 所示。

表 6 - 3　PSO 主要参数设置

参数	设置值
粒子数	20
最大速度(V_{max})	20
学习因子(c_1 和 c_2)	2
最大惯性权值(W_{max})	0.9
最小惯性权值(W_{min})	0.4

本节试验采用线性递减的方法进行惯性权值更新,初始化位置和速度,计算适应值,找到个体最优 P_i 和全局最优 P_g,模型迭代步数为 5 步,模型识别率达到 92.97%。

AlexNet 是一款经典的卷积神经网络模型,基于以上试验,对 AlexNet 模型迁移学习及 AlexNet + PSO 方法的试验结果进行对比,结果如表 6 - 4 所示。

表 6 - 4　基于 AlexNet 模型的试验结果对比

试验方法	迭代次数	时间/s	批处理损失	识别率/%
AlexNet 迁移学习	1	2 678.48	1.686 1	29.69
	5	79 267.04	0.709 3	85.94

表6－4(续)

试验方法	迭代次数	时间/s	批处理损失	识别率/%
AlexNet＋PSO	1	4 249.7	2.092 9	49
	5	188 304.69	0.239 2	92.97

通过试验可知，AlexNet 模型进行迁移学习，网络采用随机梯度下降算法，随着网络迭代次数的增加，识别率由29.69%升高到85.94%，在第5步迭代 AlexNet 迁移学习的批处理损失值为0.709 3，AlexNet＋PSO 方法的损失值为0.239 2，但所需的时间逐渐增加；AlexNet 模型结合 PSO 算法，网络运用 PSO 算法进行网络权值更新，反向传播基于梯度下降算法结合 PSO 算法，寻找模型最优解，识别率最终为92.97%。在相同迭代的情况下，AlexNet 模型结合 PSO 算法的试验方法运行时间要高于迁移学习，模型运行第5步，相比 AlexNet 迁移学习时间要多109 037.65s，但结合 PSO 算法的模型识别率较高。通过试验结果表明，加入 PSO 算法的作物识别模型相比传统反向传播算法的误差值要低，与 AlexNet 模型迁移学习相比加入 PSO 算法的作物识别模型识别率提高7.03%。

2. LeNet－m 作物网络模型

参照相关研究，LeNet－m 的主要参数值总结如表6－5所示。

表6－5　LeNet－m 主要参数设置

参数	设置值
学习率(learning rate)	0.1
动量因子(momentum factor)	0.5
批处理大小(batchsize)	10
卷积核大小(iSizeKer)	5
采样区域(iSample)	2
第一层和二层卷积层的卷积核数量	6和12

LeNet－m 网络采用批处理算法(batch algorithm)，核心为卷积运算和输出层批量映射进行网络正向传播；BP 网络输出层反向传播隐藏层的灵敏度，卷积层和输出层的权值更新附加动量因子进行权值更新。

基于图像尺寸大小为96×96的 LeNet－m 模型，经过5步迭代的模型识别率为25%，模型整体运行的第一步迭代所需时间为1.741 242 s，第五步迭代的运行时间为1.741 242 s；以原始图像进入模型并归一化为227×227大小的 AlexNet 模型迁移学习，第一步迭代所需要的时间为2 678.48 s，第五步迭代的运行时间为79 267.04 s；AlexNet 模型迁移学习结合 PSO 算法，第一步迭代所需要的时间为4 249.7 s，第五步迭代的运行时间为188 304.69s。由于 LeNet－m 属于轻量级的卷积模型，需要比深度模型更多的迭代训练才可以得到较好的结果。模型迭代50步的识别结果为62%；模型100次迭代，识别率可以达到95.5%。试验结果表明，当训练样本量较多时，会为模型训练带来困难，运行时间较长，并且 AlexNet 模型结构复杂，训练过程中产生的参数较多，计算量较大，对运行设备硬件有着更高的要求。本研究的试验硬件条件有限，为了寻找结果理想且时间成本小的识别模型，本研究选择输入图像大小为 96 ×96 对 LeNet - m 模型进行参数优化试验。

6.2.3 基于卷积神经网络的模型优化方法

参数优化是通过不断的调整设计变量，达到设计目标的一种方法，这种方法使得设计结果不断接近参数化的目标值。通过对以上三种试验方法的结果对比与分析可知，AlexNet 模型结构与 LeNet - 5 模型相比，模型识别率较高，但网络模型结构较深，运行时间较长。考虑到模型识别性能和运行时间的问题并结合相关领域文献试验优化方法，本节针对 LeNet - m 模型进行模型参数优化，主要包括学习率、批处理大小、动量因子、迭代次数、卷积核数量、样本数据集。针对六项优化参数，测试了四种类型的作物小样本数据集图像，其中，每类训练集 100 张，测试集 50 张，共 600 张，并初步将迭代次数上调为 100 步，以训练模型较好的泛化性。

1. 学习率(learning rate)

学习率调参是卷积模型调参中的重要部分，如果设置过大，可能会导致网络跳过最优值，如果设置过小，可能会导致学习的收敛速率比较慢。参照相关资料发现，学习率一般可采取 10 - 4 - 100，将学习率分别设置 0.000 1，0.001，0.01，0.1 和 1，模型迭代 100 步，试验结果总结如表 6 - 6 所示。

表 6 - 6　不同学习率的识别结果汇总表

学习率	准确率/%	第 1 步迭代时间/s	第 50 步迭代时间/s	第 100 步迭代时间/s
0.000 1	25	1.576 943	1.424 733	1.349 669
0.001	29	1.347 886	1.377 571	1.354 365
0.01	28.5	5.523 493	1.510 363	1.347 886
0.1	95.5	1.611 244	1.416 013	1.422 543
1	25	1.711 304	1.412 511	1.440 259

通过试验可知，当其他参数条件一致，学习率为 0.000 1 和 1 时，模型识别率最低为 25%，在同一批试验中，随着迭代次数的增加，模型训练时间缩短，随着学习率由 0.000 1 逐渐升高到 0.1，模型识别率也逐渐提高。当学习率为 0.1 时，模型识别率较高，可达到 95.5%。结合网络运行时间和模型识别率，模型识别率选择设置为 0.1。

图 6 - 24 为 100 步迭代中不同学习率的均方误差变化趋势。

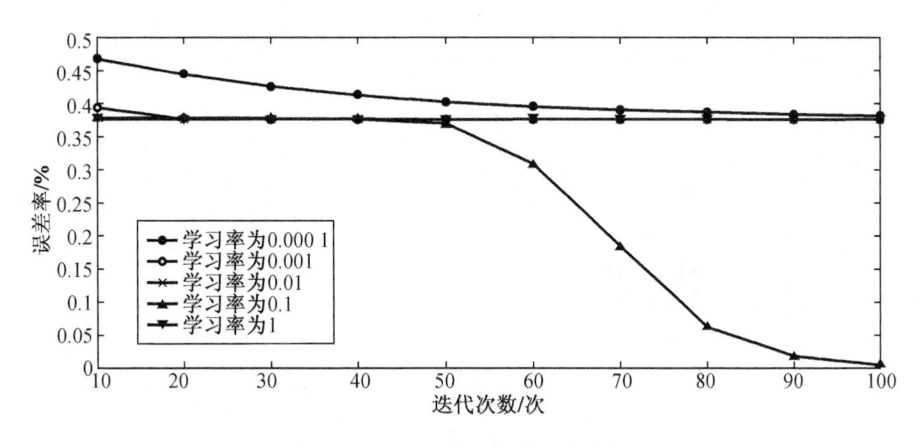

图 6－24　不同学习率的误差曲线图

由图 6－24 可知，学习率设置为 0.000 1，0.001，0.01 和 1 时，模型识别效果区别不大，误差率均大于 0.35；当学习率为 0.1 时，模型收敛速度较快，且在迭代次数为 50 次后，误差率迅速下降，误差低于 0.05。

2. 批处理大小（batch size）

通常，卷积神经网络需要训练大样本，以便结果收敛并适合实际情况。然而，当训练样本的数量很大时，以多组批量训练的形式执行网络训练。批处理大小是指训练集分组后每组训练数据的数量，对样本权重进行一次反向传播的参数更新。如果训练数据满足正态分布，批处理大小越大，这组数据与训练数据越容易拟合，但是如果数据量过大，会导致内存不足。因此，本部分研究，依次将批处理大小设置为 10、15、20、25、30，试验在迭代 100 步情况下进行，模型试验结果总结如表 6－7 所示。

表 6－7　不同批处理大小的识别结果汇总表

批处理大小	准确率/%	第 1 步迭代时间/s	第 50 步迭代时间/s	第 100 步迭代时间/s
10	95.5	1.611 244	1.416 013	1.422 543
15	92	1.678 238	1.368 148	1.389 824
20	71	1.589 505	1.468 723	1.440 692
25	47	1.582 337	1.389 178	1.408 088
30	35	1.593 876	1.433 444	1.447 969

通过试验，随着批量的增加，网络识别率逐渐降低，运行时间基本相同。当批处理大小设置为 10 和 15 时，模型识别率均可达到 90% 以上。其中，当批处理大小为 10 时，模型那个识别率最高，可达到 97.5%。图 6－25 为不同批处理大小的均方误差图：

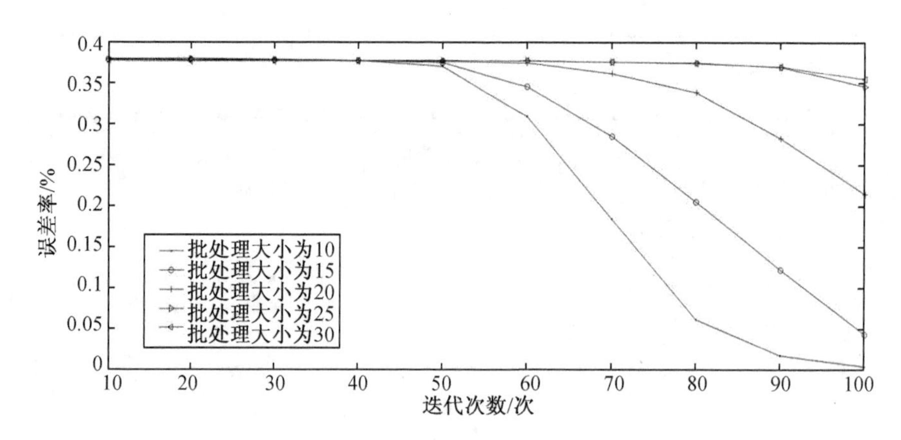

图6－25　不同批处理大小的误差曲线图

通过曲线图可知,批处理大小为25和30时,曲线变化差异性不大。批处理大小为10时,模型较早收敛,且识别率最高。

3. 动量因子(momentum factor)

动量因子,它是先前权值的更新对当前权值更新的影响程度。本研究网络训练过程中的基于动量因子的梯度下降反向传播算法进行权值更新,权值更新如公式(6－7)所示:

$$v_i = \alpha v_i - \lambda \eta \omega_i - \eta (L\omega | \omega_i) D_i \tag{6-7}$$

其中,i 为迭代步骤的数量,η 为学习率,λ 为权重衰减因子,ω 为权重向量,α 为动量项,$\eta(L\omega|\omega_i)D_i$ 为第 i 批训练样本 D_i 的损失函数在权值为 ω_i 时关于 ω 的导数平均值。

参阅相关资料,惯性项一般取值0.5,0.9和0.99,在其他参数统一的情况下,迭代100步,从试验中可以看出,当动量因子为0.99和0.9时,随着迭代次数不断增加,误差率并没有下降,基本为0.35以上,并没有出现收敛;当动量因子设定为0.5时,误差率在迭代次数为80次后迅速下降,在迭代此处为100时,误差率为0.25左右,且模型运行时间相差不多,因此,本设计选择动量因子为0.5。图6－26为不同动量因子的误差曲线图。

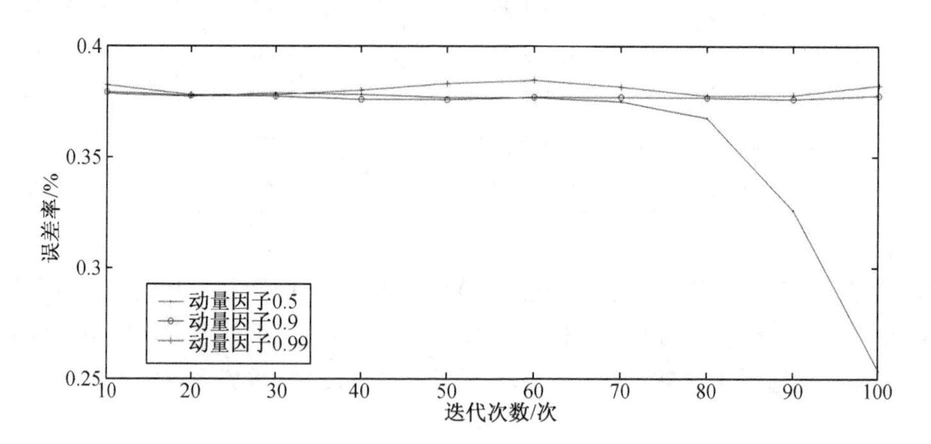

图6－26　不同动量因子的误差曲线图

不同动量因子识别结果汇总表如表6-8所示。

表6-8 不同动量因子识别结果汇总表

动量因子	准确率/%	第1步迭代时间/s	第50步迭代时间/s	第100步迭代时间/s
0.5	92	1.678 238	1.368 148	1.389 824
0.9	25	1.624 495	1.463 453	1.460 327
0.99	25	1.587 262	1.416 803	1.407 851

4. 迭代步数(epoch)

通过参阅相关资料,迭代步数会对模型识别效果有一定影响,为了探究与AlexNet模型相同迭代的试验效果及迭代次数对模型的识别效果的影响,本节试验将迭代步数设置为5,50,100,150分别进行试验。

网络迭代5和50步时,模型识别率为25%,当网络迭代100步时,模型识别率为95.9%,模型迭代第一步时间为1.611 244 s相比5步迭代,第一步迭代时间减少0.688 382 s,第100步运行时间为1.422 543 s,当模型迭代150步时,模型识别率为97.5%,第100步迭代的网络运行时间为1.416 767 s,时间和100步迭代试验相比减少0.005 776 s,通过试验发现,随着迭代次数的增多,当迭代100和150步时,模型识别效果越好。

5. 卷积核数量(number of convolution kernels)

LeNet-m模型有两层卷积层。在本节中,第一卷积层的卷积核数量分别设置为2,3,4,5,6。第二层卷积层的卷积核数量分别设置为4,6,8,10,12,试验结果如表6-9所示。

表6-9 不同卷积核数目的识别效果汇总表

卷积核数量	准确率/%	第1步迭代时间/s	第50步迭代时间/s	第100步迭代时间/s	第150步迭代时间/s
2和4	97.5	1.587 012	1.475 754	1.416 767	1.531 260
3和6	96	2.640 898	2.444 885	2.737 195	2.436 967
4和8	97	4.158 001	3.747 509	3.782 565	3.730 281
5和10	94.5	6.162 444	5.348 380	5.364 522	5.740 204
6和12	95.5	7.853 766	7.085 406	7.071 981	7.070 546

通过试验,当学习率为0.1时,批量大小为10,动量因子为0.5,通过150步迭代,小样本数据集的模型识别率可达到94%以上。随着卷积输出通道数量的增加,模型运行时间更长。参照相关文献,随着输出通道数量的增加,模型识别率通常呈现上升趋势,但也受到图像类型和样本量的影响。因此,接下来进行样本量的试验研究。

6. 样本量(sample capacity)

数据样本量也是卷积神经网络参数优化的一项内容,一般大量的数据样本可以训练出较好的卷积模型,基于卷积核的试验结果,并参阅相关研究,本节试验基于学习率为0.1,批处理大小为10,动量因子为0.5,进行小样本数据集和大样本数据集迭代150步的试验。试验结果总结如表6-10所示。

表 6-10 不同样本量的识别结果汇总表

样本量	准确率/%	卷积核数量（两层卷积层）	第 1 步迭代时间/s	第 50 步迭代时间/s	第 100 步迭代时间/s	第 150 步迭代时间/s
小样本数据集	97.5	2 和 4	1.587 012	1.475 754	1.416 767	1.531 260
大样本数据集	99.32	2 和 4	46.218 011	49.939 047	51.099 947	50.239 147
大样本数据集	99.05	4 和 8	120.261 289	116.330 454	116.205 945	136.136 019
大样本数据集	99.38	6 和 12	250.688 362	218.922 349	221.429 424	220.845 066

试验表明，随着样本数据集数量的增加，模型识别率提高了 1.82%。基于输出通道数量 4 和 8，6 和 12 进行大样本数据集试验，结果表明，卷积输出通道数量为 4 和 8 时，识别率比输出通道 2 和 4 时降低了 0.27%，当卷积层输出通道数量设置为 6 和 12 时，模型识别效果最好，识别率为 99.38%。

小数数据集卷积核数量设置为 2 和 4，迭代 50 步，和大样本数据集卷积核数量分别设置为 2 和 4、4 和 8、6 和 12，迭代 150 步，迭代次数与误差趋势对比图如图 6-27 所示。

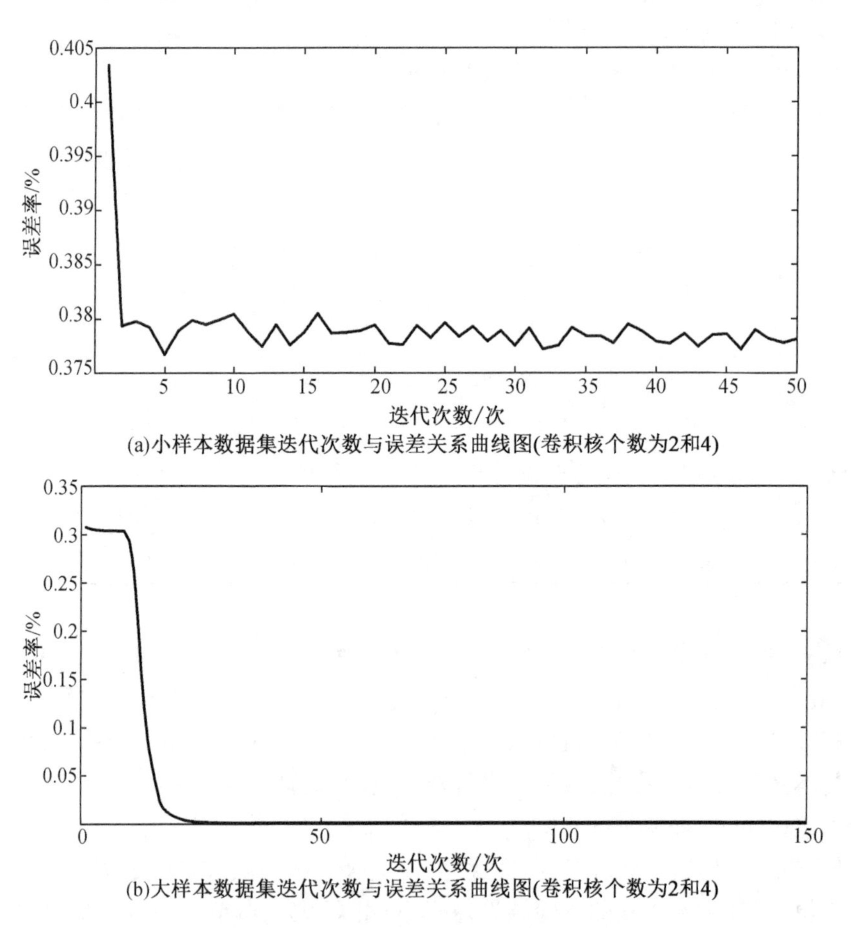

图 6-27 样本量试验趋势图对比汇总

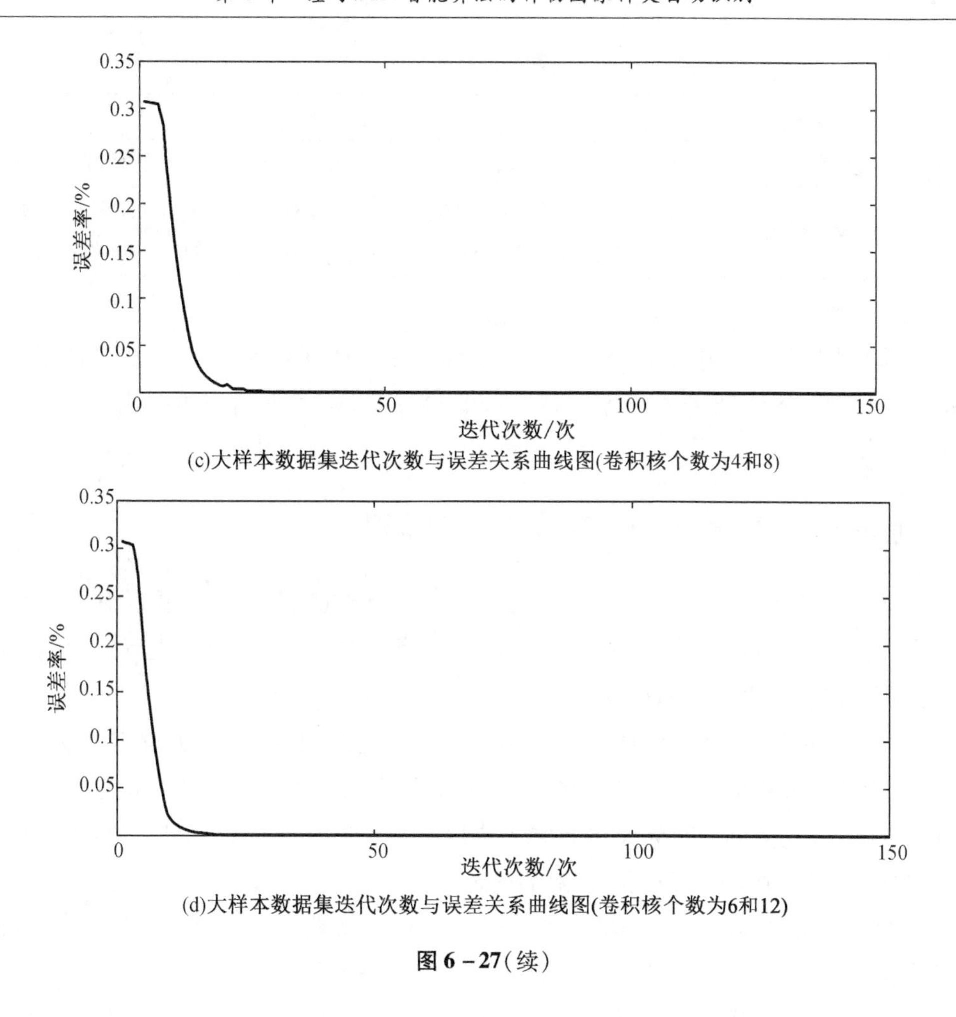

(c)大样本数据集迭代次数与误差关系曲线图(卷积核个数为4和8)

(d)大样本数据集迭代次数与误差关系曲线图(卷积核个数为6和12)

图 6－27(续)

6.3　作物图像种类识别的 Matlab GUI 设计

由于本研究想要实现作物图像种类的自动识别,在此运用 Matlab GUI 设计一款基于卷积神经网络模型的识别界面,将传统人工分类识别转换为机器识别。Matlab 语言主要特点如表 6－11 所示。

表 6－11　Matlab 语言特点

序号	特点	内容
1	语言简单,编程效率高	函数库丰富,程序效率高
2	用户使用方便	可以在同一画面上查询程序中输入的错误语义和语法等,提高了用户编写和调试程序的效率
3	程序的可移植性好	Matlab 编写的程序基本上不需要修改就可以在各类计算机和操作系统运行

表 6－11(续)

序号	特点	内容
4	运算符丰富	Matlab 使用 C 语言编程,使用与 C 语言一样多的运算符,使程序更简短
5	绘图功能方便	Matlab 具有一系列的绘图函数,并且具有出色的图形处理和编辑图形界面的功能。随着 Matlab 版本的不断更新,对 GUI 的支持也愈加丰富

在完成相同任务的情况下,Matlab 与 C 语言和 FORTRAN 语言等比较更为简单。Matlab 的编程运算的计算、编程效率较高。Matlab 将编程,科学计算和可视化结果集中在广泛使用的环境中。

6.3.1 Matlab GUI 图形用户界面设计主要步骤

目前,Matlab GUI 图形用户界面已广泛应用于系统仿真和图像处理,且为用户实现 GUI 设计提供了方便快捷的集成开发环境。通过属性编辑器修改对象属性,设置行为响应的事件处理代码。本研究的 Matlab GUI 图形用户界面设计主要步骤如下。

(1)明确设计任务及实现的主要功能,根据设计功能绘制设计草图并确定方案。

(2)合理编排控件的布局,设计用户静态操作界面及其他菜单项目。静态接口设计完成后,GUI 将自动生成. fig 和. M 文件。它主要用于在扩展 GUI 时控制各种功能。这个. M 文件可以分为 GUI 初始化和回调函数两部分。

(3)根据需要设置各控件的属性。根据每个控件的特性值,可以在程序中对控件的对象进行控制。

(4)编写功能实现代码。其中,Openning Fcn(初始函数)用于设定各个参数的初始值。回调(callback function)是核心,是触发接口控制时的事件响应函数。Output Fcn(输出函数)是函数运行后可以向命令行返回信息。

(5)在菜单中编写每个功能的回调程序,并根据具体情况运行功能检测。

6.3.2 系统介绍

系统基于 Matlab GUI 设计,主要用于对作物图像,主要包括大豆、马铃薯、水稻和玉米作物的种类图像识别,模型识别率可以达到 99.38%,界面主要包括图像处理、图像识别和结果展示的功能,主要有两种形式的识别功能,包括单张图像自动识别作物名称和批量图像的自动识别及分类存储,系统界面如图 6－28 所示。

6.3.3 软硬件配置

本研究的网络模型试验分析及 Matlab GUI 设计的部分基于 Windows 环境进行,具体配置如表 6－12 所示。

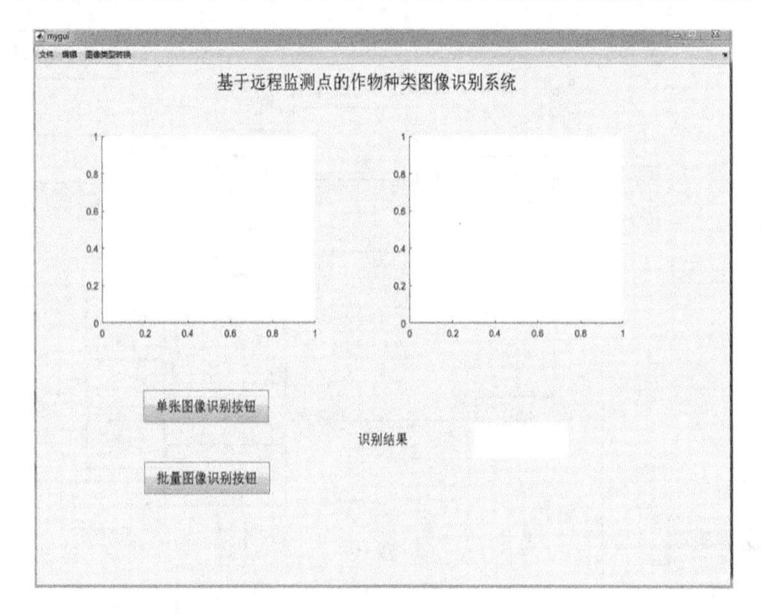

图 6-28 系统界面展示图

表 6-12 软硬件配置表

	软件部分		硬件部分	
序号	名称	型号(内存)	名称	型号(内存)
1	操作系统	Microsoft Windows7	CPU	英特尔酷睿 i3-4150,运行内存为 3.50 GHz
2	工具	Matlab 2017b 软件,界面应用(.exe 形式)需要配置 runtime 环境	适配器	英特尔 HD Graphics 4400
3			安装内存	4.00 GB
4			系统类型	64 位操作系统
5			硬盘	500 G

6.3.4 界面主要功能实现原理

用户通过主界面点击按钮或选择菜单项,根据用户的选择执行打开文件、图像处理和图像识别三种操作。执行打开文件操作后,将图像保存到主界面对象的 handles.img 中。执行打开目录的操作后,把路径保存到主界面对象的 handles.folder 中。执行处理图像或识别图像的操作时,先判断是否存在 handles.img,如果不存在,弹出对话框会提示用户先打开图像;如果存在,则执行相应的处理或识别操作。执行识别文件夹的操作时,首先确定是否有 handle.folder,如果不存在,弹出对话框会提示用户先打开目录;如果存在则对该目录下的每张图像分别调用识别图像的函数,取得图像的类别,然后根据类别对图像进行分类。系统功能框架如图 6-29 所示。

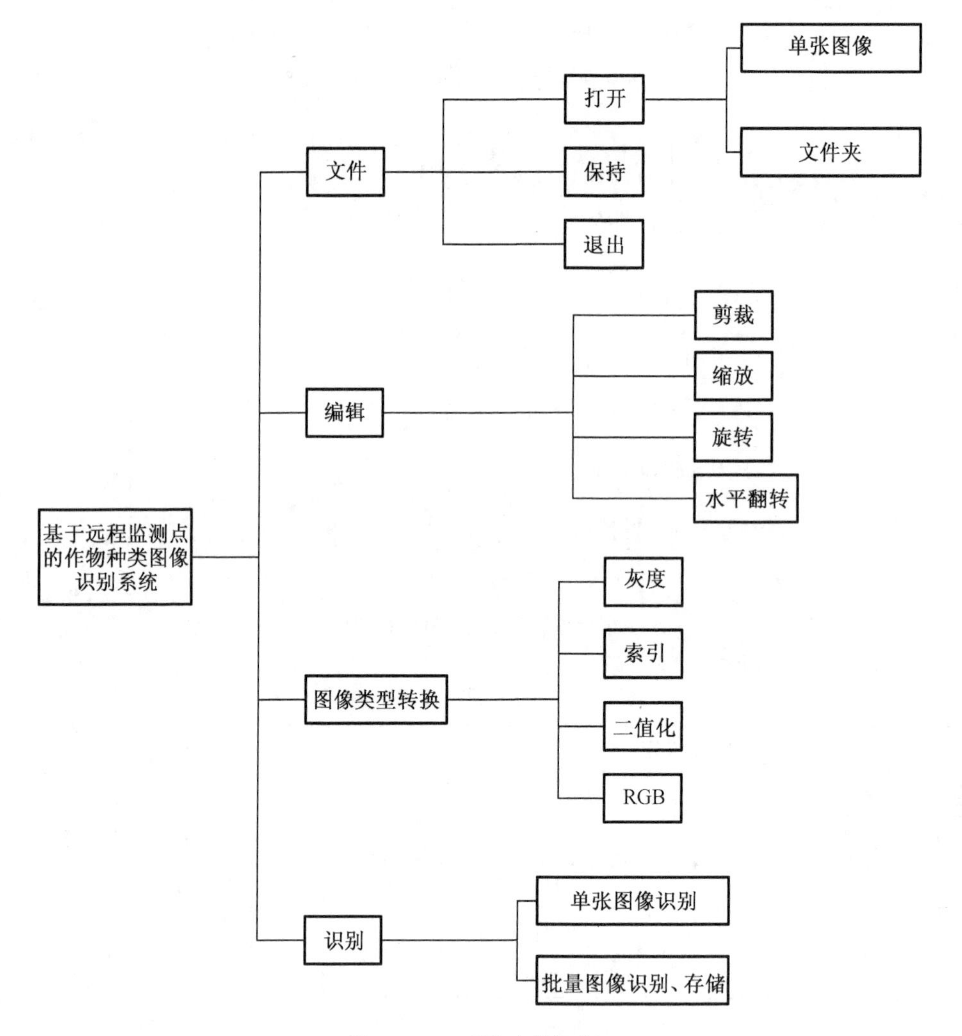

图 6－29　系统功能框架

1. 界面窗口的实现

该系统主要基于 Matlab GUI 平台，设计可视化操作界面，然后为该界面中列出的功能编写后台回调函数，完成了功能的设计，并且在写入所有功能回调函数之后，形成图像处理系统。设计的界面应主要遵循以下原则：简洁、统一和常用性。

(1)建立 Matlab GUI 界面

在 Matlab 主界面的命令窗口中编辑指南后，通过图形用户界面模板选择窗口，进入编辑器的编辑界面。创建 GUI 界面后，需要将设计的 GUI 界面保存，Matlab GUI 将生成两个文件。1).fig 文件：该文件包括 GUI 的图像窗口和子对象的描述，以及所有对象的属性值。2).M 文件：控制 GUI 并确定 GUI 对用户操作的响应，可以在 M 文件的框架内编写 GUI 组件的回调函数。系统菜单编辑器界面如图 6－30 所示。

(2)窗口界面的实现

实现了基于 Matlab 提供的 GUI 平台的作物图像识别系统的设计。该平台提供各种控制工具，以便于设计所需的操作员界面。有两种方法可以启动图形用户界面。第一种是使用命令模式,在命令窗口中输入guide(不区分大小写);第二种是本研究设计的系统采用的启动方式。在弹出窗口中,选择默认创建新GUI选项中的第一项,然后单击"确定"进入图形用户界面的布局编辑界面。GUI布局编辑界面如图6-31所示。

GUI布局编辑界面,可以根据需要选择任何控件对象或坐标对象。

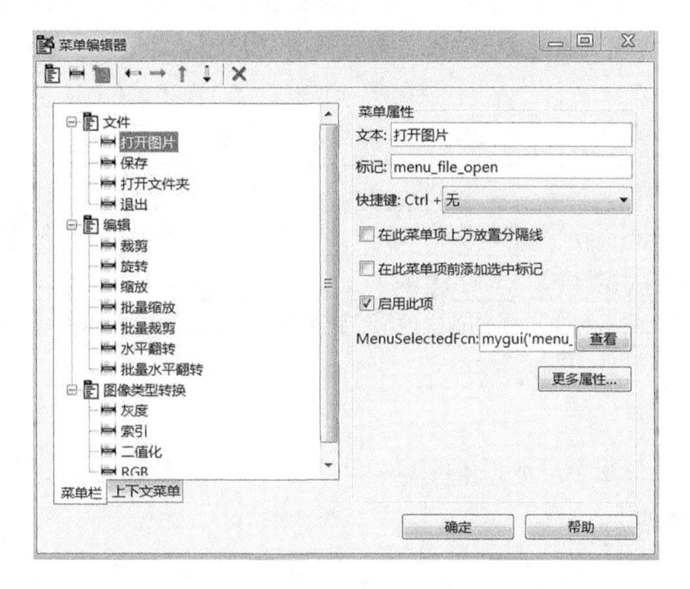

图6-30　系统菜单编辑器界面

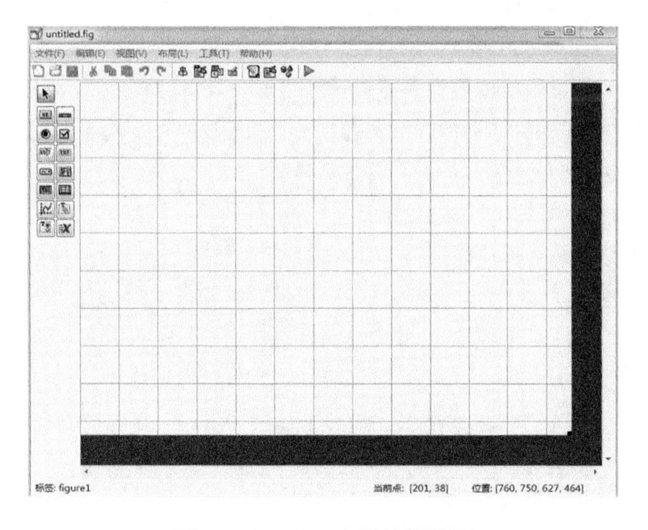

图6-31　GUI布局编辑界面

完成系统界面设计后,可以使用工具栏上的"菜单编辑器"按钮设计系统菜单。可以命名已创建的菜单项,设置快捷方式和编写回调。如果菜单项需要子菜单项,则可以通过"新建菜单项"按钮创建和添加该子菜单项。

2. 各模块实现功能

(1)文件模块

此模块的主要功能包括打开、保存和退出图像和文件夹。其中,图像格式有 bmp、jpg、png 等。使用 Matlab 中的 uigetfile( )标准读取磁盘文件处理相应的对话框,选择要打开的图像;使用 Matlab 提供的 uiputfile( )标准写入磁盘文件处理相应的对话框,选择要保存的图像;选择 close 函数实现界面退出,其中,图像格式及特点汇总如表 6-13 所示。

表 6-13 图像格式及特点

图像格式	特点
bmp	具有最基本的图像数据存储功能,并且可以存储每像素 1 位,4 位,8 位和 24 位的位图。
jpg	包含丰富图像信息,几乎没有压缩。
png	存储形式丰富,可以将图像文件压缩到网络传输的极限,并可以保留图像相关信息。

①打开

打开菜单,主要使用 Matlab 提供的 uigetfile( )标准读取磁盘文件处理对话框来选择要打开的图像。代码如下:

```
[FileName,PathName] = uigetfile({'×.jpg';'×.png';'×.bmp'},'打开图像');
rgbimg = imread([PathName, '/, FileName]);
handles.rgbimg = rgbimg;
[handles.idimg, handles.idmap] = rgb2ind(rgbimg, 128);
handles.grayimg = rgb2gray(rgbimg);
level = graythresh(handles.grayimg);
handles.bimg = im2bw(handles.grayimg, level);
handles.img = rgbimg;
guidata(hObject, handles);
axes(handles.axes1);
imshow(handles.img);
```

打开文件夹的程序如下:

```
function menu_file_folder_Callback(hObject, eventdata, handles)
handles.folder = uigetdir;
guidata(hObject, handles);
```

②保存

保存菜单,主要使用 Matlab 提供的 uiputfile( )标准写文件文件处理对话框来选择要保存的图像。代码主要如下:

```
[filename, pathname] = uiputfile('×.jpg', '保存图像');
imwrite(handles.img, [pathname, '/, filename]);
uiwait(helpdlg('完成'));
```

③退出

主要使用的调用函数是 close 函数，界面可以通过编辑指令或界面右上角“叉键”，进行退出或关闭界面。

(2)编辑模块

主要可以实现对图像的剪裁、归一化(单张及批量)、水平翻转和旋转功能，分别使用 Matlab 中 incrop 函数、imresize 函数、fliplr( )函数、imrotate( )函数实现相关功能。其中，水稻图像剪裁及识别结果界面如图 6 - 32 所示。

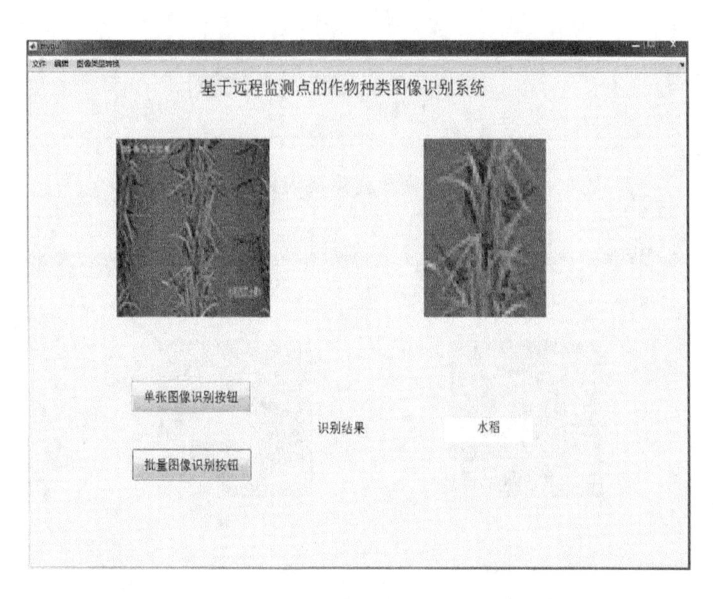

图 6 - 32　水稻图像剪裁及识别结果界面展示

(3)图像类型转换模块

主要可以实现灰度、索引、二值化、RGB 图像类型转换，选择 rgb2 grey，rgb2 ind，rgb2 bw 函数实现图像灰度、索引、二值化转换并转换 RGB 类型图像。其中，大豆作物灰度化及识别结果界面如图 6 - 33 所示。

(4)识别模块

主要实现两种识别功能，包括单张图像和批量图像识别并自动分类存储。通过菜单栏打开功能将图像从根目录下搜索选择，选择单个图像识别按钮以执行识别处理；选择打开文件夹批量识别，对该目录下的每张图像分别调用识别图像的函数，取得图像的类别，根据类别分拣图像进行作物种类图像识别与分类存储，玉米作物水平翻转及识别结果界面如图 6 - 34 所示。

本章以大豆、马铃薯、水稻和玉米图像为研究对象，以四类作物从幼苗期到完熟期的图像识别为研究目标，建立试验样本数据集，并进行预处理，以卷积神经网络算法为核心，设计三种试验方法，结论如下：

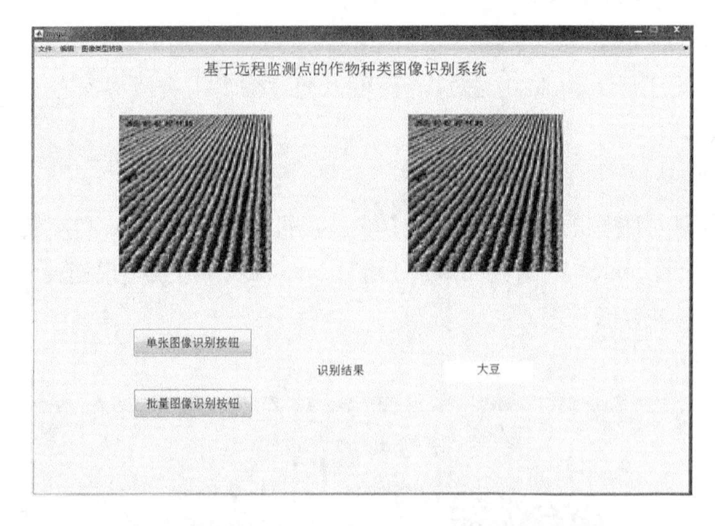

图6-33 大豆作物灰度化及识别结果界面展示

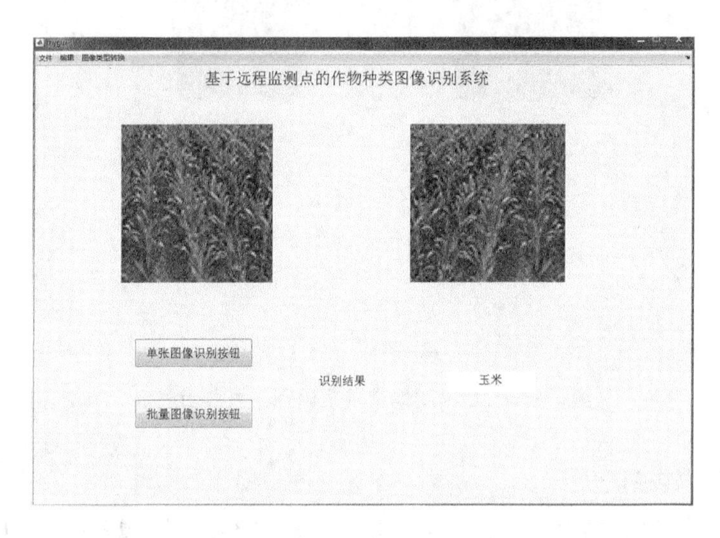

图6-34 玉米作物水平翻转及识别结果界面展示

(1)根据大豆、马铃薯、水稻和玉米作物各生长期的形态特征,目视进行作物图像数据集的分类建立。采用分层和等距结合的采样方法,对图像数据集进行随机划分,并根据图像命名规则进行分类标签。试验对作物图像进行了预处理,主要包括对作物图像进行感兴趣部分随机剪裁、全景缩放,归一化,灰度和二值化阈值处理。小样本数据集由训练集和测试集组成,其中训练集400张,测试集200张,总共600张图像;结合图像增广技术,大样本数据集的训练集为12 620张,测试集为6 310张,共计18 930张图像。

(2)设计了三种识别方法,试验结果:基于AlexNet深度网络的模型迁移学习,小样本数据集迭代5步的模型识别率为85.94%;采用卷积神经网络深度模型AlexNet与PSO算法结合,小样本数据集迭代5步的模型识别率为92.97%;参照LeNet-5设计适用于本研究的作物识别模型(LeNet-m),基于小样本数据集,经过5步迭代的模型识别率为25%,迭代50步的识别结果为62%,迭代100步的模型识别率为95.5%。分析三种识别模型的识别效果,其中,基于小样本数据集的深度模型出现过拟合现象,AlexNet 模型通过 ImageNet 进行预训练。考虑到模型性能、运行时间、硬件要求和本研究样本特点等问题选择 LeNet－m 模型进行学习率、批处理大小、动量因子、样本数据集、迭代次数和卷积核数量的模型参数优化,基于大样本数据集,模型识别率最终可以达到 99.38%。

(3)为了扩大适用范围,增强其可用性,实现作物种类图像识别的自动化,本研究基于 Matlab GUI 进行作物图像识别系统设计,名称为“基于远程监测点的作物种类图像识别系统”,用于对作物图像,主要包括大豆、马铃薯、水稻和玉米作物的种类图像识别,模型识别率为 99.38%。界面主要有两种形式的识别功能:一是单张图像自动识别作物名称和批量图像的自动分类及存储,以及对图像基础处理的功能;二是图像的剪裁、缩放和水平翻转及图像类型转换等。

第7章　基于卷积神经网络的水稻病害识别方法

水稻是我国主要粮食作物，现阶段伴随着全球环境发生的改变，水稻病害的发生率较以往有所提升。传统的病害识别方法主要是通过农业专家对病害进行人工判别，在病害发生的高峰期，容易出现专家太少无法兼顾的情况，并且人工判别方式存在一定的主观误判现象，从而延误了水稻病情的防治时间，使水稻产量出现大幅度降低甚至颗粒无收，给种植者造成重大的经济损失。在水稻生长过程中稻瘟病、稻曲病、白叶枯病这三种病害侵染率较高且对产量的影响较为严重，所以本实验旨在针对这三种病害研究出便捷、准确的识别方法。

近年来随着机器学习这一领域的不断发展，卷积神经网络在图像识别领域展示出了令人满意的效果，运用卷积神经网络解决病害识别这一问题，一方面促进了人工智能和农业产业的深度融合，另一方面也提升了水稻病害的识别效率。

本章针对水稻病害识别问题进行了深入研究，首先对选取的三类水稻病害样本图像进行收集，由于采集到的部分图像存在图像尺寸及光照强度不同等问题，所以对其进行了尺寸归一化和直方图均衡化，以此降低这些因素对识别结果所产生的影响。神经网络在训练过程中需要大量样本来进行特征学习，本实验也对这三类水稻病害样本进行数据增强，数据增强的方法主要是随机剪裁、旋转和镜像，并且针对增强后的数据集进行了类不平衡处理。

接下来针对水稻病害搭建了一个十二层的卷积神经网络模型，同时针对网络训练过程中所需要的参数进行了分析设计。最初搭建的模型对水稻病害的识别精度难以满足现实要求，为了进一步优化模型，本试验从迭代次数、batch size、优化算法和学习率这几方面进行了探究，并通过试验对比得到最优参数。同时为了更加清晰地了解模型对病害特征的学习能力，本研究也对卷积过程后输出特征图进行了可视化分析，研究结果表明优化后的模型对这三类病害的识别准确率达到98.24%，可以对病害进行精确识别。

最后为了提供一种便捷的水稻病害识别方法，基于Flask框架搭建了一个水稻病害识别平台，设计实现了病害样本上传、Tensorflow模型调用、病害识别结果返回等功能。当水稻发生病害时，用户通过上传病害图片就能及时得到诊断结果，使种植者降低对农技专家的依赖，方便其更加快速地对病害进行下一步的治疗，同时也为水稻病害识别提供了有力的技术支撑。

7.1　水稻病害图像预处理及病害数据库建立

7.1.1　水稻主要病害概述

1. 稻瘟病

稻瘟病是影响水稻产量的重要病害之一，该病主要由稻瘟病菌引起，山区发病率高于平原。稻瘟病发病条件与气候有着很大的关系，在温度适宜的条件下，若水稻长时间处于湿度较大的环境中则很容易感染稻瘟病菌。按照其受侵染的时间和在植株上发病位置的区别，可将其划分为苗瘟、叶瘟、节瘟 、穗颈瘟和谷粒瘟等，本试验选取的是发病时间最广的叶瘟，其在水稻生长的任意一个时间段都能发生且危害严重。图7－1所示为稻瘟病叶瘟图像，其病斑主要呈菱形，最外部轮廓为淡黄色，向内的轮廓逐渐变为红褐色，中心部分为灰白色。

2. 稻曲病

稻曲病又称伪黑穗病，其致病菌是稻曲病菌，该病菌是一种作用于颖花的真菌，在水稻整个种植过程中都易被侵染。该病的发生与水稻自身特性及气象环境有关，其中水稻的生长气候是稻曲病发病的先决条件，稻曲病病菌在24～32 ℃时发育良好，最适温度为25～30 ℃，水稻感染稻曲病菌后会导致穗部发病，危害部分谷粒，主要表现为受感染部分发黑、腐化、脱落等状态。稻曲病中含有多种真菌毒素，其能通过受感染的谷粒进入到人类的食物链中导致食用后出现中毒现象，严重危害人民的食品健康安全。图7－2所示为水稻感染稻曲病菌后的状态，发病初期患病谷粒呈椭球形，其外部被橘黄色菌丝覆盖，发病末期谷粒外部菌丝逐渐变为灰绿色。

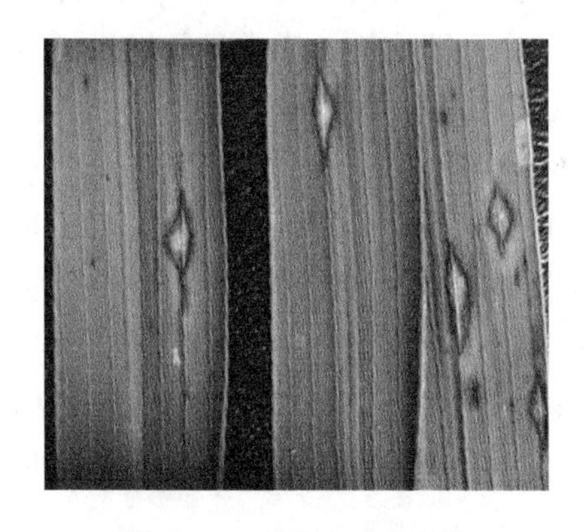

图7－1　稻瘟病叶瘟图像

图7－2　水稻感染稻曲病菌后的状态

3. 白叶枯病

白叶枯病在我国的发展形势不容乐观，其在华东、华中、华南的部分省份及地区影响较为严重,西北、西南、华北和东北部分水稻种植基地的发病率也呈上升趋势,白叶枯病严重影响了水稻的亩产水平,给种植者带来了巨大的损失。白叶枯病主要由稻黄单胞菌引起,病菌最适生长温度为25~30 ℃。稻黄单胞菌主要危害部分为水稻叶片,病菌侵染初期不会在植株上出现明显的患病效果,随着时间的推移叶片上开始出现半透明黄色菌斑,若不进行有效控制,斑点会逐渐在叶片上产生扩散形成纹状病斑,最终使患病部位逐渐变成灰白色造成叶片枯萎,对于患病严重的个体其在叶鞘上也能出现相应症状,如图7-3所示。

图7-3 白叶枯病表现形式

7.1.2 水稻病害图像的采集

病害图像的采集往往都是通过培育致病菌株来侵染水稻从而获得患病植株,进而得到病害图像。水稻病菌通常都是通过孢子进行释放传播,大田环境下培育致病水稻,若气象条件适宜病菌孢子则会大量繁殖与扩散,若不进行有效控制,则可能导致其传播到正常环境中,造成交叉感染影响到正常水稻的生长发育,使正常水稻大面积患病。另一方面,现有的卷积神经网络由于结构较深,所以需要大量的图片进行学习训练,若样本数据集数量较少会造成模型出现过拟合状态导致训练终止。但水稻病害图像不同于常见的图像样本,由于其特征相对单一且同种病害之间的差异不大,所以本试验的思想是通过采集标准的水稻病害图像,对图像进行数据增强得到水稻病害的大样本数据集。

本试验数据集的获取方式之一是从美国植物病理协会病害数据库(APS Image Database)中进行获取,美国植物病理学学会通过其图书和期刊出版计划处理了数千张经过科学同行评审的图片,这些图片显示了疾病症状、害虫和其他与植物和农作物有关的疾病,从中挑选水稻稻瘟病、稻曲病、白叶枯病图像作为标准病害样本。同时利用互联网资源对这三种基本的样本库进行了扩充,所采集到的照片经过农学专家鉴定分类最终划分到这三种病害的样本库中,如表7-1所示。

表7-1 水稻主要病害样本采集表

病害英文名称	病害中文名称	图片数量	图片格式
Rice blast	稻瘟病	28	jpg
Rice false smut	稻曲病	13	jpg
Rice Bacterial blight	白叶枯病	15	jpg

1.病害图像预处理

图像预处理是深度学习过程不可或缺的步骤,由于本试验数据来自于互联网,获取到的图片受众多环境因素影响,例如图像的拍摄角度、光照强度、图像的背景等因素从而呈现出不同的状态。同时试验采集到的图像尺寸也有所不同,所以在训练模型之前需要对图像进行预处理操作,以此来提高模型的鲁棒性。试验流程如图7-4所示,首先将采集到的样本进行尺寸归一化处理,使其成为大小一致的病害图像,其次将受环境因素影响较大的病害样本进行直方图均衡化处理,以减小环境因素对试验结果造成的偏差,接下来对上述样本进行数据增强,最终形成本试验所需的病害样本集。

图7-4 病害样本预处理流程

图7-5所示为所采集病害样本的部分展示,由上到下依次为稻瘟病、稻曲病、白叶枯病,从图中可以看出,病害图像受众多因素影响呈现出不同的状态,不同图像之间拍摄存在光照强度、拍摄角度、背景等差异,可能会导致试验的最终结果与期望值存在偏差。

(a)稻瘟病

(b)稻曲病

(c)百叶枯病

图7-5 水稻三种病害样本部分展示

2. 预处理方法

(1)尺寸归一化

本试验获取到的不同图像其尺寸存在很大的差异,在进行尺寸归一化时还要考虑一些问题:一是合理的归一化尺寸选择,若尺寸选择过大,在进行随机剪裁操作时可能无法提取到图像中有效的病害信息,若尺寸选择过小,则后续数据增强后的样本之间特征差异不会很明显,模型学习的效果也会有所降低。二是要考虑在尺寸归一化中对病害特征的影响,放大和缩小图像可能会使图像质量有所损失,造成图像模糊和锯齿等现象。

尺寸归一化的目的是为了在进行下一步处理时统一图像样本,合理的归一化尺寸也便于随机剪裁进行数据扩增,对此本试验参考了众多网络结构的样本集尺寸,如表7-2所示。

表7-2　不同模型的图像数据集尺寸表

模型名称	图像宽度	图像高度
LeNet	32	32
AlexNet	224	224
VGG-16	224	224
GoogLeNet	224	224

通过分析表中数据发现绝大部分网络结构的数据集尺寸均为224×224,同时考虑到要对原始图像进行随机剪裁,对于水稻病害图像,其发病部位在图像中分布不均,为了使病害能够被合理地提取出来,所以本试验将图像归一化尺寸设置为448×448,方便后续对其进行处理。

尺寸归一化采用Python作为编程语言,Python提供了众多图像处理第三方扩展模块,例如Opencv、PIL、skimage,均能对图像进行尺寸变换,本试验采用PIL库对采集到的病害样本进行尺寸归一化批处理,PIL库功能强大使用人数众多,提供了通用的图像处理功能以及大量有用的基本图像操作,如图像缩放、剪裁、旋转、颜色转换等,本试验图像尺寸归一化流程如下:

①利用os库对图像进行读取,循环遍历三类图像的文件夹,os库中的path模块主要用于获取文件的属性。

②对读取到的图像利用PIL模块中的image包进行处理,image模块是PIL库基本的核心类,该模块提供了很多工厂功能,比如加载图像和创建新图像。

③利用img.resize()函数设置归一化尺寸,对于resize函数主要需要设置以下参数,resize(self, size, resample=NEAREST, box=None),其中size表示图像请求的大小,其以像素为单位,元组中含有两个元素分别为图像的宽和高。

④将归一化后的图片循环保存在输出文件夹内。

(2)直方图均衡化

尺寸归一化后的图像虽然图像大小进行了统一,但是不同图像之间仍存在光照强度不同、病斑模糊、对比度低的问题,由此可能导致病害图像出现失真。为了使图像能够更好地被网络学习和提取，所以需要对图像进行直方图均衡化，对于该方法其选取单调、非线性的映射关系重新分配样本图像中像素的强度，通过调整对比度让整幅图像在所有取值区间的像素数变得更加均衡。彩色图像直方图能反映出众多特性，如照片的颜色分布及边缘梯度，通过直方图均衡化方法可以将亮度进行均衡分布，这样就可以使病斑更为明显地显示出来。

该方法通常都是针对灰度图像进行优化，其核心理念是改变样本图像的灰度概率分布形式，即把所选取样本图像的灰度直方图变化为全部灰度范围内的平均分布。如图 7 – 6 所示，对于一个长为 M 宽为 N 的离散的灰度图像，假设每一个像素都有一个灰度级 $L \in [0, L-1]$，对于 L 通常取值为 256，用 n_l 表示灰度级为 l 时出现的次数，那么其在图像中出现的概率 p_l 为

$$p_l = \frac{n_l}{M \times N} \tag{7-1}$$

n_l 累积分布函数可以定义为

$$cdf(l) = \sum_{i=0}^{l} p(l) \tag{7-2}$$

直方图均衡化公式为

$$l_{new} = \left[\frac{cdf(l) - cdf_{\min}}{(M \times N) - cdf_{\min}} (L-1) \right] \tag{7-3}$$

式中，$cdf(l)$ 表示原始灰度值 l 的非归一化累积分布函数，$cdf_{\min}$ 表示累积直方图 cdf 中最小值，$M \times N$ 表示输入样本的维数，L 为灰度值的个数。

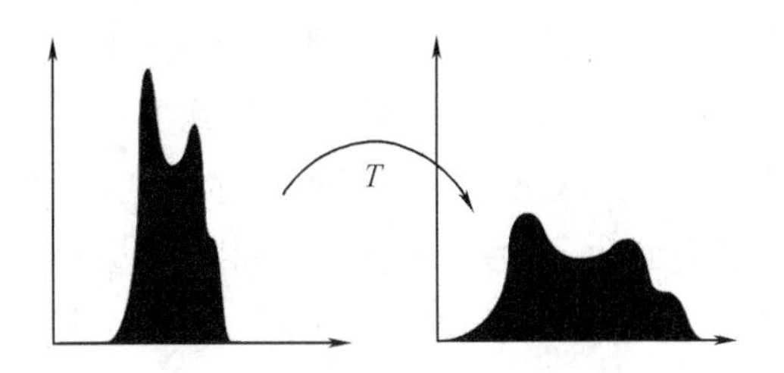

图 7 – 6　直方图均衡化示意图

图 7 – 7 所示为采用全局直方图均衡化后的水稻病害图像，通过观察可以看出均衡化后的图像。r、g、b 三通道的灰度级分布具有均匀的密度分布，但对于全局直方图均衡化后的图像却出现了失真现象。分析原因得出，原始图像直方图变化剧烈，即在某些灰度区间内像素分布密集同时某些灰度区间内不存在像素分布。若采用全局直方图均衡化，会将分布密集的灰度区间进行拉伸，使灰度值分布均匀，但归一化后发现其直方图产生了部分灰度级为零的情况，这可能会增加样本中无用信息的对比度并且降低水稻病斑的对比度，同时发现在进行全局直方图均衡化后图像的灰度级较以往有所增加，这可能会导致图像中某些不重要的细节被增强，使病斑特征在图像中的对比度降低。

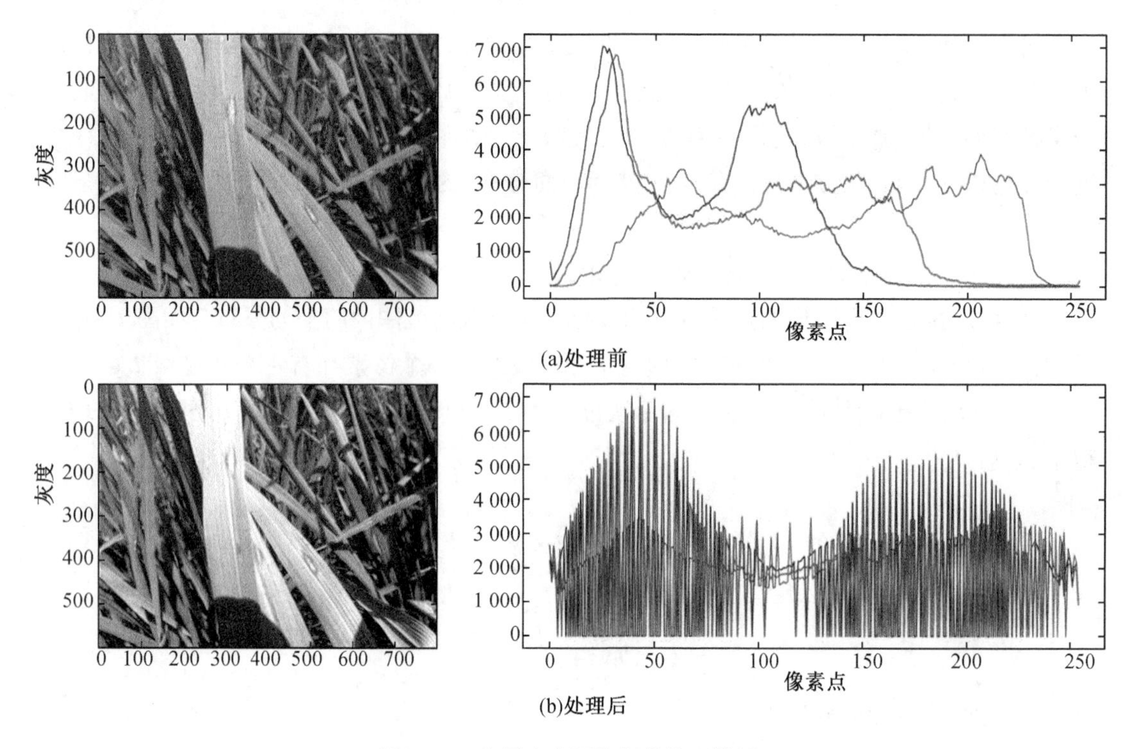

(a)处理前

(b)处理后

图 7-7 全局直方图均衡化处理结果

针对上述方法可能产生的问题，采用了一种限制对比度自适应直方图均衡化方法（CLAHE）。与全局直方图均衡化不同，CLAHE 的思想是将整幅图像分块处理，可以理解为局部直方图均衡化，首先对划分出的每一块区域的直方图进行统计，利用预先设置的对比度阈值对每一块直方图进行裁切处理，使得图像的灰度级差距缩小，其次对裁切后的直方图采用均衡化处理，将这些划分出来的块进行组合就得到了对比度自适应直方图处理后的结果。对于划分出来的每一块区域在拼接时可能会产生一些问题，即不同区域拼接时边缘较为明显，CLAHE 利用插值化解决了这一问题，使不同区域边缘之间能够平滑过渡。

图 7-8 为采用对比度自适应直方图处理后的结果对比图，从图中可以清楚地看到，采用这种方式优化后的病害样本对比度得到了提升，其直方图也得到了均衡分布，与第一种方法相比，病害特征得到了有效的增强。同时观察直方图也能发现对比度自适应直方图的灰度级较全局直方图均衡化更为平滑。这里还有一件重要的事情需要注意，在直方图均衡化的过程中，直方图的整体形状是变化的，而在直方图拉伸的过程中，直方图的整体形状是不变的。

3. 病害图像数据增强

对于大部分的卷积神经网络模型而言，其识别性能与数据集的大小有很大的关系。若输入进网络的数据集样本十分有限，那么模型训练时可能会遇到过拟合的问题。为了使模型有更好的泛化能力，需要更多的数据和尽可能多的数据变化。对于复杂的网络模型，小样本数据集不足以提供足够的特征让网络学习，在这种情况下，需要从给定的数据集生成更多的数据。常用的数据增强方法有镜像、旋转、剪裁、添加噪声、色彩抖动等方法，由于水稻病害图像病斑分布比较广泛，本试验采用随机剪裁、旋转、镜像这三种数据增强方法对数据集进行扩增，数据增强流程如图 7－9 所示，添加噪声和色彩抖动这两种数据增强方法可能会使水稻病害颜色特征产生变化，所以本试验不采用这两种方法。

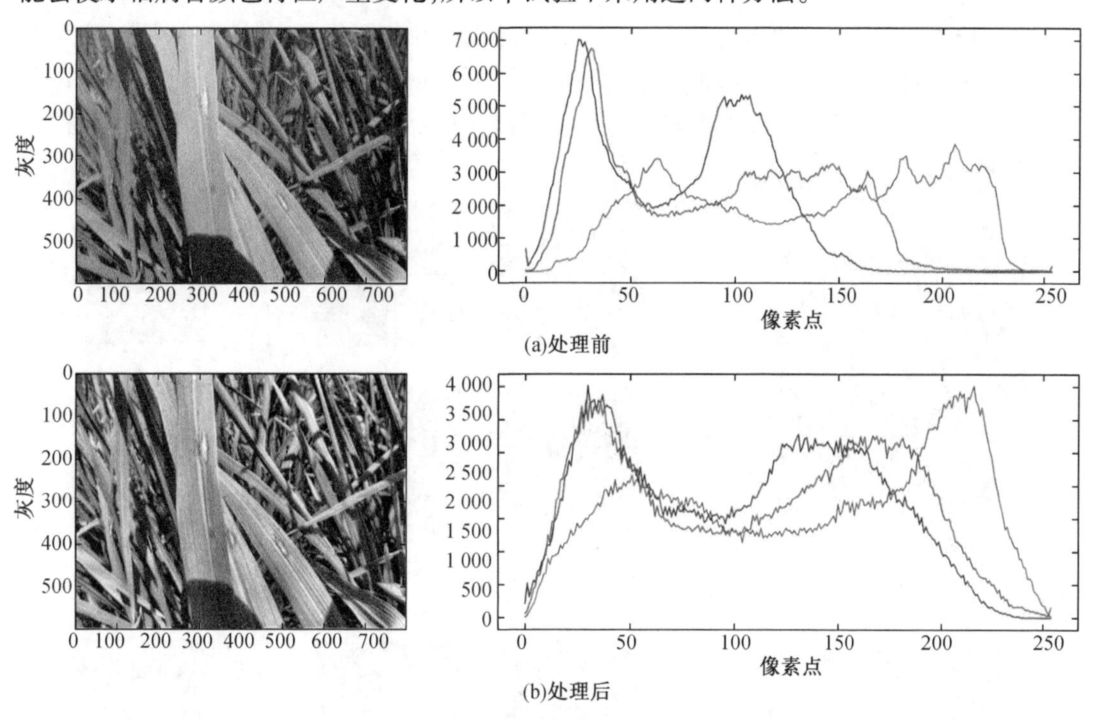

图 7－8　对比度自适应直方图处理结果

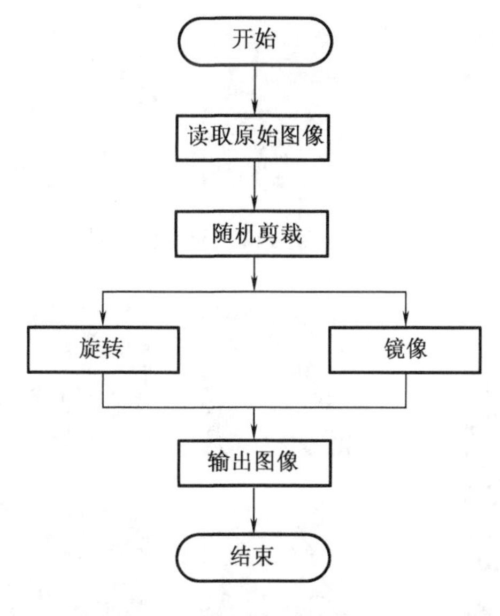

图 7－9　病害图像数据增强流程

（1）随机剪裁

随机剪裁是通过预先设定好的尺寸在原图像中进行随机截取，对于本试验获取的数据集，剪裁后图像的病害特征能更好地对应相应病害类别的权重，同时也能减弱背景因子的权重，弱化了图像中的噪声，使模型面对缺失值不敏感，以此增加模型的稳定性。试验利用 Tensorflow 对图像进行随机剪裁，Tensorflow 提供了随机剪裁函数 tf. random_crop（value, size, seed = None, name = None），value 表示需要随机剪裁的图像，size 表示一维张量，其大小与 value 相同。对于剪裁 RGB 图像时 size = [crop_height, crop_width, 3]，其中 crop_height、crop_width 分别表示想要剪裁的高和宽，图 7－10～图 7－12 分别展示了三种病害随机剪裁后的效果。

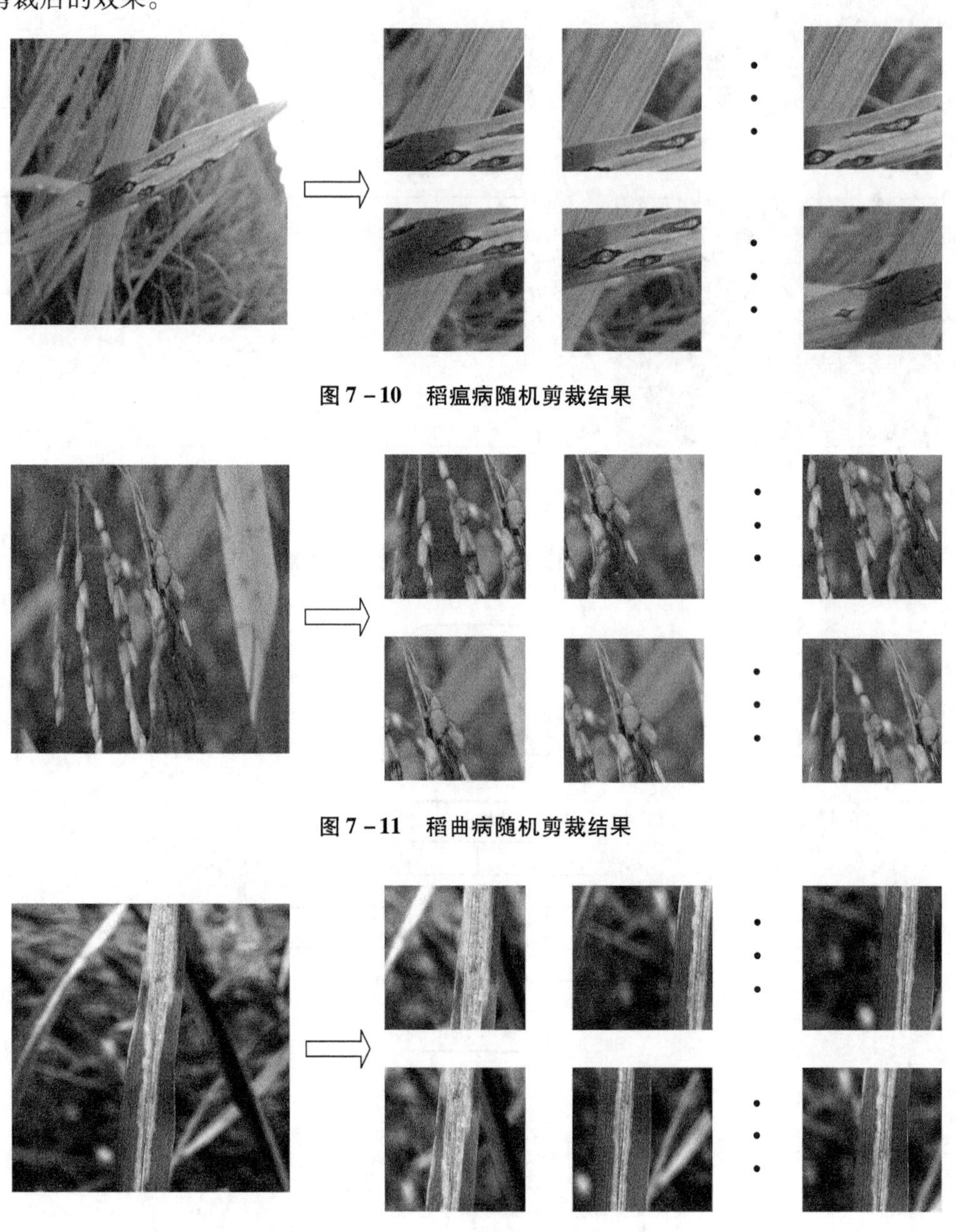

图 7－10　稻瘟病随机剪裁结果

图 7－11　稻曲病随机剪裁结果

图 7－12　白叶枯病随机剪裁结果

（2）旋转

旋转变换是另一种常见的数据增强方法，数字图像是由众多的像素值构成，对图像进行旋转操作也就是对像素值的位置坐标进行变换，旋转后的图像整体信息并没有发生改变，但病斑局部信息相对与整体产生了变化，从而使网络能够学习到更多的特征，增强了模型的泛化能力。

图 7－13 为像素旋转示意图，(x_0, y_0)和(x_1, y_1)分别表示旋转前后的像素坐标，θ 代表旋转的角度，α 为原始坐标与坐标轴的夹角，r 是像素坐标与原点的距离，对于旋转前后的像素坐标可以表示为

$$\begin{aligned} x_0 &= r\cos\alpha \\ y_0 &= r\sin\alpha \end{aligned} \tag{7-4}$$

$$\begin{aligned} x_1 &= r\cos(\alpha+\theta) \\ y_1 &= r\sin(\alpha+\theta) \end{aligned} \tag{7-5}$$

将公式(7－4)、公式(7－5)联立得

$$\begin{aligned} x_1 &= x_0\cos\theta - y_0\sin\theta \\ y_1 &= x_0\sin\theta - y_0\cos\theta \end{aligned} \tag{7-6}$$

其矩阵形式可以表示为

$$[x_1 \quad y_1 \quad 1] = [x_0 \quad y_0 \quad 1]\begin{bmatrix} \cos\theta & -\sin\theta & 0 \\ \sin\theta & \cos\theta & 0 \\ 0 & 0 & 1 \end{bmatrix} \tag{7-7}$$

对于公式(7－7)其逆变换矩阵为

$$[x_0 \quad y_0 \quad 1] = [x_1 \quad y_1 \quad 1]\begin{bmatrix} \cos\theta & \sin\theta & 0 \\ -\sin\theta & \cos\theta & 0 \\ 0 & 0 & 1 \end{bmatrix} \tag{7-8}$$

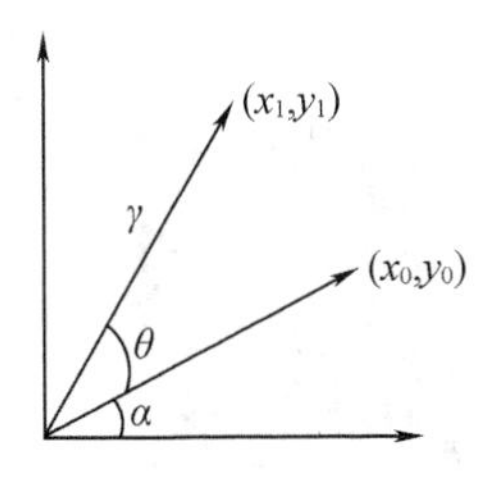

图 7－13　旋转变换

在进行旋转操作时还需要注意一点，即旋转角度的问题，若采用随机旋转，旋转后部分像素可能会超出图像的尺寸边界造成特征丢失现象。由于本试验尺寸归一化后的病害样本长度及宽度大小相同，所以试验选取 90°、180°、270°作为旋转角度，这样使得旋转后的图片与原图像大小保持一致，消除了信息丢失这一现象。以稻瘟病病害样本为例其旋转处理后的图像如图 7－14 所示，图 7－14(a)～图 7－14(d)分别为原图像、旋转 90°图像、旋转 180°图像、旋转 270°图像。

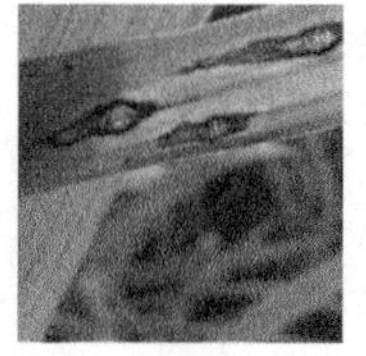
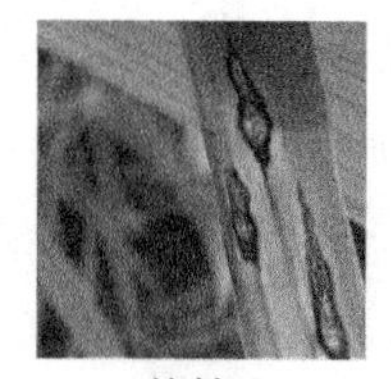
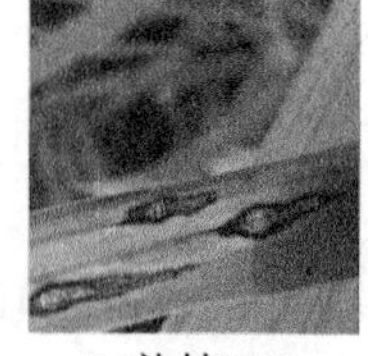
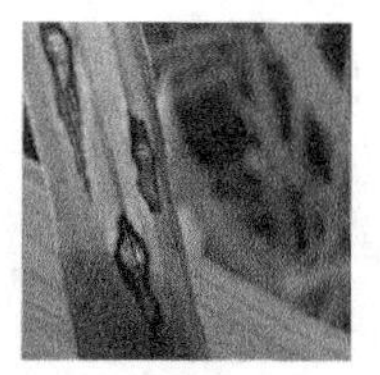
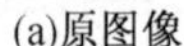

(a)原图像　(b)旋转90°　(c)旋转180°　(d)旋转270°

图7－14　不同旋转角度病害样本图

(3)镜像

镜像方式通常分为水平方向、竖直方向和对角线方向,水平镜像选取图像的竖直中垂线作为旋转轴进行镜像对换,垂直镜像选取图像的水平中垂线作为旋转轴进行镜像对换,对角镜像选取样本图像对角线的交点为旋转点进行镜像对换,本试验选取水平镜像和竖直镜像这两种数据增强方法对裁切后的图像进行增强处理,式(7－9)和式(7－10)分别为水平镜像和竖直镜像的矩阵表示形式。

$$[x_1 \quad y_1 \quad 1] = [x_0 \quad y_0 \quad 1]\begin{bmatrix} 1 & 0 & 0 \\ 0 & -1 & W \\ 0 & 0 & 1 \end{bmatrix} \tag{7-9}$$

$$[x_1 \quad y_1 \quad 1] = [x_0 \quad y_0 \quad 1]\begin{bmatrix} -1 & 0 & H \\ 0 & 1 & 0 \\ 0 & 0 & 1 \end{bmatrix} \tag{7-10}$$

式中,x_0 和 y_0 为镜像前像素的横坐标和纵坐标值,x_1 和 y_1 为镜像后像素的横坐标和纵坐标值,W,H 分别代表图像的宽和高,原坐标(x_0, y_0)经过水平镜像后变成了$(x_0, W-y_0)$,(x_0, y_0)经过垂直镜像后变换为$(H-x_0, y_0)$。图7－15为镜像后获得的水稻病害效果,其中图7－15(b)为水平镜像方式,图7－15(c)为竖直镜像方式。

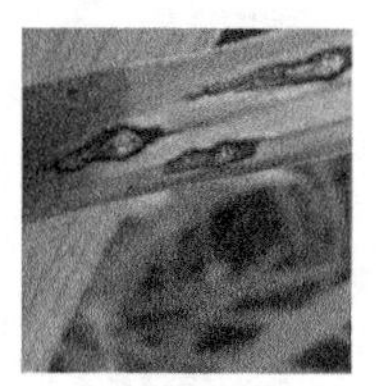
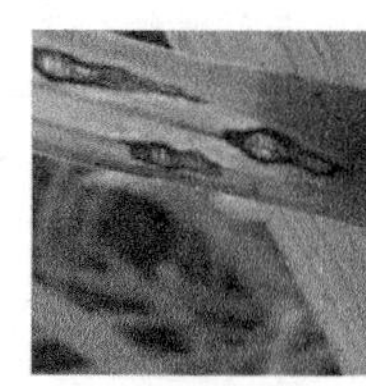
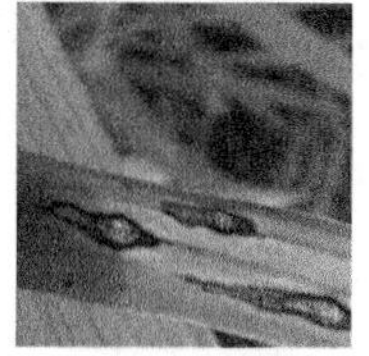

(a)原图像　(b)水平镜像　(c)竖直镜像

图7－15　不同镜像方式病害样本图

7.1.3　病害数据库的建立

利用上述数据增强方法可以使水稻病害图像得到一定的扩充,图像经过旋转、镜像操作后相比于随机剪裁得到的样本扩充了6倍,这样就大幅度地增加了病害特征的多样性,使模型能得到更高的准确率。对于进行数据增强的病害图像,发现随机剪裁后部分图像不能很好地体现出病害特征,如图7－16所示。截取出来的图像只包含极少的病斑特征或不包含特征,其原因是因为部分病害图像的特征只存在于图像的局部,随机剪裁并不能按照其位置进行操作,导致图像特征不能很好地被截取出来,这样的数据样本会影响模型对病害识别的准确性,所以需要将这一类效果不好的图像筛选出来后再次随机剪裁。

图 7 – 17 表示数据增强后三类病害的数量,从图中可以看出样本存在数据不均衡这一问题,增强后的稻瘟病病害图像约为稻曲病和白叶枯病的 2 倍,由于卷积神经网络对样本的数量很敏感,在使用交叉熵损失函数作为分类函数时,会导致模型倾向于将样本预测为出现次数多的类别。

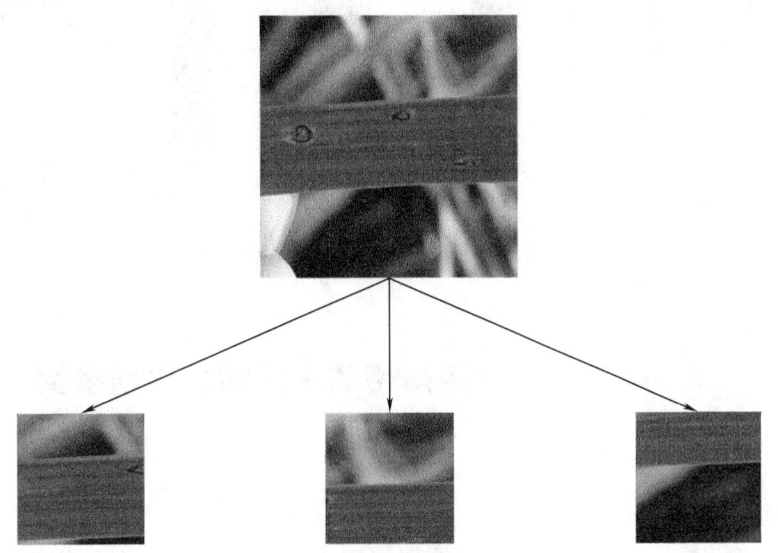

图 7 – 16　存在问题的病害样本

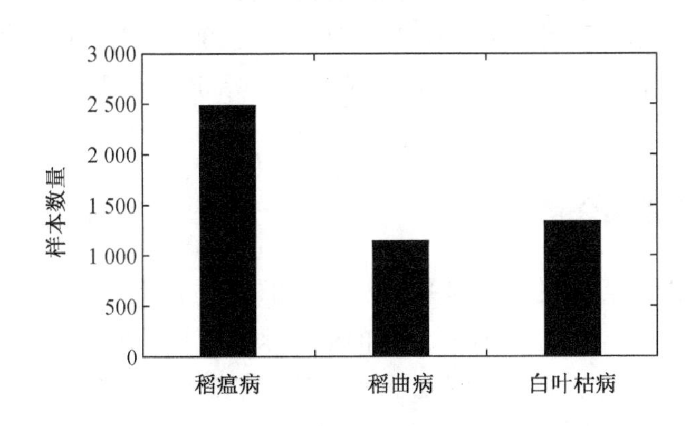

图 7 – 17　数据增强后三类病害数量

解决样本不均衡现象通常有以下三种处理形式。

(1)欠采样,即对于样本数量过多的类别,随机删除其中部分特征数据,从而使数据样本达到均衡化。

(2)过采样,即对于样本数量较少的类别,利用数据增强方法增加其样本数,但这种情况可能会导致过拟合现象的发生。

(3)合成采样,即通过组合已有病斑图像的各个特征从而产生新的样本。

本试验采用欠采样方法对水稻稻瘟病病害样本进行随机删除，数据均衡化后的三类病害样本数量如图 7 – 18 所示。

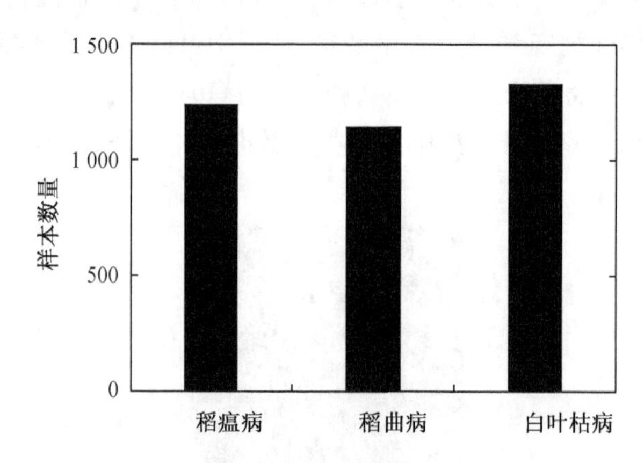

图 7 – 18　数据均衡化后三类病害样本数量

7.2　基于卷积神经网络的水稻病害识别模型

数据集建立后需要对神经网络模型进行设计探究，本节主要利用 Tensorflow 搭建水稻病害识别模型。首先分析不同深度学习框架的优势及存在的不足并说明实验所需软件环境的安装过程。其次对卷积神经网络结构层的设计展开阐述，并对各结构中所需要的参数进行初始化设置。最后为了提升该模型对病害识别的准确率，探究了不同结构和参数对其识别结果的影响，通过对得到的不同实验数据进行分析，选取识别准确率最高的卷积神经网络结构及参数。

7.2.1　深度学习框架介绍

深度学习是机器学习中的一个研究方向，它试图模仿人类大脑的结构和功能，在计算机中预先定义一个神经网络模型，通过给定的输入来预测期望的输出，成功地构建神经网络模型是实验的先决条件。可以把深度学习框架看作是一个接口，它允许开发人员更容易、更快速地构建机器学习模型，并且封装好了底层算法的实现过程。使用时通过一个高级编程接口进行交互能够搭建复杂的神经网络模型，简化了神经网络编程这一过程。

TensorFlow、Caffe、Theano、Keras 等是当今流行的开源深度学习框架。它们在建模能力、易用性、运行速度和 gpu 的支持等方面存在一定的差异，表 7 – 3 展示了知名的深度学习框架并对几种框架的优势及存在的问题进行了对比分析。

表7－3　深度学习框架表

框架名称	研发机构	优缺点
Caffe	Berkeley	网络构建简洁快速,可以从 Caffe Model Zoo 中访问预先训练好的网络,但缺少灵活性
Keras	Google	简洁的高层神经网络 API,可以快速构建神经网络,但过度封装导致程序运行时可能存缓慢的问题
PyTorch	Facebook	源码易于阅读,设计简洁,可以动态地设计网络,但模型部署存在一定困难
Theano	UdeM LISA Lab	早期的深度学习框架,可以通过 GPU 加速训练模型,但调试困难,并且已停止框架的更新
MXNET	Amazon	支持分布式编程,对显存及运行速度的优化较好,节省资源,但其技术文档更新速度较慢
CNTK	Microsoft	支持 DNNs,以及 CNNs 自由组合的模型,缺乏对 ARM 架构的支持,在移动设备上部署存在难度
PaddlePaddle	Baidu	同时支持动态图和静态图,调试网络便捷,API 实用性需要加强
Tensorflow	Google	开发者众多,社区活跃,支持数据并行和模型并行,可以用 TensorBoard 进行数据可视化

本实验选取 Tensorflow 作为深度学习框架,Tensorflow 是 Google 公司于 2015 年发布的一个高性能数值计算的开源软件库,用于执行复杂的数值运算和构建深度学习模型,对机器学习和深度学习提供了强大的支持。Tensorflow 具有很高的灵活性和可移植性其允许在 CPU、GPU、TPU 平台上轻松部署计算,同时其也为开发者提供了众多编程语言接口如 Python、Java、C++、Go 等使其可以应用于服务器集群、移动设备、边缘设备等不同环境,并且在文本分析、图像识别、语音识别等领域发挥着重要作用。

Tensorflow 程序通常可以分为构建图阶段和执行图阶段。在构建图阶段,通过定义数据流图(data flow graphs)来实现卷积神经网络模型,数据流图中包含两个基础元素分别是节点(operation)和边(edge),图7－19为 Tensorflow 数据流图表示形式,其中节点表示数学操作,例如函数或数值计算,边表示节点间相互联系的多维数据数组,例如数值、矩阵或张量。在执行图阶段,使用会话(Session)开启执行数据流图所定义的节点。

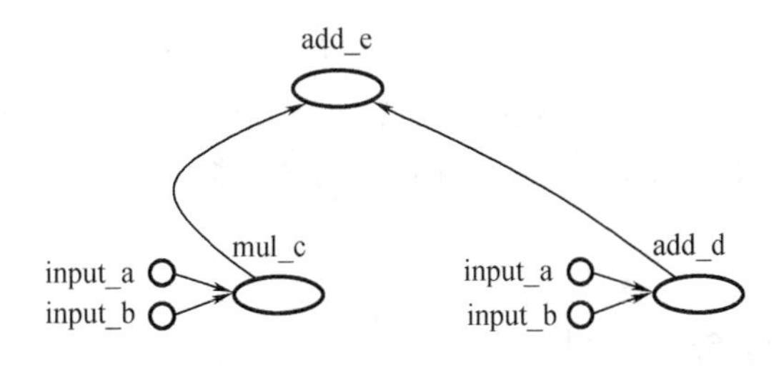

图7－19　Tensorflow 数据流图

7.2.2 开发环境搭建

表7－4展示了实验的硬件及软件参数，本实验使用Tensorflow的GPU版本作为卷积神经网络模型搭建和训练的平台，可以把卷积神经网络模型看作为一个具有大量节点的网络结构，每个节点都连接着不同的神经元，同时每个节点也对应着不同的权重和偏置参数，在网络运行过程中这些参数需要进行不断的迭代更新。当使用卷积神经网络对图像数据进行预测和分类时，网络中包含众多的参数，参数的更新需要大量的矩阵运算，普通的CPU很难处理这样一个计算密集型的任务。与CPU相比GPU具有更高的时钟速率和更多的计算单元，通过并行计算处理矩阵运算时能提升运算速度，降低模型训练的时间。

表7－4　实验软硬件参数表

名称	配置参数
操作系统	Windows10（64bt）
编程语言	Python 3.6
深度学习框架	Tensorflow－gpu 1.13.1
CPU	Intel(R) Core(TM) i7－8750H
GPU	Nvidai GeForce GTX 1060(6G)
Cuda	Cuda－10.0
CuDNN	cuDNN－7.4
环境管理	Anaconda3

卷积神经网络编程过程中需要用到不同的Python包进行编写，Python包管理工具pip对于某些包的安装存在兼容性问题，并且很难在虚拟环境中安装不同版本包。所以本实验选取Anaconda作为环境管理工具。Anaconda拥有标准的Python编程语言库以及大量的第三方库，例如numpy、panda、scikit－learn等，同时允许创建不同的虚拟环境进行编程，并且提供了更为方便的conda包管理工具，提升了环境管理效率。

由于本实验采用Tensorflow－gpu作为深度学习框架，因此在使用Nvidai GPU加速训练前，需要安装CUDA(图7－20)和cuDNN。CUDA是英伟达公司发布的GPU的并行计算框架用于在显卡上编程，方便GPU处理复杂并行计算的问题。cuDNN是一个使用CUDA构建的深度神经网络库。它为深度神经网络中的常见操作提供GPU加速功能。CUDA和cuDNN的版本需要与Tensorflow版本进行对应，本实验使用的Tensorflow版本为1.13.1在查阅官方技术文档后，选择CUDA10.0和cuDNN7.4版本进行安装。图7－21为Tensorflow－gpu测试成功信息的界面。

7.2.3 卷积神经网络结构层设计

近年来随着计算机处理能力的不断提升和数据量的不断增加，神经网络结构朝着更深更宽的方向发展，越来越多深度神经网络模型被学者们搭建出来，例如 VGGNet 和 GoogleNet 等，这些模型参数众多并且要提供大量的数据进行特征提取。若采用上述结构进行本实验，会导致网络无法学习到足够的信息，最终出现过拟合这一现象，所以本实验采取搭建一个适合的模型来对水稻病害进行精确识别。神经网络模型设计需要考虑众多因素，如网络结构和网络中所需要的参数设置等，为了简化设计步骤提升模型稳定性，本实验的卷积神经网络模型参照了 LeNet-5 和 AlexNet 的设计思想，图 7-22 和 7-23 分别为上述两个神经网络的模型结构图。

```
Microsoft Windows [版本 10.0.17763.1098]
(c) 2018 Microsoft Corporation。保留所有权利。

C:\Users\zhang>nvcc -V
nvcc: NVIDIA (R) Cuda compiler driver
Copyright (c) 2005-2018 NVIDIA Corporation
Built on Sat_Aug_25_21:08:04_Central_Daylight_Time_2018
Cuda compilation tools, release 10.0, V10.0.130
```

图 7-20 CUDA 安装成功信息

```
D:\Pycode36\Scripts\python.exe D:/test/test_GPU.py
2020-03-21 05:16:19.845525: I tensorflow/core/platform/cpu_feature_guard.cc:141] Your CPU supports instructions that this TensorFlow binary was not compiled to use: AVX2
2020-03-21 05:16:20.091805: I tensorflow/core/common_runtime/gpu/gpu_device.cc:1433] Found device 0 with properties:
name: GeForce GTX 1060 major: 6 minor: 1 memoryClockRate(GHz): 1.6705
pciBusID: 0000:01:00.0
totalMemory: 6.00GiB freeMemory: 4.97GiB
2020-03-21 05:16:20.092298: I tensorflow/core/common_runtime/gpu/gpu_device.cc:1512] Adding visible gpu devices: 0
2020-03-21 05:16:23.610529: I tensorflow/core/common_runtime/gpu/gpu_device.cc:984] Device interconnect StreamExecutor with strength 1 edge matrix:
2020-03-21 05:16:23.610684: I tensorflow/core/common_runtime/gpu/gpu_device.cc:990]      0
2020-03-21 05:16:23.610773: I tensorflow/core/common_runtime/gpu/gpu_device.cc:1003] 0:   N
2020-03-21 05:16:23.615278: I tensorflow/core/common_runtime/gpu/gpu_device.cc:1115] Created TensorFlow device (/job:localhost/replica:0/task:0/device:GPU:0 with 4716 MB memory)
```

图 7-21 Tensorflow-gpu 测试成功信息

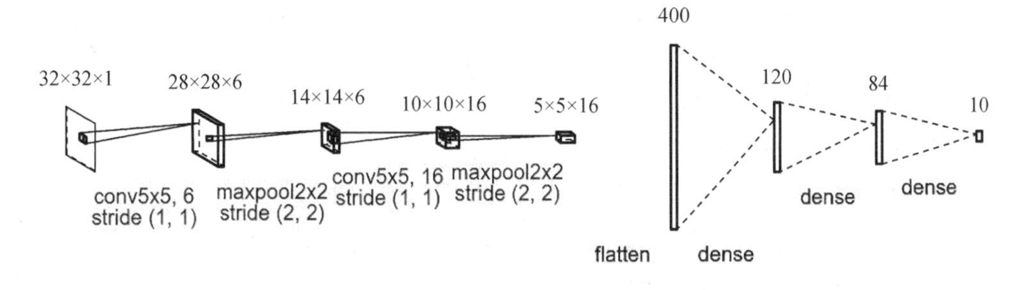

图 7-22 LeNet-5 模型结构图

通过对 LeNet 和 AlexNet 结构进行分析，随着网络深度的递增，模型对特征提取的能力也在不断提升，但过多的网络层也容易使网络产生梯度消失或梯度爆炸，所以需要合理的设置网络结构。通过前期实验本实验最终搭建了一个十二层的卷积神经网络结构，包括一个输入层、四个卷积层、四个池化层和三个全连接层。同时考虑到模型部署的问题，若采用 224×224 的原始图像作为输入，会增大模型的计算量，使模型变得复杂，为了降低模型的大小本实验拟采取将输入图像转换为 100×100，进而减少模型中的参数，使训练后得到的模型更容易在其他平台上进行部署。

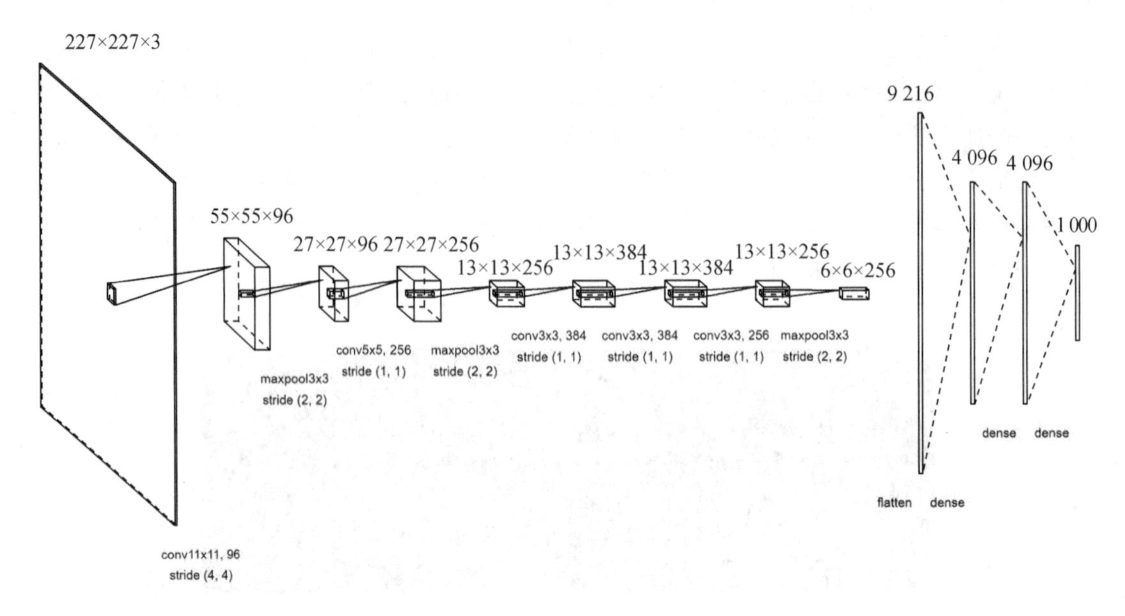

图 7－23 AlexNet 模型结构图

1. 卷积层设计

卷积层设计思想主要参考 AlexNet 中间层结构，AlexNet 有五个卷积层，首先利用了尺寸为 11×11 的大尺寸卷积核对特征进行提取，大尺寸的卷积核所对应的局部感受野也越大，所以在卷积操作时，能更好地捕捉到图像的全局特征同时保留图像中的微小细节，但若持续使用大尺寸卷积核，会导致模型参数众多计算复杂。所以在后续的卷积层中 AlexNet 使用了 5×5 和 3×3 的卷积核进行搭配，小尺寸的卷积核能更好的对局部特征进行提取。

本试验设计的四个卷积层分别为 C1 层、C2 层、C3 层、C4 层（表 7－5），通过利用不同尺寸的卷积核进行搭配，实现对水稻病斑特征的提取，为了使卷积后特征图尺寸不变，本试验利用零填充保证卷积前后特征图尺寸一致，卷积层具体设置如下：

C1 层：采用 5×5 的卷积核对输入图片进行卷积操作，提取病害图像的全局特征，滑动步长设置为 1，填充方式设置为 SAME，对于 C1 层卷积后得到 32 个特征图。

C2 层：仍采用 5×5 的卷积核对输入特征图进行卷积操作，滑动步长设置为 1，填充方式设置为 SAME，对于 C2 层卷积后得到 64 个特征图。

C3 层：采用 3×3 的卷积核对输入特征图进行卷积操作，小尺寸卷积核能更好的提取到图像中更为抽象的特征，滑动步长设置为 1，填充方式设置为 SAME，对于 C3 层卷积后得到 128 个特征图。

C4 层：同样采用 3×3 的卷积核，滑动步长设置为 1，填充方式设置为 SAME，为了减少全连接层参数的数量，C4 层输出的特征图数量仍为 128。

神经网络在解决分类问题方面要优于传统的线性函数，是因为其利用非线性函数将难以分离的数据集映射成可分离的空间，在卷积层中通常需要添加激活函数来增加网络的非线性能力。LeNet－5 采用 Sigmoid 作为激活函数，但 Sigmoid 函数在梯度反向传递时容易导致梯度爆炸和梯度消失，AlexNet 采用 Relu 函数来降低这一问题的产生，与 Sigmoid 激活函数相比，Relu 函数的主要优点是它不会同时激活所有神经元，并且收敛速度远快于 Sigmoid，所以本实验卷积层均采用 Relu 作为激活函数。

表 7-5 卷积层结构表

卷积层名称	卷积核尺寸	配置参数		激活函数
C1 层	5×5	padding = same strides = 1	feature_map = 32	ReLu
C2 层	5×5		feature_map = 64	
C3 层	3×3		feature_map = 128	
C4 层	3×3		feature_map = 128	

2. 池化层设计

图像在经过卷积操作后会产生一个高维度的卷积特征，所以卷积层后通常都连接一个池化层进行降维处理，当从前一个卷积层移动到下一个卷积层时，特征图空间大小逐步缩小，从而有助于减少参数的数量，降低过模型拟合的风险，同时参数的降低也可以增加卷积层特征图的深度，让模型提取到更多的特征。

本试验在不同的卷积层后分别连接了一个池化层（见表 7-6），池化方式选取均值池化，滤波器采样尺寸均设置为 2×2，滑动步长设置为 2，填充方式设置为 valid 即不填充，对于不同池化层分析如下：

P1 层：P1 层主要是对 C1 层处理后的特征进行下采样，由于卷积层均为零填充，所以 P1 层输入的特征图大小为 100×100，P1 层输出尺寸为 $(100-2)/2+1=50$。

P2 层：P2 层接收来自 C2 层的特征向量，C2 层卷积后尺寸不发生改变，所以 P2 层输入为 50×50，其输出大小为 $(50-2)/2+1=25$。

P3 层：P3 层尺寸计算同前两层不同，对与 P3 层池化后特征图尺寸不为整数，通过查阅相关资料发现其采用了截断取整方式，即将剩余不满足一个滤波器大小的部分舍弃，所以本层输出尺寸为 12×12。

P4 层：P4 层与 C4 层相连接，所以其传入的特征图尺寸为 12×12，对于 P4 层求得其输出尺寸为 $(12-2)/2+1=6$。

表 7-6 池化层结构表

池化层名称	采样尺寸	配置参数	输出尺寸
P1 层	2×2	padding = valid strides = 2	50×50
P2 层			25×25
P3 层			12×12
P4 层			6×6

3. 全连接层设计

在全连接层中,一个层的所有节点都参与并连接到后续层的所有其他节点上进行决策,这有助于提取特性之间的全局关系。LeNet - 5 和 AlexNet 在模型结尾都采用了三个全连接层将分布式特征表映射到样本标记空间,在卷积神经网络结构中全连接层占据了网络中绝大部分的参数数量,所以增添该层会导致网络中参数过多,降低模型的收敛速度。减少全连接层的数量虽然可以降低模型的参数,但删除任何内层都会导致性能下降约 2%,所以本试验参照这两个模型的设计思想也同样设置三个全连接层(表 7 - 7)。

表 7 - 7　全连接层结构表

全连接层名称	节点数量	激活函数
FC1 层	1 024	Relu
FC2 层	512	
FC3 层	3	

全连接层结构定义完后要考虑一些参数的选择,例如全连接层的节点数量。参考大量文献发现节点数量通常设置为 $2^n(n=1,2,3,\cdots,k)$,对于前两层全连接层分别选取 1 024 和 512 这两个经验值。第三层节点数量设计思想和前两层有所不同,对于多分类问题,全连接层输出神经元个数通常都是要分类的类别数量,所以对于本实验,第三层节点数量为 3。

7.2.4　网络模型的训练

1. 过拟合问题的解决

为了降低模型训练时可能会出现的过拟合问题,本实验对全连接层添加正则化进行优化。

正则化方法通常有 L_1 正则化和 L_2 正则化这两种方法,其主要目的都是针对模型中参数过大的问题在代价函数后面引入惩罚项,限制网络模型的学习能力,使模型能够收敛到最优值。这两种正则化方法的数学表达式为

$$\bar{J}(w;X,y)=J(w;X,y)+\alpha\Omega(w) \tag{7-11}$$

式中 $J()$ 表示目标函数,w 表示受范数惩罚影响的权重,X,y 分别表示训练样本和其所对应的类别,α 表示权重惩罚项的超参数,$\Omega(w)$ 为权重参数惩罚项。

$$L_1=\Omega(w)=\|w\|_1=\sum_i|w_1| \tag{7-12}$$

$$L_2=\Omega(w)=\|w\|_2^2=\sqrt{\sum_i w_i^2} \tag{7-13}$$

式(7 - 12)和式(7 - 13)分别为 L_1 惩罚项和 L_2 惩罚项的定义形式,通过观察其定义形式可以发现 L_1 参数惩罚项计算的是网络中所有权重 w 绝对值之和,L_2 参数惩罚项先对权重 w 求平方和再对其开平方,这一点导致了这两种正则化方法会产生不同的惩罚效果,图 7 - 24 表示这两种方法在二维平面的示意图。

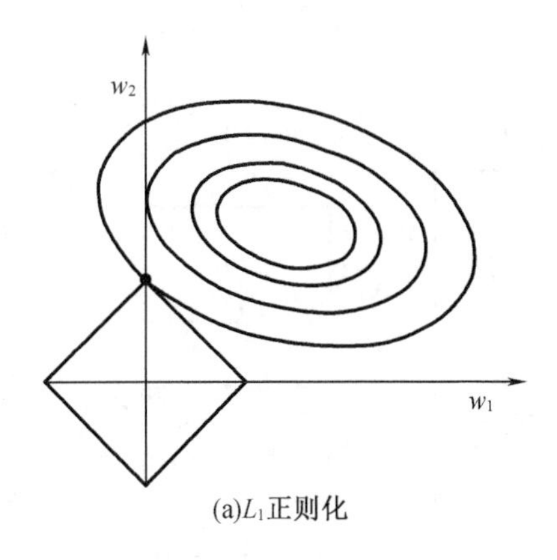

(a)L_1正则化

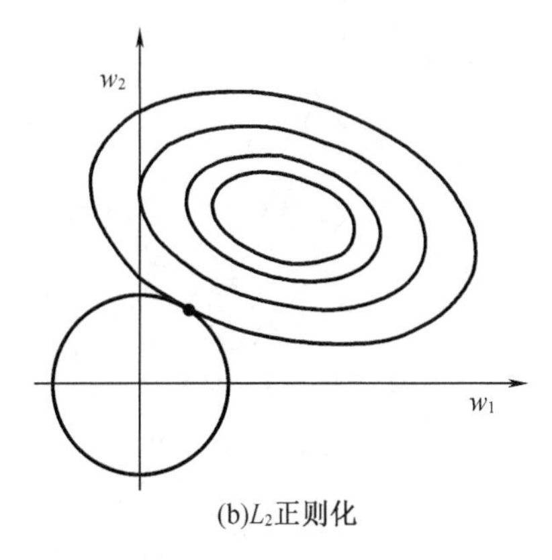

(b)L_2正则化

图 7－24　L1、L2 正则化示意图

从图 7－24 中可以看出 L_1 正则化的目标函数最优值可能会出现在坐标轴上，也就是说会产生权重某一维度为 0 的情况，从而使权重矩阵变得稀疏，防止过拟合。与 L_1 正则化相比 L_2 正则化得到权重维度为 0 的概率很小，但在最小化正则项时，其可以不断趋近于 0，从而得到一个很小的值，通常认为参数值小的模型得泛化能力越强，所以 L_2 正则化利用这一点来降低过拟合风险。由于神经网络学习时会提取到大量特征，当特征贡献度相似的时候，稀疏特征可能会使模型失去这些有用的特征，但 L_2 正则化则会保留这些特征，并将权值平均分布给这些特征，所以本实验选取 L_2 正则化来降低过拟合风险。

2. 交叉熵损失计算

在搭建完卷积神经网络模型后，需要对其性能进行评估，通常用损失函数来计算模型的预测值 $f(x)$ 与真实值 Y 之间的差距，这种差距称之为误差（loss），误差的大小能体现出模型的好坏，误差越低证明模型的性能越好，误差高证明模型不稳定还需要进一步完善。

水稻病害识别可以等效成图像分类问题，在图像分类问题中通常使用 Softmax 交叉熵损失函数对误差进行计算，函数的具体实现主要分为两个步骤：

（1）softmax 输出概率分布

Softmax 函数实际上是有限项离散概率分布的梯度对数归一化，其作用是将多分类的输出数值转化为相对概率。Softmax 能更好地作为决策函数是因为其有以下特点，首先 Softmax 返回所有类的离散概率分布，并将其都限制在［0，1］之间，其次对于输出的所有概率分布其求和结果为 1。公式（7－14）为 Softmax 的标准形式：

$$S_j = \mathrm{Softmax}(Z_j) = \frac{e^{z_j}}{\sum_k^K e^{z_k}} \quad (j = 1,2,\cdots,K) \qquad (7-14)$$

式中 S_j 表示对应输出类别概率，K 表示类别总数，Z_j 表示前级输出单元的输出。

全连接层将权重矩阵与输入向量相乘再与偏置进行相加，最终得到一个与维数与输入类别相对应的向量，并将其作为输出结果。在多类分类任务中通常希望最终得到样本属于某一类输出的几率，但全连接层输出的却是一个预测向量，所以需要利用 Softmax 对这个向量进行归一化，求得其每一类所对应的概率，图 7－25 表示 Softmax 计算流程。

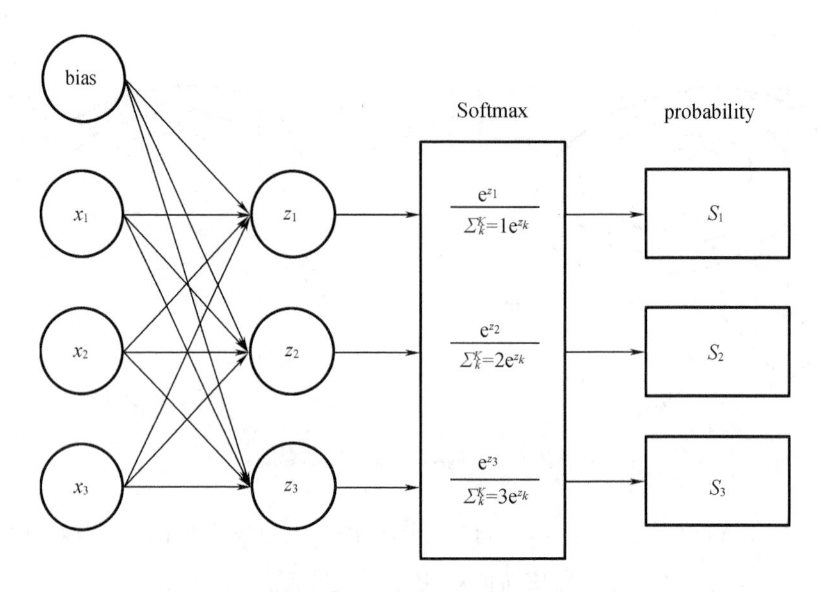

图 7 – 25　Softmax 计算流程图

(2)计算交叉熵

全连接层经 Softmax 输出之后会得到样本的概率分布,接下来就需要对误差(loss)进行计算,对于误差(loss)通常使用交叉熵进行求取,其公式为

$$H(y,t) = H_t(y) = -\sum_i t_i \log y_i \tag{7-15}$$

式中,y 表示样本的期望输出,t 表示样本的实际输出,$H_t(y)$ 表示期望值与实际值之间的交叉熵。

假设样本的期望输出为 $y=(1,0,0)$,其对应三种类别的实际输出分别为 t_1,t_2,t_3,若 $t_1=(0.6,0.2,0.2)$,$t_2=(0.5,0.3,0.2)$,$t_3=(0.7,0.2,0.1)$,通过公式可以求得交叉熵结果如下:

$$H(y,t_1) = -1(1\times\log^{0.6} + 0\times\log^{0.2} + 0\times\log^{0.2}) = 0.22 \tag{7-16}$$

$$H(y,t_2) = -1(1\times\log^{0.4} + 0\times\log^{0.3} + 0\times\log^{0.3}) = 0.40 \tag{7-17}$$

$$H(y,t_3) = -1(1\times\log^{0.8} + 0\times\log^{0.1} + 0\times\log^{0.1}) = 0.10 \tag{7-18}$$

观察结果发现 $H(y,t_3) < H(y,t_1) < H(y,t_2)$,数值越小说明交叉熵损失越小,证明该样本更接近于这一类标签,所以得出 t_3 是相对正确的分类结果。

3. 参数优化方法

神经网络的训练过程看作参数优化问题,训练过程中通过对输入样本进行不断迭代,以达到循环更新网络中的权重和偏置参数的效果。参数的更新需要一个评价指标,通常采用损失函数来评价参数的好坏,为了获取网络的最优权重参数,则需要利用优化器对损失函数进行优化求解最小损失,当损失函数最小时,通过网络反向传播的梯度信息来实现网络最优参数更新这一目的。

常见的优化方法通常有梯度下降法、动量优化法和自适应学习率优化算法,梯度下降法需要设置一个全局学习率对参数进行更新,对于合适的学习率选择比较困难。动量优化法引入了 momentum 的概念使模型能够更快的收敛,但是其所有参数仍具有相同的学习率。

与其他两种算法相比,自适应学习率算法通过引入动态学习率可以在一定程度缓解上述问题,所谓动态学习率就是在模型运行过程中对每个参数设置不同的学习率,使模型避免遇到局部最优解,加速模型收敛。自适应学习率算法有许多种,本实验首先采用 AdadeltaOptimizer 优化器来进行实验探究,分析其对模型的影响。

4. 试验结果分析

(1)迭代次数实验

本试验训练样本为上述数据扩充后的水稻病害数据集,数据集分为三类,其中稻瘟病 1 260 张、稻曲病 1 170 张、白叶枯病 1 350,训练集和测试集按照 4:1 进行划分,即 80% 用来训练,20% 用来测试。

网络训练前需要对其中的参数进行初始化设置,本实验设置输入图像尺寸设定为 100 × 100,Adadelta 优化器初始学习率设置为 0.01,衰减率设置为 0.95,正则化参数选取 0.01,卷积层权重采用截断正态分布进行初始化,初始化偏置为 0,模型参数如表 7 – 8 所示。

表 7 – 8　模型初始化参数设置

初始化学习速率	衰减率	初始化偏置
0.01	0.95	0
batch_size	正则化参数	迭代次数
32	0.01	(600,800,1 000,1 200,1 400)

为了获得最优的迭代次数,本实验设置了五组方案,分别选取 600,800,1 000,1 200,1 400 作为迭代次数,通过分析不同迭代次数下的识别率变化情况选取最适合本模型的参数。表 7 – 9 为不同迭代次数下对模型识别结果的影响,从表中可以看出当迭代次数小于 1 000 次时训练集和测试集的准确率随着迭代次数增加而增加,当迭代次数大于 1 000 次时训练集和测试集的准确率变化较小,变化趋近于平缓,并且会出现准确率降低的情况。过多的迭代次数会增加模型的运算时间,降低运行效率,所以在后续实验中均采用 1 000 次作为迭代次数。

表 7 – 9　不同迭代次数对模型结果的影响

准确率	迭代次数				
	600	800	1 000	1 200	1 400
训练集准确率/%	79.68	83.45	85.47	84.58	85.23
测试集准确率/%	74.26	81.06	84.37	83.96	84.12

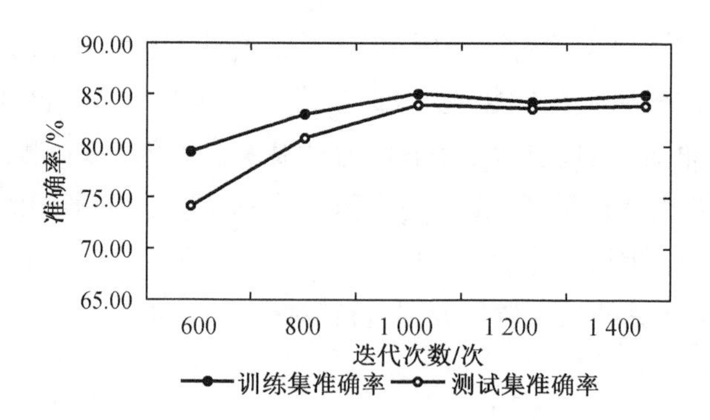

图 7－26　不同迭代次数下准确率对比

（2）特征图可视化

神经网络对特征的学习是一个抽象的过程，特征图可视化可以更好地了解模型对病害样本特征的学习情况，同时通过分析可视化后的特征图也能对模型修改、识别准确率的提升起到一定的作用。

图 7－27 展示了卷积过程的特征图可视化。卷积层输出特征图数量众多，为了更加清楚地看到卷积后输出的特征图，本试验对每一个卷积层分别抽取 30 张特征图进行可视化，并进行组合。

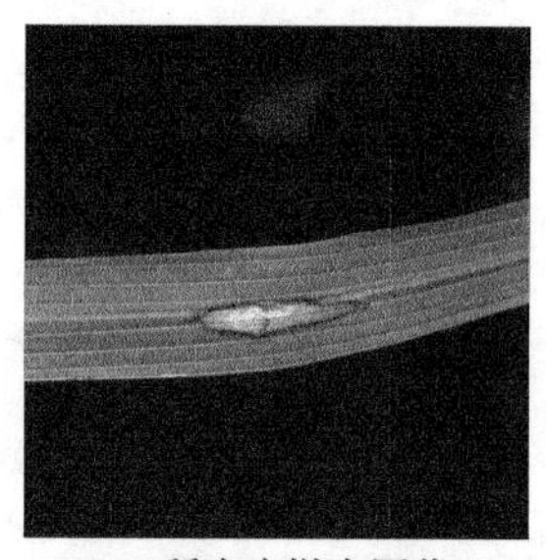

(a)稻瘟病样本图像

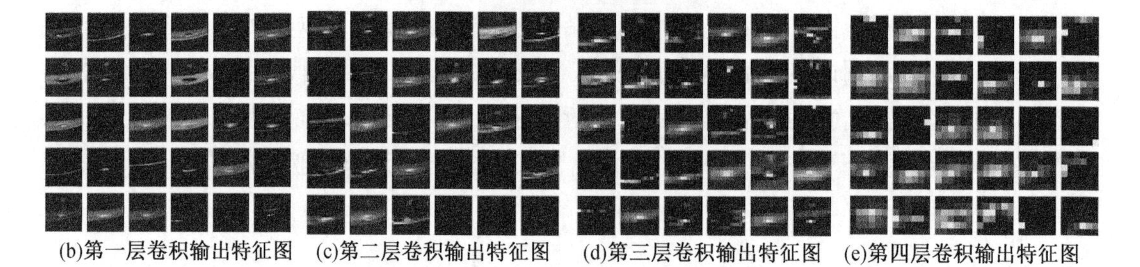

(b)第一层卷积输出特征图　(c)第二层卷积输出特征图　(d)第三层卷积输出特征图　(e)第四层卷积输出特征图

图 7－27　卷积过程特征可视化

①通过观察发现随着卷积过程的不断进行，滤波器提取到的特征由低层次逐渐转变为高层次特征。观察第一层和第二层卷积后得到的特征图，发现这两层的大部分特征图与输入样本的水稻叶片相似，且在部分特征图中病害的轮廓也被提取了出来，这两层主要学习到的是图像中纹理特征和细节特征。

②卷积过程可以看作计算被卷积对象和卷积核的相关性，若卷积核和输入的图像中对应部分越相似，那么卷积得到的结果就会越大，其在特征图中就会越亮。观察第三层特征图发现大部分图像中叶片被很好地提取了出来，并且在图像中病害位置的颜色较深，这也说明这层滤波器对病斑进行了有效的提取。

③第四层特征图相对于前三层较为抽象，这也说明了随着网络的不断加深滤波器也逐渐变得复杂，这一层学习到的主要是图像的高层次特征。同时也发现有极个别特征图没有提取到特征，原因是随着卷积的不断进行得到的特征图数量也逐渐增多，深层次的卷积核也越稀疏，使得部分特征图出现失效现象。

(3)问题分析

为了进一步分析模型存在的问题，试验采用 Tensorboard 收集模型运行过程中的准确率和损失，Tensorboard 提供了 tf. summary. scalar( ) 函数用来提取训练过程中的张量值，图 7 – 28 为 Tensorboard 提取到的模型准确率及损失曲线，分析如下：

①图中横轴表示迭代次数，纵轴表示模型识别的准确率，从曲线中可以得出随着迭代次数的不断增加，网络的准确率在不断提高，同时损失也在不断下降。这一点表明了模型训练良好并未发生过拟合现象，也从侧面证明了本实验采用的 L_2 正则化的效果。

②通过分析准确率发现，模型在迭代 800 次之前准确率变化较快在，说明模型在不断提取病害特征进行学习。在迭代 800 次以后，准确率浮动趋近平稳，且变化幅度相对减弱，说明模型中的参数已经趋近于最优值，但总体识别率仍需提升。

③同时发现，在整个过程中模型的准确率和损失的振荡比较明显，这可能会导致识别结果出现一定程度的波动，降低模型的鲁棒性，分析原因可能是由于 batch size 参数设置过小，引起梯度下降方向不准从而导致振荡，在接下来的试验中首先要对 batch size 进行优化。

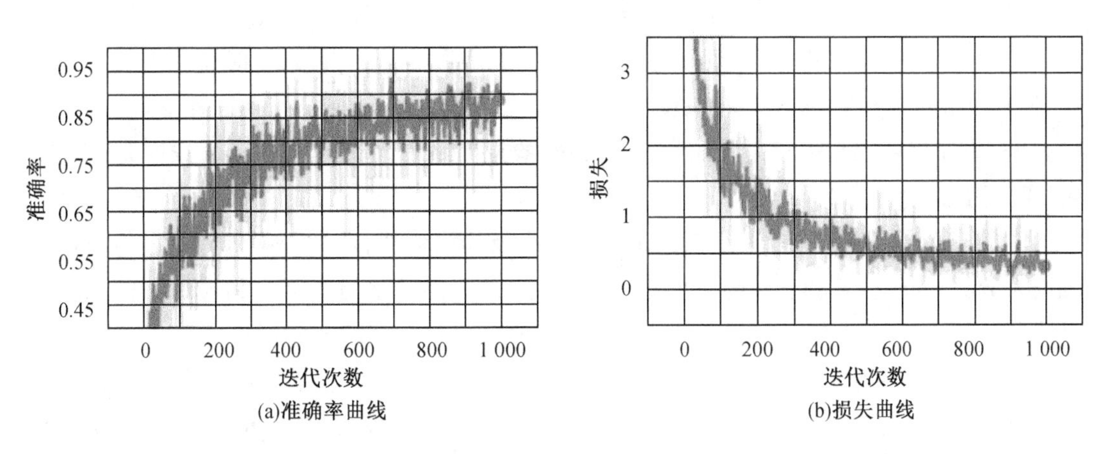

图 7 – 28　模型准确率及损失曲线

7.2.5　模型优化试验

1. Batch size

Bacth size 即批处理大小，简单来说就是对模型进行参数更新时输入的样本数量。理想情况下应该使用所有的训练样本来计算每次更新的梯度，但这会增加内存的需求同时也会使误差陷入局部极小值。所以需要设置一个参数，将样本按批量输入进网络中学习，这样会简化参数更新的过程同时避免陷入早期的局部极小值。

本试验采用 GPU 对模型机型训练，在 GPU 中内存是以二进制方式存储数据，所以通常都将 Batch size 设置成 2 次幂的形式，这样在训练时能够充分利用 GPU 的矩阵运算特点加速模型收敛。因此分别选择 16,32,64,128 作为试验的 Batch size 分析其训练结果。如表 7－10 和图 7－29 所示。

表 7－10　不同 Batch size 对训练结果产生的影响

Batch size	16	32	64	128
训练集准确率/%	76.10	86.25	90.62	92.18
测试集准确率%	74.26	84.38	89.25	89.84
训练时间/s	337	342	355	368

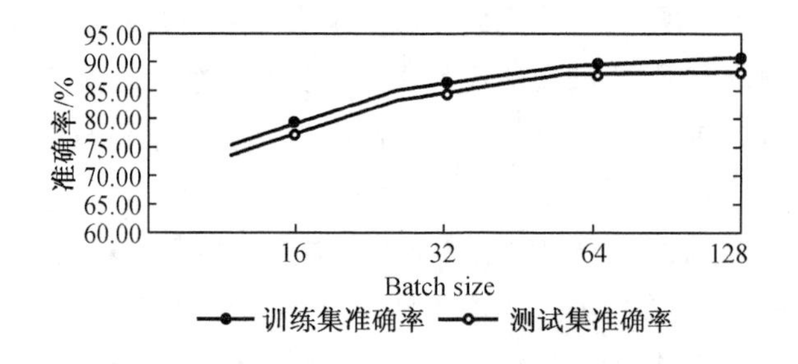

图 7－29　不同 Batchsize 下模型准确率对比图

通过分析表 7－10 发现，大的 Batch size 引入的随机性会更大些，有时候能有更好的效果，但其收敛速度相对慢一些。考虑到 GPU 显存及运行内存的限制，在选择 Batch size 为 128 进行训练时会出现内存溢出的状况，导致实验提前终止，综上考虑本实验选取 Batch size 为 64 作为参数。

图 7－30 为 Batch size 为 64 时的模型准确率及损失曲线，通过与图 7－28 进行对比发现增大 Batch size 会使梯度下降方向更为准确，这也使得模型的准确率和损失振荡幅度明显降低。

2. 优化算法及学习率

自适应学习率算法是为了加速模型收敛，通过查阅文献发现 RMSProp 算法和 Adam 算法在卷积神经网络中有着较好的表现，所以本实验对这两种算法进行了对比实验。针对不同算法选择适当的学习率是一个难题，学习率过小可能会导致模型收敛速度较慢或不收敛，若学习率过大也会导致问题，使罚函数陷入局部最小值并产生振荡导致结果发散。

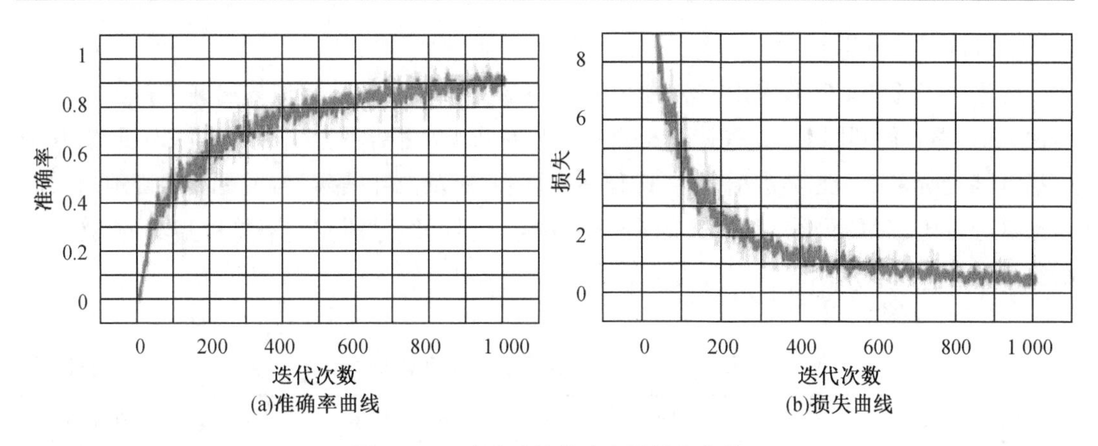

图7-30　改进后的准确率及损失曲线

为了探究不同优化算法对模型结果的影响，针对不同的优化算法实验分别选取0.1、0.01、0.001这三种学习率，最终得到9组实验模型，分别对这九种实验模型进行训练，最终结果如表7-11所示。

表7-11　不同优化算法及学习率对结果产生的影响

学习率	Adadelta准确率/%	RMSProp准确率/%	Adam准确率/%
0.1	70.12	32.98	37.86
0.01	88.69	39.06	80.27
0.001	90.57	96.87	98.24

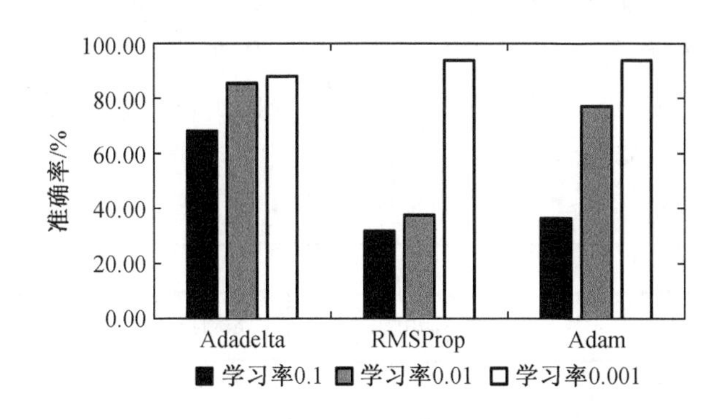

图7-31　不同学习率下三种算法结果对比

通过分析发现，三种算法学习率为0.1时识别率均最低，不能满足实验要求。学习率为0.01时Adadelta的识别效果要好于其余两种算法，但准确率仍需提升。当学习率为0.001时三种算法对模型的准确率均能达到90%以上，其中采用Adadelta算法的准确率为90.57%、RMSProp的准确率为96.87%、Adam的准确率为98.24%。所以最终选用Adam优化器学习率为0.001作为模型的参数。

3. 方法对比分析

为进一步验证本实验采用方法的可靠性，本研究参考了其他相似算法并进行了相应的对比分析，学者们利用 GoogleNet 和 ResNet 模型对八类水稻常见病害进行了深入研究，其中包括本试验所采用的三类水稻病害，即稻瘟病、稻曲病及白叶枯病，为了更加准确地对实验结果进行对比，选取了这三种病害的在两种不同模型下的识别准确率并对其求平均值，分析结果如表 7－12 所示。

表 7－12　不同识别方法下准确率对比　　单位：%

方法	GoogleNet 模型	ResNet 模型	本实验识别模型
平均识别准确率	81.00	71.33	98.24

从表中可以看出，本章所采取的模型对稻瘟病、稻曲病、白叶枯病这三类病害的识别准确率要优于 GoogleNet 及 ResNet 模型，同时本模型训练参数少于其余两种模型，所以能够更快地完成模型的训练从而得到病害识别结果。

7.3　水稻病害识别平台的实现

本试验前几章所做的工作最终目的是为了获取水稻病害识别模型，通过查阅文献发现，部分学者的研究内容都停留在了这一阶段，使得模型并没有得到很好的利用。为了进一步推动水稻病害识别方式的发展，本章研究了基于 Flask 框架的水稻病害识别平台，一方面提升了模型的应用价值，另一方面为水稻种植者提供了这三类病害的快速识别方法，识别平台系统结构如图 7－32 所示。

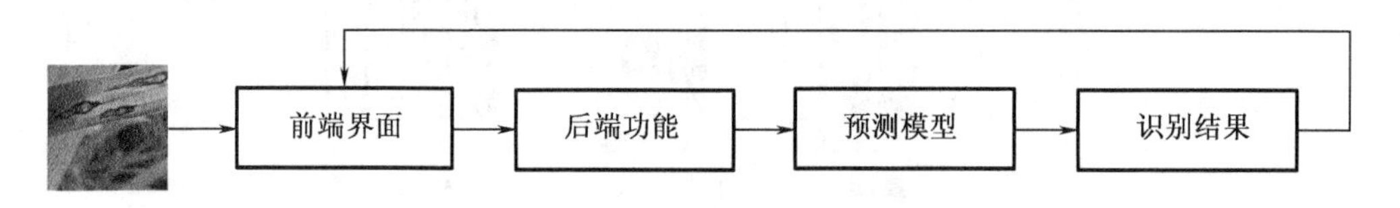

图 7－32　水稻识别平台系统结构图

7.3.1　水稻病害识别平台相关技术

1. Tensorflow 模型持久化

Tensorflow 框架提供了两种保存模型的方法，训练完的模型可以保存为 checkpoint 文件或 pb 格式的文件。针对这两种类型的模型文件，Tensorflow 分别给出了不同的方法来进行保存，对于 checkpoint 文件可以使用 tf. train. Saver 类来对模型进行固化保存，而对于 pb 格式的文件则可以使用 tf. saved_model. builder. SavedModelBuilder 这个方法进行存储。本实验选用 checkpoint 文件作为后续病害识别调用的模型文件，在存储模型时 Tensorflow 将搭建的神经网络图结构和神经网络训练后的变量分别进行存储。对于变量的存储 Tensorflow 提供了 Session 环境来实现这一功能，而对于模型的存储只需将 Session 和模型保存的路径作为参数传入到 saver. save 函数中即可。

在神经网络训练结束后，tf. train. Saver 函数会将训练后模型保存为结构与权重分离的四个文件，分别如下：

checkpoint 文件；

model. ckpt. meta 文件；

model. ckpt，index 文件；

model. ckpt. data 文件；

checkpoint 是一个二进制文件也叫检查点文件，其中保存了网络训练过程中的所有参数，例如权重、偏置及反向传播的梯度信息等。model. ckpt. meta 文件存储了搭建的卷积神经网络结构，这里也可以将其理解为数据流图。model. ckpt. data 存储了网络结构中所定义的结构信息即变量的值。model. ckpt. index 可以把它理解为对 data 文件和 meta 文件映射关系的存储。

对于模型的恢复 Tensorflow 也为提供了相应的 API，首先利用 import_meta_graph 函数将模型的 meta 文件导入，这样就得到了所定义的神经网络结构，接下来利用 saver. restore 函数将 Session 会话和 checkpoint 文件存储的地址作为参数传递进去，这样做的目的是恢复网络训练后得到的权重参数及变量信息，得到这些信息后就实现了模型持久化这一目的。

2. Flask 框架

目前对于 python Web 编程有众多优秀的开源框架可供选择，例如 Flask、Django 及 Tornado 等，这些框架经过开发者的不断维护和迭代更新都已经成为相对稳定的 Web 框架。这三种框架在 Web 编程中都有其独特的优势，Django 是一个重量级的 Web 框架其为开发者提供了强大的后台管理功能，Tornado 框架支持异步非阻塞 IO，能有效解决高并发问题，而 Flask 框架则是一个轻量级框架，与其他两种框架相比 Flask 配置灵活且能够快速实现所需要的 Web 网站或功能，所以接下来本实验选用 Flask 作为 Web 框架开发水稻病害识别平台。

Flask 的两个主要核心应用是 Werkzeug 和 Jinja2，Werkzeug 封装了 WSGI 协议及相关的开发功能，例如路由 route、请求 request 和响应 response，Jinja2 是一个模板引擎，在 Flask 中可以使用 render_template 对其进行渲染，从而在 Web 端上进行展示。Flask 的核心思想是为 Web 应用程序提供一个良好的基础，对所需要的其他功能都可以通过 Flask - extension 来进行扩展，并且 Flask 为提供了众多扩展库，常见的扩展功能如下：

```
Flask - SQLalchemy;
Flask - migrate;
Flask - WTF;
Flask - Session;
```

使用 Flask - SQLalchemy 模块可以对数据库进行操作,Flask - SQLalchemy 框架使用 ORM 模型来实现后端对象型数据和数据库中的关系型数据的映射关系,这样就使得对数据库的增删改查由编写 SQL 语句转化为对象的操作,降低了代码的复杂度。Flask - migrate 方便对已经设计好的数据库模型进行迁移,同时在每次对模型进行修改时都能将修改后的字段映射到数据库中。Flask - WTF 是一个表单控件,其将 WTForms 进行了封装并且有着极高的安全性。Flask - WTF 扩展中能实现 CSRF 保护功能,这样就避免了攻击者使用跨站请求伪造来模仿用户身份发送恶意请求这一现象。Flask - Session 实现了会话信息的持久化,当用户通过浏览器对服务器进行访问时是使用 Socket 套接字进行通信的,当访问结束 Socket 套接字会自动关闭,若不进行信息存储就会导致用户信息的丢失,降低用户体验。Flask - Session 通过在客户端使用 cookie 并在服务器端使用 Session 进行信息存储来达到状态保持这一目的。

3. MySQL 数据库

MySQL 数据库在 20 世纪 90 年代中期发展起来,其采用 C 语言和 C + + 编写,是市场上最早的开源数据库之一。数据库按类型可以分为关系型数据库(RDBMS)和非关系型型数据库(NoSQL),MySQL 则是一个开源的关系数据库,所谓关系型数据库就是依赖于结构化的表和字段,并利用这些表和字段将不同的表连接在一起形成一种关联。本实验选取 MySQL 作为数据库是因为其有以下优点:

(1)MySQL 支持各种数据库引擎,例如 ISAM 、MyISAM 及 InnoDB,而对于其他的部分数据库类型则不能很好的支持这些功能。

(2)与其他关系型数据库相比,MySQL 具有高性能的特点。当建立一个信息量很大的表之后,利用其他关系型数据库执行关联查询语句会消耗一定时间,而对于 MySQL 在执行 select 语句时存储引擎会先在索引中找到对应的值,然后根据索引快速地找到需要查询的数据。

(3)MySQL 是一个跨平台的数据库,支持多种操作系统例如 Linux、Windows、MacOs 等,并且提供了多种 API 方便使用不同的语言对数据库进行操作。

7.3.2 水稻病害识别平台设计

1. 架构设计

本实验设计的水稻病害识别平台主要分为三部分,分别是登录注册模块、病害图像上传模块、病害识别模块。其中登录注册模块主要负责账户登录、账户注册以及用户身份验证。病害图像上传模块主要实现图像的选择、图像的上传及上传图像格式的判定。病害识别模块是本实验最重要的部分,其主要完成神经网络与训练模型的调用以及识别结果的返回,下图为本实验基于 Flask 框架的水稻病害识别平台架构。

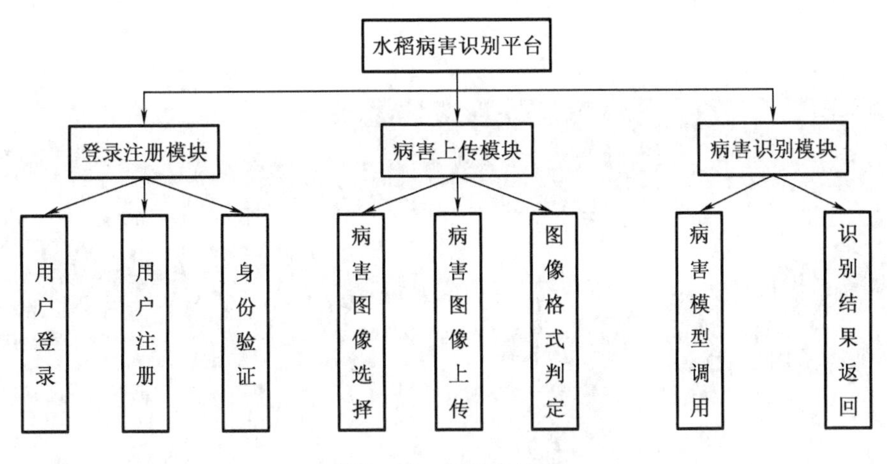

图7-33 架构设计图

2. 数据库设计

为了防止用户恶意提交识别进程,导致程序崩溃,本实验在识别前需用户进行登录注册,用户登录注册验证完毕后,才可以进入 upload. html 运行图片上传及病害识别的功能。所以需要设计一张数据库表格来存放用户的账户 ID 以及登录密码,具体情况如表7-13所示。

表7-13 用户信息表

字段	类型	长度	主键	空值	默认值
Id	Int	10	Y	N	无
Account	Varchar	32	N	N	无
Password	Varchar	32	N	N	无

用户表中选取 Id 字段作为主键,数据类型设计为 Int(10)类型,约束为非空,无默认值设置,对于 Id 字段同时设置其约束为自增,方便后期进行管理。Account 字段储存用户的账户名,考虑到字段的长度设置,这里选取 Varchar(32)作为 Account 字段的数据类型,约束为非空且无默认值。Password 字段存储用户的账户密码,类型同样设置为 Varchar(32),约束为非空且无默认值。

7.3.3 核心功能实现

1. 登录模块的实现

下图展示了本实验设计的水稻识别平台登录注册页,用户登录需要输入账户名称及密码,单击登录按钮后会首先在数据库中查询是否存在该账户,若不存在,则返回该账户不存在请注册的错误信息,若存在则判断用户账户密码是否一致。当账户密码一致时用户可以进入 upload. html 进行病害图像上传识别,若账户密码不一致,则返回输入密码不一致的错误信息。如图7-34和图7-35所示。

图 7 – 34　水稻病害识别平台登录页

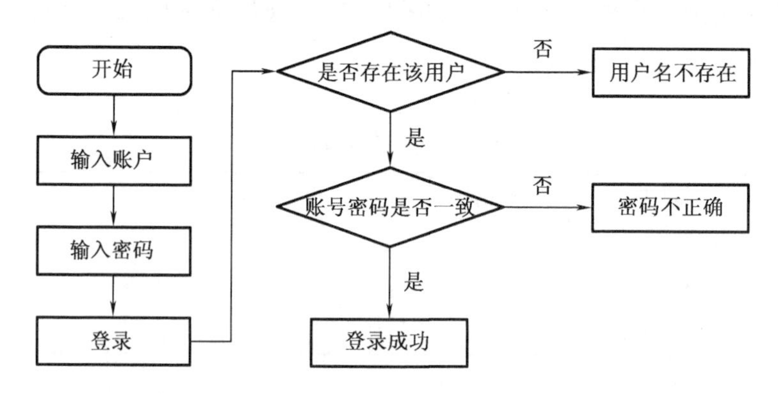

图 7 – 35　登录功能具体流程

2. 注册模块的实现

若用户未注册，则需要用户在登录注册页中的 form 表单进行信息填写，填写的内容主要有用户账户及用户的密码，对于注册功能要防止出现多用户情况，图 7 – 36 展示了注册模块的具体逻辑流程，当用户输入完账户密码点击提交后，首先验证用户两次输入密码是否一致，若不一致则返回请重新输入密码的提示语，若一致则进行下一步的判断。下一步判断主要是连接数据库中的 account 表，查询用户输入的账户名是否在表中存在，若存在则会产生一对多的数据关系，即一个账户对应多个密码，这样会导致账户安全性降低。所以当查询结果若显示账户存在时应返回错误信息，若用户不存在时则将用户输入的表单信息提交进数据库中。

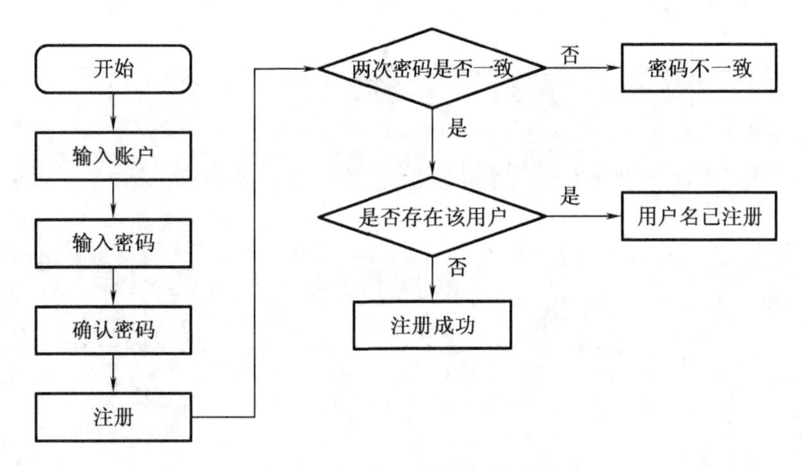

图7－36　注册模块具体流程

在提交表单信息时需要对数据库进行增删改查这几类操作，这就要求首先对数据库进行配置连接，Flask 框架提供了 Flask_sqlalchemy 这个工具包，Flask_sqlalchemy 采用 ORM 模式，ORM 模式是将对象和数据存储映射起来将复杂的 SQL 语句映射成对象属性的操作。具体实现如图 7－37 所示，首先利用 app. config 设置数据库连接信息，这里需要对主机 ip、数据库账户及密码进行填写，然后利用 SQLAlchemy(app)初始化一个对象，方便后续对字段的查询和提交。

```
# 配置数据库
app.config['SQLALCHEMY_DATABASE_URI'] = 'mysql://root:密码@主机名称:3306/account'
# 是否追踪数据库的修改
app.config['SQLALCHEMY_TRACK_MODIFICATIONS'] = False
# 初始化SQLAchemy对象
db = SQLAlchemy(app)
```

图7－37　Flask_sqlalchemy 数据库配置

3. 图像上传模块实现

图 7－38 为平台 uploda. html 界面，其主要实现的功能是完成病害图像的上传及图像格式的判定。

由于本实验训练过程中所有样本集均为 jpg 格式图像，所以在设计图像上传模块时也要考虑到这一点。该模块的具体实现流程如下，当用户单击选择文件按钮时，会弹出本地对话框让其选取本地文件，这里对用户选取文件的格式进行了设置，防治用户上传非法文件导致程序崩溃。当图片格式不为 jpg 时，会弹出错误信息提示用户，当判定格式合法时会跳转到识别页，将上传的图像在识别页中渲染展示。如图 7－39 所示。

图 7-38　图像上传界面

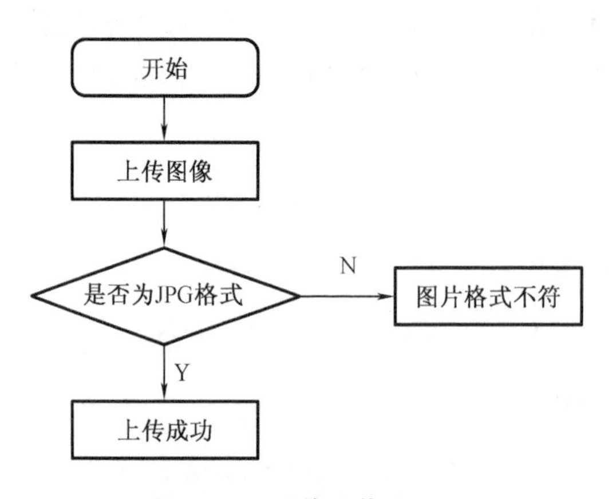

图 7-39　图像上传流程图

在设计图像上传功能时，要考虑到如何将上传的图片传输进下一步的识别模块，为了实现这一功能，需要获取到其上传图像文件的路径地址，并将这个地址利用全局变量进行存储。在 Flask 框架中可以通过 Session 来对所需的属性及配置信息进行储存，Session 可以看作是在不同的请求之间保存数据的一种方法，这样就使得其他功能可以调用。具体代码如图 7-40 所示。

4. 模型调用模块实现

模型调用是本实验的核心模块，当用户提交完病害图片后，会重定向到 recognition. html 页面，这时需要对用户提交的图像路径对图像进行读取，以便利用模型对图像进行识别。本模块集体流程如图 7-41 所示。

```
@app.route('/upload', methods=['POST', 'GET'])
def upload():
    if request.method == 'POST':
        file_style = request.files['file']
        if not (file_style and allowed_file(file_style.filename)):
            return render_template('error_style.html')
        user_input = request.form.get("name")
        base_path = os.path.dirname(__file__)
        upload_path = os.path.join(base_path, 'static\\images', secure_filename(file_style.filename))
        file_style.save(upload_path)
        img = cv2.imread(upload_path)
        cv2.imwrite(os.path.join(base_path, 'static\\images', 'background.jpg'), img)
        session['path'] = upload_path
        return render_template('recognition.html', userinput=user_input)

    return render_template('upload.html')
```

图 7 – 40　使用 Session 进行变量传递

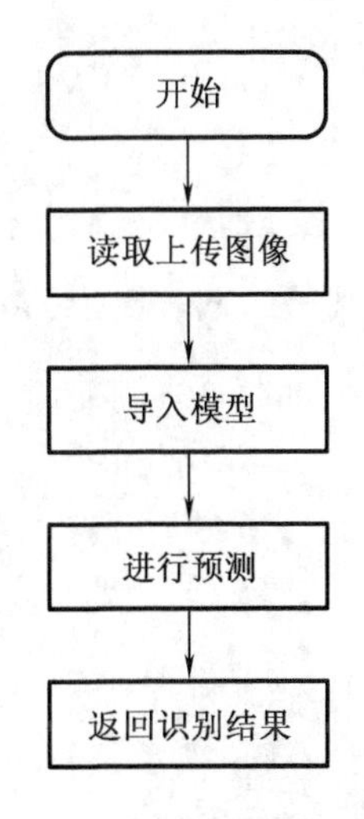

图 7 – 41　模型调用模块流程图

对于识别模块，首先需要使用 Tensorflow 提供的 Saver 类对预训练后的 meta 文件和 checkpoint 文件进行加载，meta 文件使用 tf. train. import_graph( ) 加载模型结构图，checkpoint 文件使用 saver. restore( ) 函数加载模型权重参数。这里通过调用 Session. get('path') 来获取用户输入的病害图像地址并将其传入恢复后的模型结构图中。对于返回结果，其返回格式是一个列表形式，为了更好地在界面进行展示，利用 python 中的 str 方法对其格式进行转换，并赋值一个 result 变量对这个字符串进行接收。接受的结果采用 render_template 方式，渲染到前端界面。模型调用功能核心代码如图 7 – 42 所示。

图 7 – 43 展示了结果返回界面，当用户上传完病害图像后，会在 recognition. html 的左侧进行展示，界面右侧返回识别结果及该类病害对应的特征介绍，实验表明该平台能满足稻瘟病、稻曲病及白叶枯病三类病害的快速准确识别。

```
with tf.Session() as sess:
    upload_image = read_one_image(path)
    pic = [upload_image]
    saver = tf.train.import_meta_graph('../model/model.ckpt.meta')
    saver.restore(sess,tf.train.latest_checkpoint('../model'))
    graph = tf.get_default_graph()
    name = graph.get_tensor_by_name("x:0")
    retrain = {name:pic}
    logits = graph.get_tensor_by_name("logits_eval:0")
    disease = sess.run(logits,retrain)
    result = [tf.argmax(disease,1).eval()]
```

图 7－42　模型调用功能核心代码

图 7－43　识别结果返回界面

本章以水稻三种常见病害为研究对象，探究了卷积神经网络模型对水稻病害识别所产生的效果，重点研究了病害图像预处理、图像数据增强、神经网络模型搭建、模型优化、病害图像自动识别这几方面，结论如下：

（1）建立了稻瘟病、稻曲病、白叶枯病三类病害样本数据集。实验从美国国家植物病理协会网站采集了三类病害的标准图谱样本，对采集到的图像进行了尺寸归一化，同时从互联网中选取清晰的病害样本对原始数据集进行扩充。针对不同病害图像样本间的差异，本实验分析对比了自适应直方图均衡化和限制对比度自适应直方图均衡化对病害预处理的影响，结果表明采用限制对比度自适应直方图均衡化能更好地提升病害样本图像的质量。

（2）针对小样本病害数据集提出了一种数据增强方法。水稻病斑分布广泛利用随机剪裁可以将病害提取出来，增加病斑样本数量，并且剪裁后图像病斑特征对于全局关系发生了改变，这也能让神经网络更好地学习病害特征。为了进一步扩增数据集，本实验研究对剪裁后的图像进行旋转及镜像处理，最终得到每类病害样本数大于 1 000 张的大样本数据集,并且对实验中出现的样本类不平衡问题进行了欠采样处理。

(3)搭建了基于卷积神经网络的水稻病害识别模型。实验基于 Tensorflow 框架搭建了一个十二层的神经网络模型,并对结构层参数层的设置进行了分析阐述。通过实验探究了不同迭代次数对模型的影响,结果表明迭代次数为 1 000 次时本实验所搭建的初始模型准确率相对较高,为 84.37%。同时针对模型损失振荡的问题,探究了不同 Batch size 的优化效果,结果表明 Batch size 为 64 时模型收敛较好且训练时不会出现内存溢出的状况。为了进一步提升准确率本实验还研究了不同优化算法和学习率对病害识别的影响,结果表明采用 Adam 优化器学习率为 0.001 时模型准确率最高,对三类病害的识别率可达到 98.24%。

(4)实现水稻病害自动识别。实验基于 Flask 框架搭建了一套病害自动识别系统,完成了病害识别前端界面设计、数据表建立、Tensorflow 模型保存及调用、图像上传、识别结果返回等功能的实现,为种植者提供了一种高效、准确的识别方式。

第8章　基于图像的稻花香水稻种子鉴别方法

大米是世界上最重要的谷物粮食作物之一,不仅是中国人的传统美食,更是世界一半以上人口的主食。近年来,由于人们对大米的营养价值和口感品质的追求不断提高,市场上出现非优质水稻种子冒充优质水稻种子的现象,严重损害了消费者的健康与利益。本章以图像处理技术为基础,通过测量水稻种子物理形态变量对优质水稻进行鉴别。

8.1　水稻种子的图像采集及预处理

8.1.1　水稻种子的图像采集

通过前期对有关计算机图像处理技术方面的认知,再结合该技术的应用与发展前景,我们提出了基于图像的稻花香水稻种子鉴别方法的研究方案。虽然计算机图像处理技术的应用能够为鉴别出其他水稻与稻花香2号水稻品种之间的差异提供推进作用,但为了保证实验结果的准确性,在样本采集时既要保证所采集的样本具有代表性,又要保证足够多的样本集数量。水稻种子的图像采集及预处理流程图如图8－1所示。

1.样本的采集

水稻种子样本采集于黑龙江省内种植的四种主要水稻品种:稻花香2号、垦鉴稻5号、垦粳6号和龙优420号,每种水稻种子数目为100粒。为了避免外界环境因素对水稻种子物理形态的影响,样本选择在同一时间段进行采集。由于本实验是鉴别水稻品种之间的差异,带有稻芽的水稻种子会严重影响实验数据测量的准确性(图8－2),因此在采集完需要对水稻种子进行稻芽祛除的预处理,并用塑封袋封存,这样能够最大限度保证在样本采集时环境因素的一致性。

2.试验方法

水稻种子图像的采集选用了西安维视的MV－1300FC摄像机,其主要参数如表8－1所示,整体试验台如图8－3所示。把水稻种子放在该仪器下,通过图像的形式上传到用Delphi编写好的图像处理软件上,该软件具有对采集图像进行预处理和测量水稻的重心X、重心Y、面积、周长、圆度、复杂度、深长度、球状性、长短轴比、变动系数等10个变量的功能。

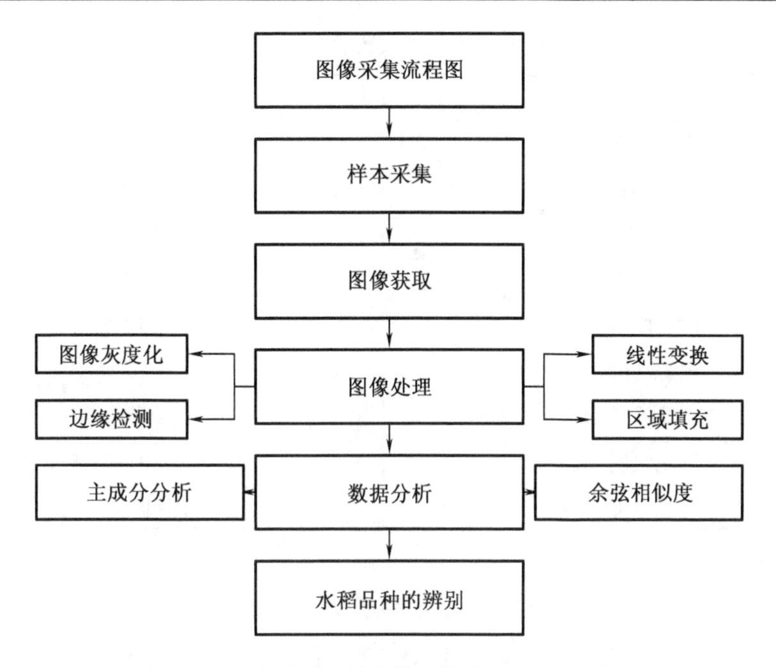

图 8-1　水稻种子的图像采集及预处理流程图

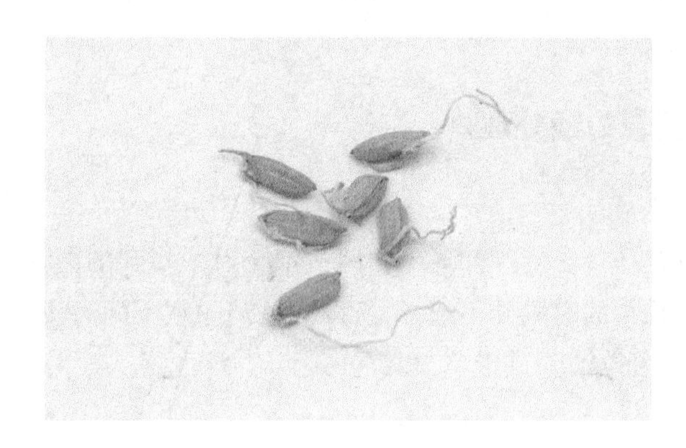

图 8-2　带有稻芽的水稻种子

图 8-3　实验台

表 8-1 摄像仪器的主要参数

参数	技术指标
有效像素	500 万
镜头参数	3.6 mm
分辨率	1 280(水平)×960(竖直)
防护等级	IP66
电源电压	12 V
电源功率	10 W
产品重量	600 g
环境温度	-40～60 ℃
环境湿度	小于 90%(无凝结)

应用图像处理软件对采集到的 4 种水稻种子图像进行灰度化、线性变换、二值化、边缘提取以及区域填充等预处理,之后计算出水稻种子各变量的参数,利用主成分分析和余弦相似度的方法鉴别出稻花香 2 号水稻品种;利用 PHP + MySQL + Apache 对图像处理软件进行网页版本的开发与应用。

8.1.2 水稻种子图像的预处理

1. RGB 彩色图像灰度化

由于光照强度以及环境湿度等外界不利因素都会对采集到的图片质量有影响,同时按严格来说水稻种子的采集的时段并不统一,所以应该消除在不同时段的光照强度的差异影响,归一化的颜色分量可以消除该影响,相关公式为

$$\begin{cases} g = G/(R+G+B) \\ r = R/(R+G+B) \\ b = 1-r-g \end{cases} \tag{8-1}$$

彩色图像灰度化是为了使图片效果更加鲜明,运用加权平均法对 RGB 图像进行灰度化计算,该方法主要在图像的 R,G,B 三个通道按照不同程度的加权比重进行平均,得到的加权值映射到灰度值从而得到灰度图像,人们对绿色信息的敏感度高,对蓝色的较低,即在寻找映射函数时增加 G 通道的比重同时也降低 B 通道的比重。所以按照公式(8-2)的计算可以得到合理的灰度图像。

$$F = 0.30R + 0.59G + 0.11B \tag{8-2}$$

如图 8-4 所示,左侧为水稻种子 RGB 图像,右侧为经过灰度化的水稻种子的图像。

2. 灰度级线性变换

灰度级线性变换增强是对灰度图像进行线性变换处理最终使图像的显示效果增强,是通过分段线性函数来调整图像灰度级的范围,其空间域处理可用 $g(x,y) = T[f(x,y)]$ 来表示,其中 $f(x,y)$ 为输入图像,$g(x,y)$ 为处理后的图像。如图 8-5 所示,通过点 (r_1, s_1) 与点

(r_2, s_2)的位置变换来控制函数的形状，两点的中间值将输出图像的灰度级不同程度展开，影响了图像的对比度，达到增强图像的目的。

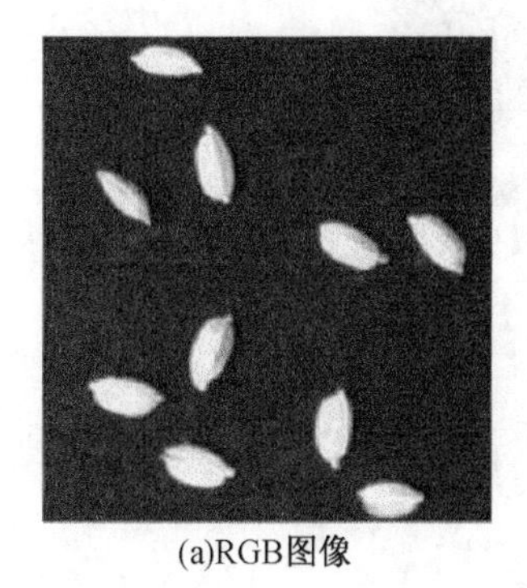

(a)RGB图像

(b)灰度化图像

图 8－4　水稻种子 RGB 彩色图像灰度化

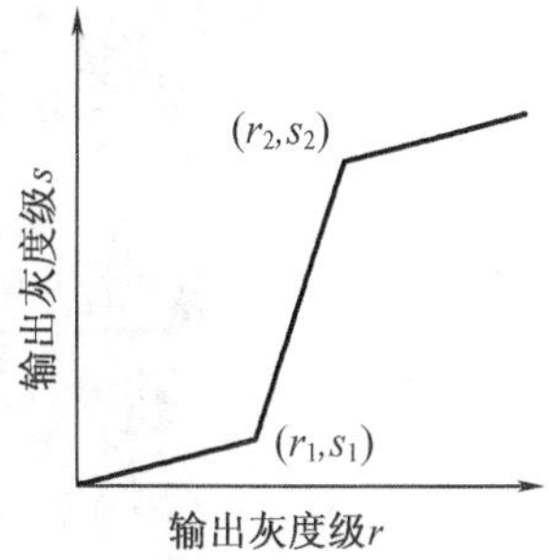

(r_2,s_2)

(r_1,s_1)

输出灰度级s

输出灰度级r

图 8－5　灰度级调节

其分段线性变换公式为

$$g(x,y)=\begin{cases}\gamma_1 f(x,y)+b_1, 0\leqslant f(x,y)\leqslant f_1\\ \gamma_2 f(x,y)+b_2, f_1<f(x,y)<f_2\\ \gamma_3 f(x,y)+b_3, f_2\leqslant f(x,y)\leqslant f_3\end{cases} \tag{8-3}$$

如图 8－6 所示，水稻种子图像的灰度值都呈现在左峰上，灰度值的分布为 0.1～0.2 区间，图像的背景集中在右峰的 0.8～0.9 区间，从二者分布看，左峰范围较大，使得整体图像偏暗，所以要让图像效果增强，即采用对图像的灰度级进行变换，对图像的对比度进行调整，最终达到图像显示效果增强的目的。图 8－7 就是图像经过灰度线性变换，其中包括增加对比度、减小对比度、线性平移增加亮度、反向显示 4 种处理方式对水稻灰度图像进行线性变换，通过对比得出增加对比度后的灰度图片呈像效果更好。

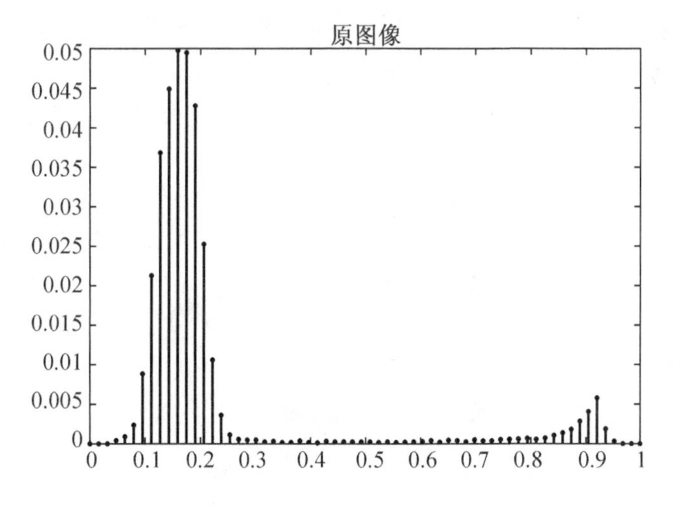

图 8－6　原图像的灰度直方图

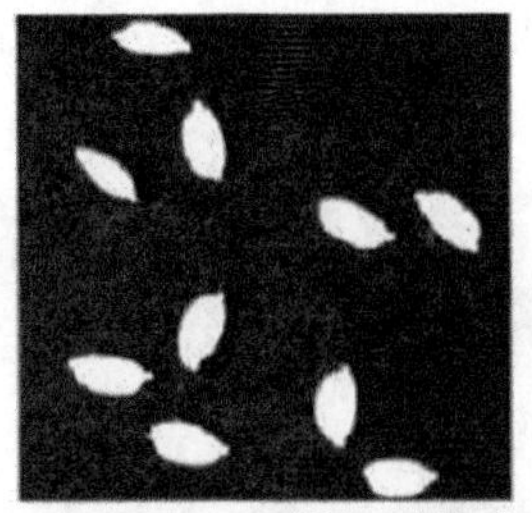

(a)Fa=2Fb=-55增加对比度

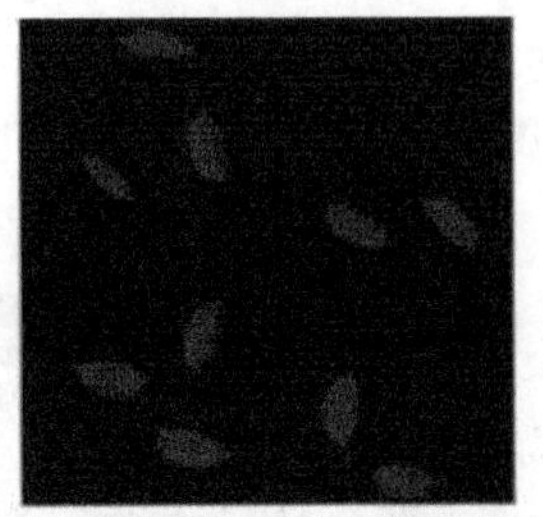

(b)Fa=0.5Fb=-55减小对比度

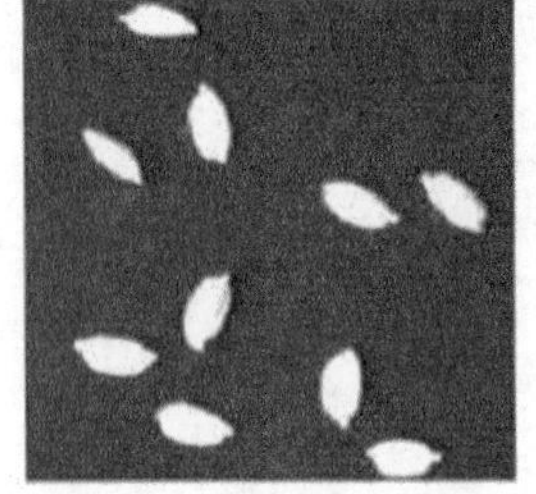

(c)Fa=1Fb=55线性平移增加亮度

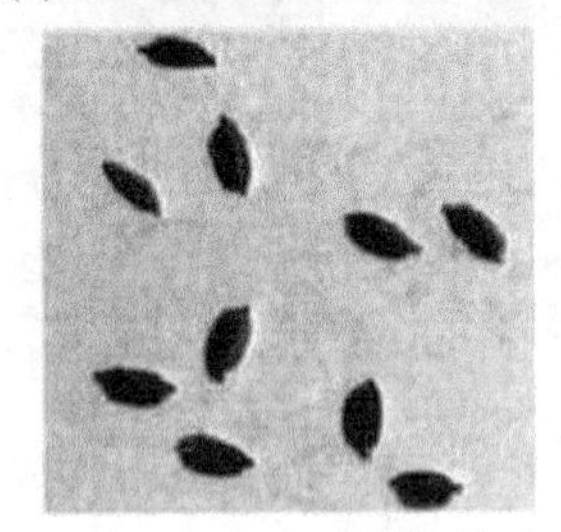

(d)Fa=-1Fb=255反向显示

图 8-7 灰度图像线性变换

3. 图像的二值化处理

对于图像中噪声的祛除是图像在预处理中较为重要的一步，将开启与闭合运算结合即可构成噪声处理器。图像的二值化处理就是将四种水稻种子图像上的点设置为 0 或者 255，也就是将图像的效果变为黑白色。在计算机图像处理技术中，二值图像的噪声表现分为两种，这两种噪声表现分别为目标周边的噪声块和目标内部的噪声孔；通过结构元素对集合进行开启与闭合的操作，即可消除上述 2 种噪声。

应用 OTSU 法进行图像二值化的处理，其主旨是求出最佳门限阈值，该值将灰度直方图分割成黑白两部分，使其类间方差值最大，类内方差值最小，因此 OTSU 也称为最大类间方差法。对于水稻种子的灰度直方图，设 t 为区分前景灰度与背景灰度的二值化阈值，u_0 为前景像素的平均灰度，w_0 为前景点数占图像总像素的比例，u_1 为所有背景像素的平均灰度，w_1 为背景点数占图像总像素的比例，则图像所有像素的平均灰度为 $u = w_0u_0 + w_1u_1$，在进行程序运算时，t 的取值能使类间方差公式 $b = w_0(u_0 - u)^2 + w_1(u_1 - u)^2$ 取最大值，即 t 为最佳阈值。如图 8-8 就是用 OTSU 法对水稻种子图片进行二值化处理后的图片。

图 8-8 水稻种子图像二值化处理

4. 边缘检测

水稻种子图像经过二值化处理后，需要通过边缘检测的方式提取水稻种子轮廓的主要信息，目的是为了标记出水稻种子图像中亮度变化较为明显的点，同时可以剔除一些与本研究不相干的信息。在一幅二值图像中，当像素值为1，像素状态为ON；当像素值为0，像素状态为OFF。在图像中，如果某个像素满足上述两个状态就认为该像素为边缘像素。

基于Sobel边缘检测算法对水稻种子的图像进行边缘提取，Sobel算子是一阶导数的边缘检测算子，其图像空间利用两个3×3的方向模板与图像中的每个点进行邻域卷积来完成，该两个方向模板分别检测的是垂直和水平边缘。如图8－9所示。

P1	P2	P3
P4	P5	P6
P7	P8	P9

(a)3×3区域

1	2	1
0	0	0
-1	-2	-1

(b)垂直Sobel算子

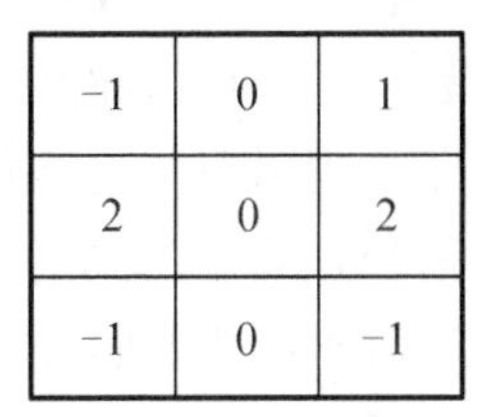

-1	0	1
2	0	2
-1	0	-1

(c)水平Sobel算子

图8－9

梯度值 $H = \sqrt{H_1^2 + H_2^2} = \sqrt{\sum_{i=1}^{2} (I(x,y) * S_i)^2}$，式中 $I(x,y)$ 为灰度图像，$*$ 为卷积运算，$S_i(i=1,2)$ 分别为2个方向模板。最终把梯度 H 与设定的阈值 Th 进行比较，若 H 比 Th 大，则判断该点为边缘部分，把中央像素灰度值设置为255；否则判为非边缘部分，灰度值设为0。如图8－10就是基于Sobel边缘检测算法对水稻种子边缘进行提取。

5. 区域填充

区域填充即对进行边缘检测之后的图像在其范围内填充颜色代码。其主要操作步骤如下：首先指定填充的连通性，其次选择图像需要填充的起点，最后对图像进行填充。图8－11就是经过区域填充后的水稻种子图像。

图8－10　边缘检测

图8－11　区域填充

8.2　水稻种子形态特征的提取

8.2.1　水稻种子形态特征计算依据

所谓形态特征,就是可以通过肉眼识别出来的自然特征,但不同水稻品种的形态特征相差不大,通过肉眼无法准确地识别,通过计算机图像处理软件可以计算出水稻种子的形态特征,最终通过对得到的数据进行分析来鉴别稻花香 2 号水稻。图像处理软件可测得有关水稻种子物理形态的自变量包括种子的重心 X、重心 Y、面积、周长、圆度、复杂度、深长度、球状性、长短轴比、变动系数。

1. 水稻种子面积 S 的计算

水稻种子的面积就是描述了水稻种子轮廓区域的大小,即图像中在水稻种子上像素点的个数,用 S 表示,面积 S 可以通过属于目标区域的像素个数进行统计。对图像上的单个种子区域 Q 来说,设正方形像素边长为 l,则种子面积 S 可以通过在该区域的所有像素点之和求得,公式为

$$S = \sum_{(x,y) \in Q} l \tag{8-4}$$

其中,Q 为水稻种子的轮廓区域。

2. 水稻种子周长 L 的计算

水稻种子周长的测量是根据水稻种子图像进行边缘检测后各个边缘像素之和求得的。链码是用于表示由顺次连接的具有指定长度与反向的直线段组成的边界线,轮廓周长包括 4 连通链码周长和 8 连通链码周长,由于 8 连通链码周长计算了对角线方向的像素长度,其计算结果更为接近于水稻种子的实际周长,所以此处选用了 8 连通链码周长来测量水稻种子的周长。设正方形像素边长为 l,将每个轮廓的奇数链码个数的 $\sqrt{2}$ 倍加上偶数链码个数就可以求出每一个水稻种子的周长,公式为

$$L = \sqrt{2}Nd + NX + NY \tag{8-5}$$

其中,Nd 为奇数链码个数,$NX + NY$ 为偶数链码个数,NX 为水平方向的像素数目,NY 为垂直方向的像素数目。

3. 水稻种子圆度 C 的计算

圆度是反映水稻种子形状的参数,是通过水稻种子的面积与周长来确定,用 C 来表示,圆度参数能很好地表现轮廓的形态特征,圆度参数可由水稻种子的周长和面积计算得到,形状参数为 1 的轮廓,其边界任意一点曲率相等。即这个特征对圆形目标取得最小值 1,越复杂的形状取值就越大。其计算公式为

$$C = \frac{L^2}{4\pi S} \tag{8-6}$$

4. 水稻种子长短轴比的计算

长短轴比也称为偏心率，是指水稻种子的长轴与短轴的比值，设长轴为 a，短轴为 b，长短轴的计算公式为

$$a=2\sqrt{\frac{\left(2M+\sqrt{4M^2-\frac{S^4}{\pi^2}}\right)}{S}} \tag{8-7}$$

$$b=2\sqrt{\frac{\left(2M-\sqrt{4M^2-\frac{S^4}{\pi^2}}\right)}{S}} \tag{8-8}$$

5. 水稻种子复杂度 e 的计算

水稻种子复杂度 e 的计算公式为

$$e=\frac{L^2}{S} \tag{8-9}$$

该式主要表达水稻种子区域面积的周长大小，e 值越大，表明单位面积的周长大，即区域离散，则为形状复杂的水稻种子；反之，则为形状简单的水稻种子。

6. 水稻种子深长度 E 的计算

水稻种子深长度 E 的计算公式为

$$E=\frac{\min(H,W)}{\max(H,W)} \tag{8-10}$$

其中式中 H 为每一个水稻种子图像区域的高度，W 为每一个水稻种子图像区域的宽度。水稻种子图像区域的紧凑可以通过 E 值的大小来表示，E 值越小，就说明水稻种子的形状呈细长，E 值越接近 1，就说明该水稻种子形状趋近于圆。

7. 水稻种子球状性 s 的计算

水稻种子球状性 s 计算公式为

$$s=\frac{r_1}{r_c} \tag{8-11}$$

r_1、r_c 分别为水稻种子的内切圆与外接圆的半径，若 $s=1$，则说明水稻种子图像区域为圆，同时图像位置的变化和尺寸的改变对水稻种子的球状性没有影响。

8. 水稻种子重心 X 和重心 Y 的计算

重心，也称为物体的形心，水稻种子的重心由二值化图像求出。在二值化图像中，水稻种子区域的像素点为黑色，其他区域为白色，就可以通过对全部黑色像素点扫描并计算出水稻种子面积 S 利用如下公式可以求出种子的重心：

$$X=\frac{1}{S}\sum_{(x,y)\in A}\sum x,\quad Y=\frac{1}{S}\sum_{(x,y)\in A}\sum y \tag{8-12}$$

式中，A 表示为二值化图像中水稻种子的区域。

9. 水稻种子变动系数 d 的计算

变动系数的计算公式为

$$d=\frac{1}{N}\left(\sum_{n=0}^{355}\frac{|V_n-V_{n-1}|}{V_{n-1}}\right) \tag{8-13}$$

V_n 是水稻种子的重心到轮廓线的长度，$n=0,5,10,\cdots,355$；通过对水稻种子的重心以5度的间隔均分，将其称为从水稻种子区域重心到轮廓线长度的变动系数。

8.2.2 水稻种子形态特征的测量

通过上文能够得出水稻种子形态特征的计算方法。由于水稻种子的颗粒较小，外界环境的变化容易使种子发生物理形变，所以为了保证提取特征的准确性，本实验将会采用在时间与环境因素相同的情况下对水稻种子特征进行提取，同时应该考虑水稻种子水平放置与竖直放置时重心X和重心Y的变化，所以采集的所有水稻图像都是将水稻统一水平放置采集的。用西安维视摄像头采集图片上传到Delphi编写的图像处理软件中，通过对图像进行降噪处理以及后台计算就能够获得对应水稻品种的物理形态特征。表8-2就是通过点击部分水稻种子图像所获得对应的形态特征数值。

表8-2 水稻种子变量测量结果(pixels)

品种	序号号	重心X	重心Y	面积	周长	圆度	复杂度	深长度	球状性	长短轴比	变动系数
稻花香	1	93	30	7 404	375	0.662	18.992	0.365	0.314	2.787	0.063
	2	80	35	6 820	327	0.801	15.672	0.378	0.345	2.678	0.058
	3	84	39	7 705	362	0.739	17.003	0.343	0.309	2.933	0.063
	4	71	34	6 819	320	0.837	15.011	0.43	0.375	2.359	0.051
稻花香2号	5	84	25	5 897	362	0.565	22.225	0.272	0.27	3.735	0.073
	6	80	37	6 507	339	0.712	17.666	0.362	0.291	2.838	0.063
	7	82	32	7 328	354	0.735	17.103	0.383	0.338	2.651	0.061
	8	73	28	5 628	305	0.76	16.523	0.358	0.341	2.814	0.059
	9	75	29	5 544	309	0.73	17.224	0.346	0.278	2.961	0.065
	10	80	27	5 302	354	0.532	23.634	0.267	0.222	3.957	0.083
垦鉴稻5号	1	62	29	4 785	259	0.896	14.019	0.492	0.426	2.073	0.046
	2	63	28	4 457	264	0.804	15.637	0.437	0.384	2.33	0.054
	3	56	30	4 239	238	0.94	13.363	0.515	0.448	1.967	0.044
	4	59	30	4 854	258	0.916	13.713	0.552	0.467	1.858	0.042
	5	57	30	3 921	244	0.828	15.184	0.478	0.375	2.186	0.05
	6	59	29	4 821	254	0.939	13.382	0.511	0.451	1.981	0.044
	7	57	30	4 450	253	0.874	14.384	0.482	0.43	2.109	0.046
	8	57	28	4 203	245	0.88	14.281	0.459	0.375	2.22	0.05
	9	57	32	4 654	257	0.885	14.192	0.472	0.387	2.142	0.048
	10	61	30	4 878	278	0.793	15.843	0.461	0.355	2.238	0.05

表 8-2(续)

品种	序号号	重心 X	重心 Y	面积	周长	圆度	复杂度	深长度	球状性	长短轴比	变动系数
垦粳 6 号	1	68	24	4 296	275	0.714	17.604	0.343	0.313	2.958	0.065
	2	68	26	4 549	288	0.689	18.233	0.368	0.293	2.833	0.063
	3	67	30	4 867	302	0.671	18.739	0.364	0.297	2.858	0.065
	4	63	26	4 787	277	0.784	16.029	0.428	0.349	2.39	0.056
	5	71	28	5 145	295	0.743	16.914	0.386	0.323	2.683	0.062
	6	71	26	5 324	296	0.764	16.457	0.376	0.306	2.72	0.059
	7	68	26	4 571	273	0.771	16.305	0.377	0.332	2.706	0.06
	8	62	27	4 280	282	0.676	18.58	0.347	0.281	3.016	0.066
	9	64	26	4 217	255	0.815	15.42	0.407	0.37	2.488	0.056
	10	68	28	4 853	287	0.74	16.973	0.37	0.304	2.781	0.063
龙优 420 号	1	74	22	5 263	331	0.604	20.817	0.316	0.234	3.335	0.072
	2	92	26	5 965	359	0.582	21.606	0.293	0.246	3.489	0.074
	3	70	24	4 922	305	0.665	18.9	0.318	0.27	3.204	0.07
	4	82	24	5 441	335	0.609	20.626	0.287	0.259	3.541	0.072
	5	75	23	4 996	315	0.633	19.861	0.308	0.259	3.316	0.071
	6	80	19	4 011	305	0.542	23.192	0.263	0.223	3.859	0.081
	7	84	26	5 342	344	0.567	22.152	0.308	0.228	3.36	0.072
	8	74	25	4 251	304	0.578	21.74	0.264	0.211	3.855	0.082
	9	75	26	4 832	302	0.666	18.875	0.334	0.249	3.126	0.069
	10	80	28	5 542	318	0.689	18.247	0.343	0.278	2.992	0.067

8.2.3　水稻种子形态特征的参数分析

将得出 400 粒水稻种子的重心 X、重心 Y、面积、周长、圆度、复杂度、深长度、球状性、长短轴比、变动系数 10 个特征值，通过计算得出水稻各项指标的平均值，其中稻花香 2 号水稻种子各指标的平均值依次为 80.2，31.6，6 495.4，340.7，0.71，18.11，0.35，0.31，2.97，0.06；垦鉴稻 5 号水稻种子各项指标的平均值依次为 58.8，29.6，4 526.2，255.0，0.88，14.40，0.49，0.41，2.11，0.05；垦粳 6 号水稻种子各项指标的平均值依次为 67.0，26.7，4 688.9，283.0，0.74，17.13，0.38，0.32，2.74，0.06；龙优 420 号水稻种子各项指标的平均值依次为 78.6，24.3，5 056.5，321.8，0.61，20.60，0.30，0.25，3.41，0.07。将测得原参数导入 Excel 表格中做出散点图，如图 8-12(b)和图 8-12(c)两图所示，稻花香 2 号水稻种子的重心 Y 和面积这 2 个形态特征的数值明显高于其他三种水稻，但仍然与其他水稻品种存在重叠现象；从图 8-12 的其他散点图可以看出选取任一指标进行对比，都会有其他三种水稻品种跟稻花香 2 号存在重叠这一现象，不能将稻花香 2 号水稻准确识别。因此通过单一指标对比无法将稻花香 2 号水稻准确鉴别。

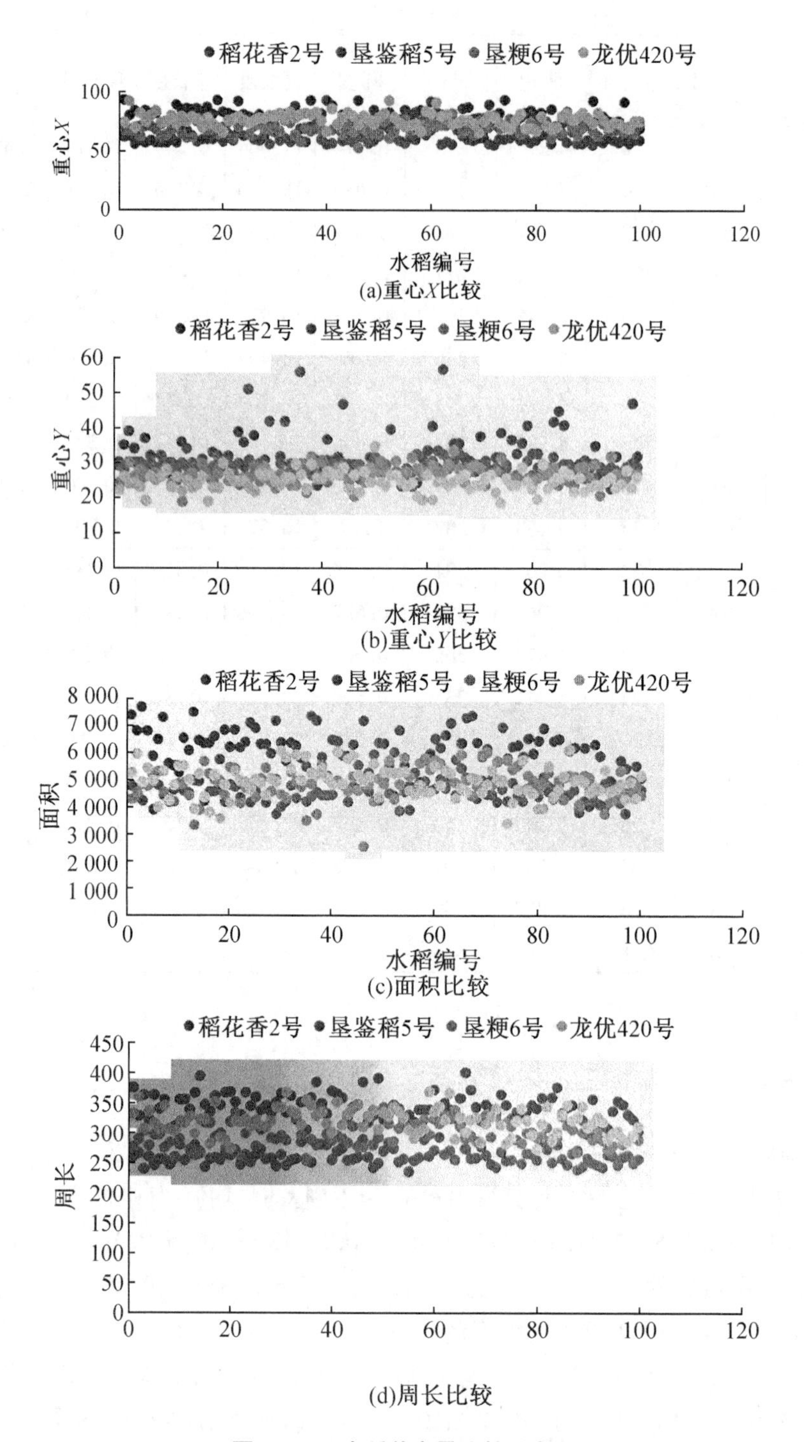

图8－12　水稻单变量比较散点图

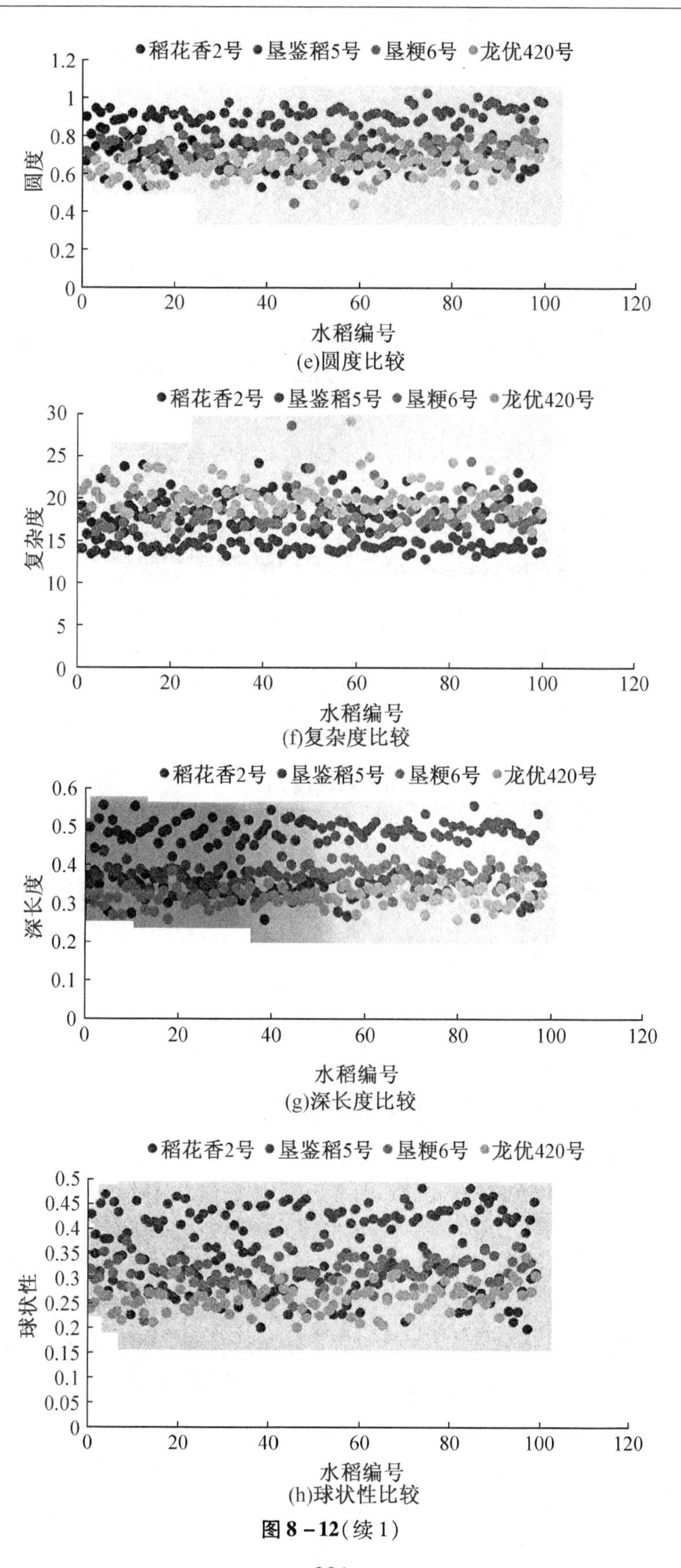

(e)圆度比较

(f)复杂度比较

(g)深长度比较

(h)球状性比较

图 8 - 12(续 1)

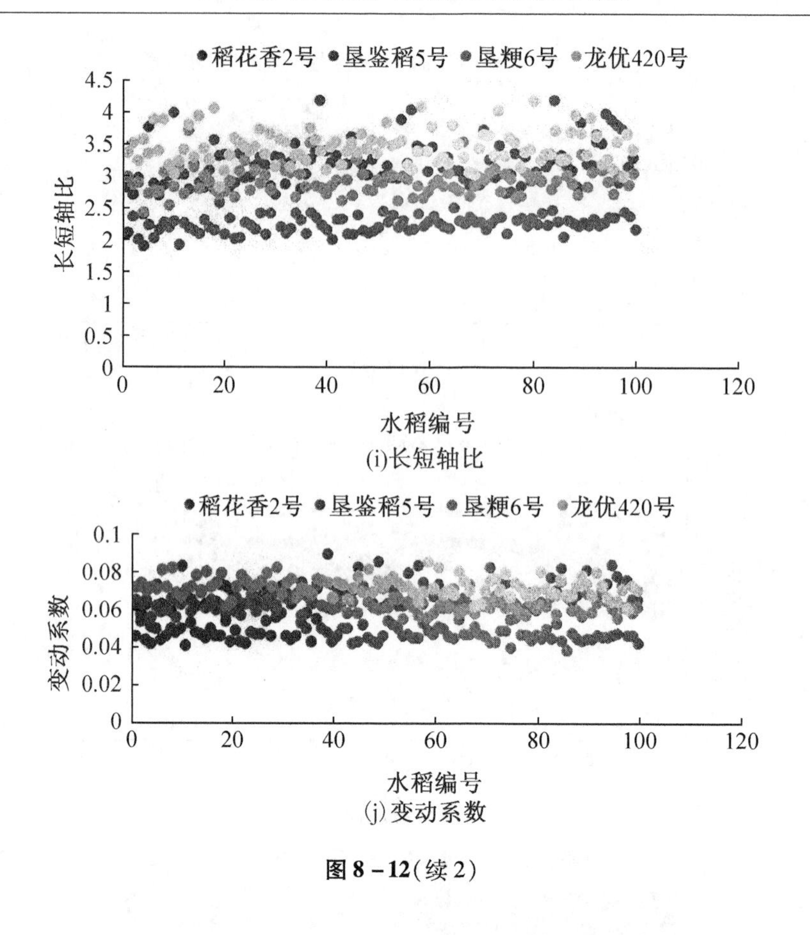

图 8－12(续 2)

8.3　基于主成分分析法的水稻种子分类方法研究

8.3.1　数据分析

进行主成分分析之前，应对原始数据进行检验，从而来测试原始数据是否适合做主成分分析，如果数据通过适应性分析，*KMO* 值应该大于 0.60，并且需通过显著性为 0.05 的 Bartlett 球形检验。如表 8－3 所示，原始数据的 *KMO* 值为 0.741，当 Bartlett 球形检验值小于 0.05 时，系统默认值为 0，所以说明所采集水稻种子的原始数据适合做主成分分析。但当 *KMO* 值小于 0.60 时，说明在自变量种类较多的时候没有选取足够的水稻种子样本来做主成分分析，严重影响实验结果的准确性；同时如果 Bartlett 球形检验值大于 0.05 时，说明检验的相关系数矩阵为单位阵，则该数据不适合做主成分分析。因此在原始数据做主成分分析时，应该保证水稻种子取样的数量，并且变量的相关系数矩阵不能为单位阵。

表 8-3　*KMO* 和 Bartlett 球形检验

检验指标	检验结果
KMO	0.741
近似卡方	28 462.95
df	55
Sig.	0.000

表 8-4 为主成分提取结果。此处运用主成分分析法的宗旨就是对测量与水稻种子物理形态有关的 10 个自变量进行归类,同时也会造成一部分的信息损失,表中最后一列表示经过归类后每个变量的方差贡献率。由表可知水稻种子重心 X 的提取度为 0.872,即说明提取的主成分对重心 X 这一自变量作出 87.2% 的贡献;同理,重心 Y 作出了 94.4% 的贡献;面积作出了 96.6% 的贡献;周长作出了 98.2% 的贡献;圆度作出了 93.8% 的贡献;复杂度做出 88.8% 的贡献;深长度作出了 94.1% 的贡献;球状性作出了 94.5% 的贡献;长短轴比作出了 95.4% 的贡献;变动系数作出了 97.3% 的贡献。除了水稻种子的重心 X 以及复杂度 2 个自变量的方差贡献率在 90% 以下,其他 8 个自变量的主成分对自变量的贡献率全部大于 90%。在主成分分析中,主成分对自变量贡献的最大损失应不高于 40%,此处贡献率最少的自变量为水稻种子的重心 X,其损失率为 12.8%,所以从表 8-4 可以看出,当水稻种子的自变量转化为主成分后,信息的损失率较低,分析效果较为明显。

表 8-4　主成分提取结果

指标	初始值	提取结果
重心 X	1.000	0.872
重心 Y	1.000	0.944
面积	1.000	0.966
周长	1.000	0.982
圆度	1.000	0.938
复杂度	1.000	0.888
深长度	1.000	0.941
球状性	1.000	0.945
长短轴比	1.000	0.954
变动系数	1.000	0.973

关于水稻种子物理形态的自变量有 10 类,降维的目的就是把多种类别的指标尽可能压缩到最少的类别并且不会造成大量的信息损失,如表 8-5 所示,按照特征值大于 1 的原则,从 10 个变量中提取了 3 个主成分,第一个主成分的贡献率为 52.381%,第二个主成分的贡献率为 19.849%,第三个主成分的贡献率为 19.657%,三个主成分的累计贡献率为 91.886%,前三个主成分的特征值依次为 5.762,2.183,2.162 且都大于 1。按照严格理论

要求，所有提取主成分的累积方差贡献率应该大于85%，即信息的损失率在15%以内，本章中提取的信息损失率为8.114%，说明所提取的三个主成分可以解释水稻种子物理形态的有关信息。但当提取的主成分的方差累计贡献率小于85%时，则说明没有提取足够多能表达水稻种子物理形态的有关信息，该数据就不能够作为主成分分析的理论依据。出现这类问题的主要原因具体有两种：第一种原因是在采集水稻种子时没有保证在同一环境因素下进行从而使水稻种子发生物理形变，最终使试验数据存在误差；第二种原因是解释水稻种子物理形态有关自变量的种类较多，在自变量种类较多的情况下没有保证水稻种子的取样数量，两种原因都会对提取的主成分的累计贡献率造成一定影响。所以在对水稻种子取样时，为了避免主成分累计贡献率小于85%的情况发生，应该保证在采集水稻种子时环境因素的一致性以及在做主成分分析时对水稻种子的取样达到一定的数量。

表8-5 解释的总方差

序号	初始特征值			提取平方和载入			旋转平方和载入		
	合计	方差%	累积%	合计	方差%	累积%	合计	方差%	累积%
1	5.791	52.646	52.646	5.791	52.646	52.64	5.762	52.381	52.381
2	2.909	26.445	79.091	2.909	26.445	79.091	2.183	19.849	72.230
3	1.407	12.795	91.886	1.407	12.795	91.886	2.162	19.657	91.886
4	0.484	4.398	96.284						
5	0.279	2.535	98.819						
6	0.057	0.516	99.335						
7	0.029	0.262	99.596						
8	0.018	0.160	99.756						
9	0.015	0.139	99.896						
10	0.007	0.104	100.00						

图8-13是对表8-5中解释总方差的一个注解。图中纵坐标为特征值，横坐标为成分的数量，特征值大于1的成分可以作为提取的主成分。图中特征值大于1的主成分有3个，所以针对水稻种子的10个变量提取出了3个主成分。同时前3个主成分的折线较为陡峭，说明前3个主成分对于原指标的贡献度较高，从第4个主成分开始以后的折线较为平滑，对原指标的贡献度下降，因此，选择提取了3个主成分。

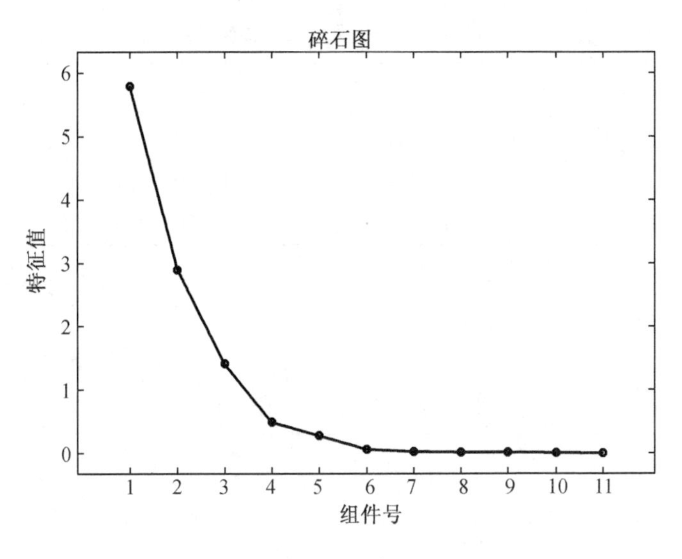

图 8－13　碎石图

如表 8－6 为成分矩阵，从表中的数值大小可以看出主成分对本章水稻种子物理形态有关的 10 个变量的影响，数值越大，就说明该主成分反映对应变量的信息越多。

表 8－6　成分矩阵

指标	组件		
	1	2	3
重心 X	－0.008	－0.774	0.523
重心 Y	0.069	0.961	－0.126
面积	0.460	0.684	0.535
周长	－0.115	0.758	0.628
圆度	0.950	－0.121	－0.144
复杂度	－0.923	0.123	0.144
深长度	0.969	－0.001	0.037
球状性	0.972	－0.008	0.015
长短轴比	－0.976	0.018	－0.035
变动系数	－0.985	0.049	－0.028

表 8－7 为成分得分的协方差矩阵，由该表可知该矩阵为单位矩阵，因此说明所提取的 3 个主成分是不相关的。

表 8-7 成分得分协方差矩阵

组件	1	2	3
1	1.000	0.000	0.000
2	0.000	1.000	0.000
3	0.000	0.000	1.000

得出成分得分系数矩阵,如表 8-8 所示。

表 8-8 成分得分系数矩阵

指标	组件		
	1	2	3
重心 X	-0.003	0.450	0.082
重心 Y	-0.007	-0.300	0.166
面积	0.041	0.094	0.442
周长	-0.064	0.123	0.498
圆度	0.172	-0.043	-0.087
复杂度	-0.168	0.043	0.088
深长度	0.165	0.016	0.034
球状性	0.167	0.007	0.021
长短轴比	-0.167	-0.020	-0.029
变动系数	-0.169	-0.024	-0.018

水稻种子的 10 个变量依次可以表示为 $A_1, A_2, \cdots, A_{10}$。由此根据成分得分系数矩阵可得各个主成分的得分:

第一主成分得分 $= -0.003 \times A_1 - 0.007 \times A_2 + 0.041 \times A_3 - 0.064 \times A_4 + 0.172 \times A_5 - 0.168 \times A_6 + 0.165 \times A_7 + 0.167 \times A_8 - 0.167 \times A_9 - 0.169 \times A_{10}$

第二主成分得分 $= 0.450 \times A_1 - 0.300 \times A_2 + 0.094 \times A_3 + 0.123 \times A_4 - 0.043 \times A_5 + 0.043 \times A_6 + 0.016 \times A_7 + 0.007 \times A_8 - 0.020 \times A_9 - 0.024 \times A_{10}$

第三主成分得分 $= 0.082 \times A_1 + 0.166 \times A_2 + 0.442 \times A_3 + 0.498 \times A_4 - 0.087 \times A_5 + 0.088 \times A_6 + 0.034 \times A_7 + 0.021 \times A_8 - 0.029 \times A_9 - 0.018 \times A_{10}$

4 种水稻种子的 10 个自变量通过降维的方式得到 3 个主成分,3 个主成分的累计方差贡献率达到了 91.886%,说明通过 3 个主成分可以很客观地反映出 4 种水稻种子在形态上的差异。如图 8-14 所示,可以看出稻花香 2 号的大部分种子主要集中于 PC-1 的 0 到 +2 400,PC-2 的 0 到 -800,PC-3 的 -20 到 +30,且大部分稻花香 2 号水稻比较集中于三维图的右下方的位置。但其他水稻品种在 PCA 图中与稻花香 2 号存在重叠现象。因此通过主成分分析没有能够完全区分开稻花香 2 号与其他三种水稻种子的区别。

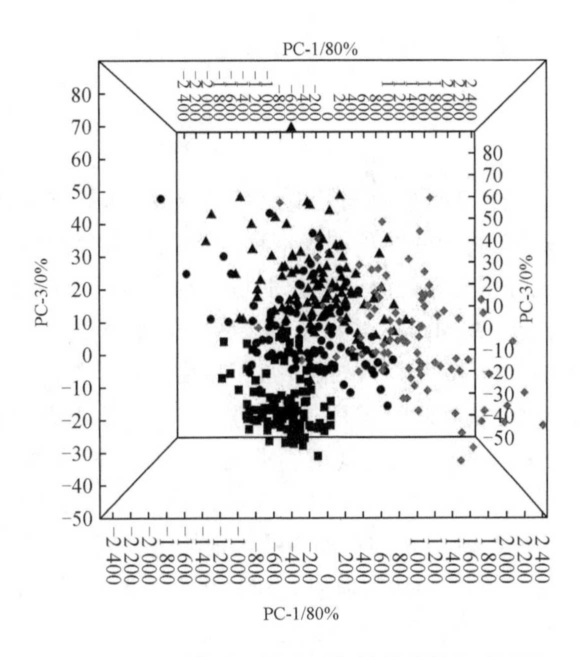

图 8－14 稻花香 2 号水稻与其他水稻的对比图

8.3.2 余弦相似度对稻花香 2 号水稻的鉴别

余弦相似度,又为余弦相似性,其评判标准是计算 2 个向量夹角的余弦值,2 个向量的夹角越小,余弦值就会趋近于 1,它们的方向就会越趋近于重合,即越相似。本节利用余弦相似度计算稻花香 2 号水稻品种识别的正确率,如图 8－15 所示,a 向量为(x_1,y_1),b 向量为(x_2,y_2),那么 a,b 向量夹角的余弦值为

$$\cos\theta=\frac{a\cdot b}{\|a\|\times\|b\|}=\frac{x_1x_2+y_1y_2}{\sqrt{x_1^2+y_1^2}\times\sqrt{x_2^2+y_2^2}} \tag{8-14}$$

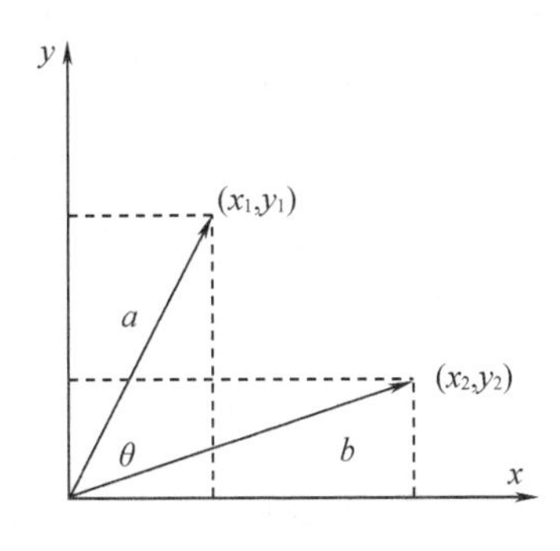

图 8－15 向量余弦值

如果向量 a,b 不是二维而是多维,那么 a,b 的夹角余弦值为

$$\cos\theta = \frac{\sum_{i=1}^{n}(x_i \times y_i)}{\sqrt{\sum_{i=1}^{n}(x_i)^2} \times \sqrt{\sum_{i=1}^{n}(y_i)^2}} \tag{8-15}$$

为了更精确地了解稻花香 2 号水稻与其他水稻的差异,本节依据余弦相似度理论计算稻花香 2 号水稻识别正确率,将 100 粒稻花香水稻的主成分得分取样 75 个作为样本集,其余 325 个水稻种子的主成分得分作为测试集分别与样本集进行余弦相似度计算,由于水稻种子形态本身存在差异,所以在 Matlab 输出设置余弦相似度结果大于 0.6 即为稻花香 2 号水稻,如表 8－9 所示为抽取样本集与测试集余弦相似度的计算结果。从表 8－9 中可以看出,垦鉴稻 5 号、垦粳 6 号、龙优 420 号与稻花香 2 号水稻余弦相似度的计算结果普遍小于 0.60,其识别准确率高达 99.5%,即认定其识别准确率为 100%,所以只需对比稻花香 2 号水稻的测试集与样本集的余弦相似度就能得出对稻花香 2 号水稻识别的准确率。表 8－9 中第一列序号 4、序号 7、序号 20 三个稻花香 2 号水稻的测试集与样本集中的稻花香 2 号水稻的余弦相似度小于 0.6,其余弦相似度数值分别为 0.562,0.476,0.571,在 25 粒稻花香水稻种子的测试集中,有 3 粒测试种子没有达到输出要求。所以利用余弦相似度方法对稻花香 2 号水稻种子的识别准确率达到 88%。

表 8－9　余弦相似度计算结果

序号	稻花香 2 号	垦鉴稻 5 号	垦粳 6 号	龙优 420 号
1	0.829	0.531	0.362	0.247
2	0.862	0.432	0.235	0.463
3	0.679	0.124	0.693	0.354
4	0.562	0.269	0.357	0.659
5	0.972	0.254	0.008	0.176
6	0.863	0.249	0.359	0.234
7	0.476	0.259	0.164	0.135
8	0.864	0.122	0.121	0.111
9	0.723	0.118	0.452	0.368
10	0.628	0.269	0.357	0.369
11	0.865	0.259	0.687	0.264
12	0.754	0.354	0.232	0.125
13	0.888	0.124	0.259	0.357
14	0.673	0.261	0.294	0.321
15	0.657	0.159	0.125	0.367
16	0.622	0.652	0.358	0.168
17	0.654	0.359	0.259	0.584
18	0.721	0.002	0.652	0.687

表 8－9(续)

序号	稻花香 2 号	垦鉴稻 5 号	垦粳 6 号	龙优 420 号
19	0.689	0.354	0.365	0.654
20	0.571	0.025	0.741	0.552
21	0.693	0.069	0.748	0.475
22	0.697	0.358	0.072	0.047
23	0.697	0.156	0.256	0.239
24	0.763	0.247	0.246	0.016
25	0.885	0.658	0.569	0.258

8.4　基于水稻种子图像识别软件的应用

8.4.1　水稻种子图像处理软件网页开发相关技术

为了使图像处理软件的应用更加普及，本节主要介绍水稻种子图像处理软件网页版本的开发与应用。水稻种子图像处理软件网页版的开发前端是用 PHP + MySQL 进行开发，前端用 PHP 收集上传的图片信息，传递给 Delphi 编写的后台服务器，后台服务器使用 Apache 服务器，Delphi 后台服务器计算完成后回传到 PHP 编写的前端界面进行展示。该网页可以实现用户提取图片，经过后台解析运算，再通过前台将后台所测得的水稻种子变量反馈给用户，这样可以让用户在足不出户的情况下就可以获取有关水稻种子物理形态的 10 个变量。访问网页“http://kaixuanfilm.com/demo/”。

1. PHP

PHP 可以依据不同的网络状态输出不同的网页界面，是一种具有强大功能的网页程序语言，用 PHP 开发网页具有以下优势：

(1) PHP 可以在 LINUX 和 WINDOWS 两种环境下运行，能够使开发的程序较为容易地穿越以上两个平台来运行，不需修改等操作，方便快捷。

(2) PHP 的运行环境在软硬件上所需成本低廉，但开发出的程序却很强大。

(3) PHP 能为网页访问者提供本地服务，即当用户访问网页时，网页会根据用户对浏览器的先前设置自动以用户母语的界面展现给用户，避免用户依靠翻译软件来实现这一复杂操作。

(4) PHP 是一门比较容易学习的语言，其语法规则又十分简洁，所以编辑操作较为简单，具有非常强的实用性。

(5) PHP 的运行对系统消耗较低，运行速度快，效率很高。

(6) PHP 与其他语言相比，更新速度较快，能够及时修补漏洞。

(7) 在网页开发中 PHP 相对于其他语言应用范围更加广泛，国内很多知名网站的开发都会用 PHP 语言。

(8)即时创建简单 FLASH 动画、PDF 文档。

PHP 语言还有另外一点就是它的可扩展性,PHP 的功能会随着版本的更新更加强大,因为它是开源项目软件,用户如果了解 PHP 程序,完全可以对其功能按照用户自身想法进行进一步的扩展。基于 PHP 以上特点,此处选择 PHP 语言对水稻种子图像处理软件网页版进行开发。

2. MySQL

MySQL 是一个方便操作的数据库管理系统,由瑞典科技公司开发,在 Web 开发与应用方面 MySQL 是最好的应用软件之一。MySQL 用的 SQL 语言是在访问数据库时经常用到的标准化语言。由于其社区版本拥有强大性能,和 PHP、Linux 以及 Apache 可以构建成优秀的开发环境,在 Web 技术经过多年的发展与进化之后,被称为解决 Web 服务器问题的最佳方案之一,称之为 LAMP。MySQL 语言开发网页的优势如下:

(1)MySQL 可以为 PHP、C + + 、Java 等多种汇编语言提供 API,访问与使用方便。

(2)MySQL 是一个拥有优质性能并且使用相对容易的数据库,操作不繁琐。

(3)MySQL 是一个多用户、多线程的服务器。

(4)可以支持大量数据的存储与查询,MySQL 可以接受足够数量的并发访问。

(5)大多数用户使用 MySQL 数据库都是免费的。

基于 MySQL 数据库上述特点,选择用 MySQL 作为水稻种子图像处理网页版的数据库。

3. Apache 服务器

Apache 全称为 Apache HTTP Server,是世界上使用率最高的 Web 服务器软件,该服务器有跨平台与安全性能高两大优势,也使之成为了世界上最流行的 Web 服务器。Apache 拥有简单、速度快、稳定性好等特质,是世界上使用率最高的服务器,原因主要有两个:一是它的开发团队开放,即它的源代码开放;二是它可以运行在几乎所有的 UNIX、Linux、Windows 一系列的系统平台上,所以本章选择了用 Apache 作为 Web 服务器。服务器端有建立连接、对数据库进行操作、统计在线人数三个主要功能。Apache 服务器的主要特点如下:

(1)支持最新 IP 的通信协议。

(2)拥有简单而强有力的基于文件的配置过程。

(3)支持多种方式的 HTTP 认证。

(4)集成 Perl 处理模块。

(5)拥有简单而强有力的基于文件的配置过程。

运用 PHP 语言编写开发网页十分便利快捷,它具有运行速度快、更新速度快、运用广泛、容易学习等主要特点;MySQL 数据库具有优秀的可移植性以及可以给用户带来良好的索引体验;Apache 服务器端具有简单与良好的稳定性。基于 PHP + MySQL + Apache 的上述特点对本章水稻种子图像处理软件进行网页版的开发。

8.4.2 图像处理软件网页版的开发

1. 图像处理软件图片上传功能的实现

为了获取水稻种子物理形态的变量,应把采集的水稻种子图片上传到 Delphi 编写的图像处理软件中。上传图片使用 Image 控件和 Open Picture Dialog 控件完成,图 8 - 16 所示为图像处理软件上传图片界面。

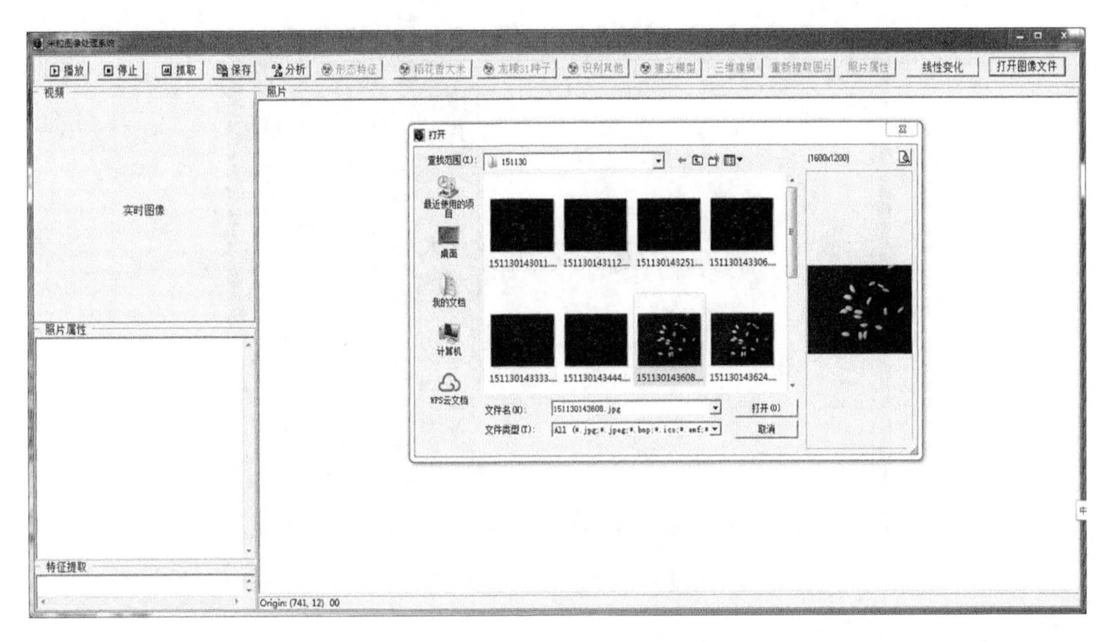

图 8 - 16　图片的上传

2. 图像处理软件图像预处理功能的实现

Delphi 提供了许多图形图像方面的类,这些类有 TPicture、TBitmap、TGraphic、TIcon、TJPEGImage 和 TCanvas。其中,TCanvas 类用于绘图,TPicture、TBitmap、TIcon 和 TJPEGImage 是专门用来处理图片的类,在图像处理软件中应用到这些类专门对图片进行了反色、二值化、差值抠图等图像处理。提取图片后进行反色处理,对该图片进行彩色图像的 R、G、B 各彩色分量取反,得到反色的结果后,对处理后的图像进行二值化处理,即进行色阶调整,Delphi 软件会自动确定一个通道范围进行调整,最后,对提取到的图像进行差值抠像,将图片中的黑色全部取出,但是保留轮廓。图像预处理过程如图 8 - 17 所示。

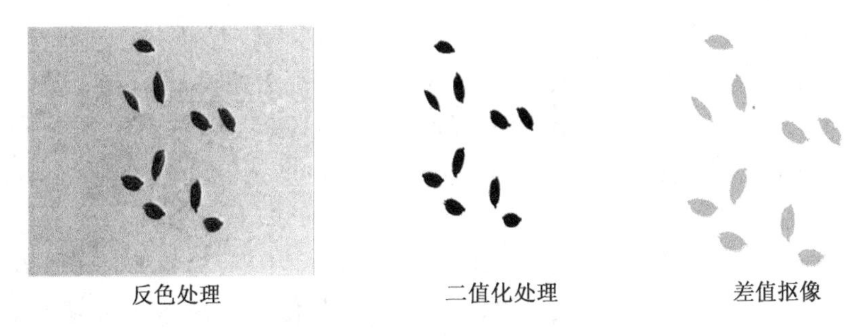

图 8 - 17　图像预处理过程

3. 图像处理软件特征提取功能的实现

图 8 - 18 为特征提取软件界面。用户在该界面中点击任意一粒水稻种子就会出现有关

水稻种子物理形态10个变量。该界面由Delphi中工程文件、单元文件、窗体文件共同搭载而出。水稻种子变量的计算在上面已经列出，不再重复叙述。

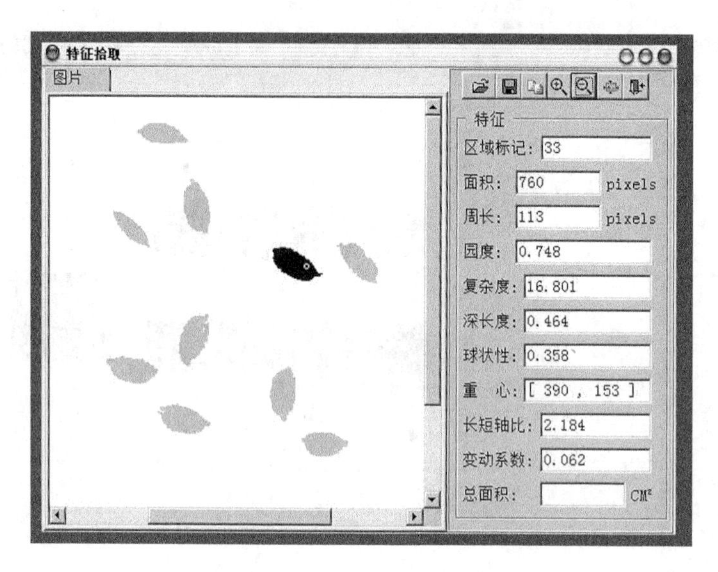

图8－18　特征提取软件界面

4. 图像处理软件网页版的开发与实现

（1）配置解析数据所使用的公网服务器，相关配置如下。

服务商：新网

配置信息：1核2 GB

磁盘类型：SSD固态

系统盘：60 GB

主机类别：通用型

带宽信息：2Mb/s

线路：BGP

镜像信息：windows2008 64位 数据中心 中文版（iis_7 . net_2.0）

内网IP：10.0.10.8

公网IP：123.58.5.228

（2）卸载系统自带IIS服务端，安装VC9、VC11、VC14服务运行库，自行配置服务器运行端（PHP＋MySQL＋Apache），并安装服务端管理软件phpstudy。如图8－19所示。

（3）在phpstudy中绑定域名http://kaixuanfilm.com/demo/，绑定后即可正常访问，如图8－20所示。

（4）编写用户可视化网页，首先建立首页index.html，用DIV标签编写介绍语，网页标题标准13号字，下面的提示语默认字号，并将下一部按钮，使用A标签连接到上传图片的页面。Index.html实现效果如图8－21所示。

图 8－19　Phpstudy 软件截图

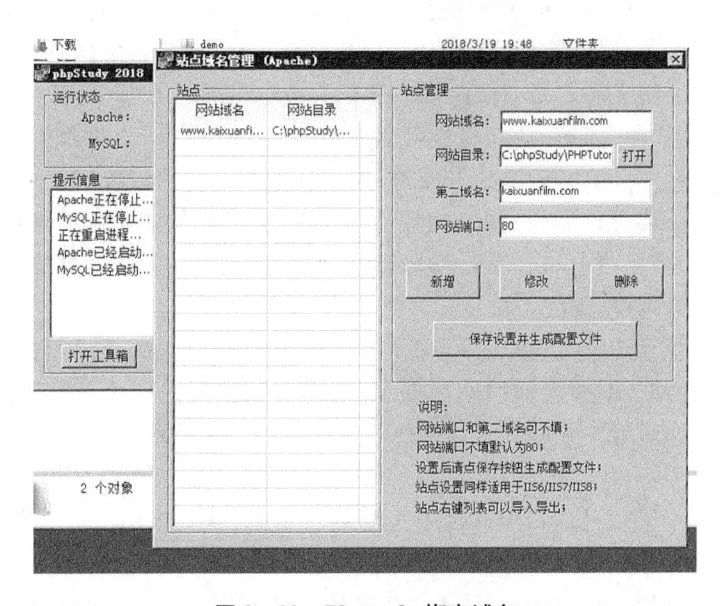

图 8－20　Phpstudy 绑定域名

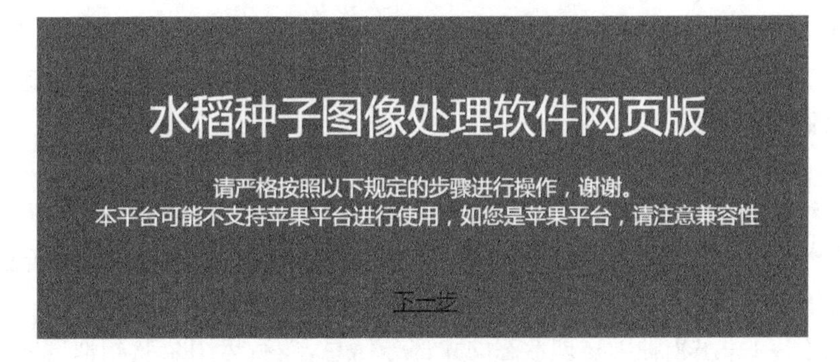

图 8－21　可视化网页

(5)点击下一步后，进入上传页面 upload. html，建立一个以 post 方式提交的 form 表单，表单提交指向到页面 upload_file. php 处理程序，并指定表单提交中将含有数据文件 multipart/form - data，放置一个文件上传模块和一个上传按钮，并使用 5 号字体标明上传的注意事项，最终 upload. html 显示效果如图 8 - 22 所示。

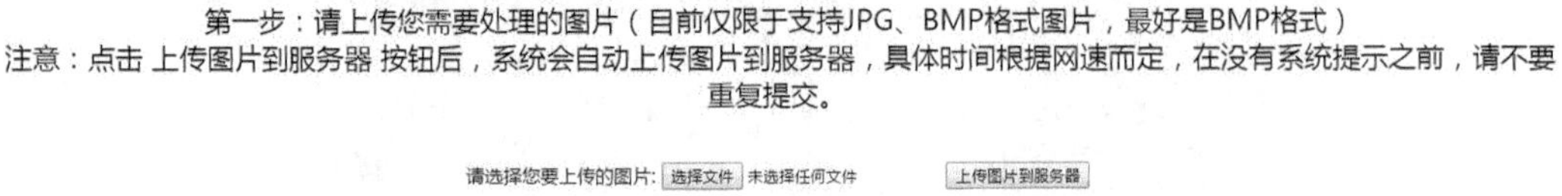

第一步：请上传您需要处理的图片（目前仅限于支持JPG、BMP格式图片，最好是BMP格式）
注意：点击 上传图片到服务器 按钮后，系统会自动上传图片到服务器，具体时间根据网速而定，在没有系统提示之前，请不要重复提交。

请选择您要上传的图片: 选择文件 未选择任何文件　　上传图片到服务器

图 8 - 22　图片上传界面

(6)用户选择图片后，点击上传图片到服务器时，本地浏览器会先行校验这个文件是否合法存在，然后通过数据流的方式提交到处理程序 upload_file. php，提交后，用户的本地浏览器会把图片上传到服务器的临时目录里，临时目录由服务器系统自动指定，人工无法干预。服务器端的 upload_file. php 接收到图片文件后，会先根据图片的文件名去服务器确认文件是否存在，如果存在，会向用户反馈该文件已经存在，如果不存在，系统自动判定该文件为新文件，确定是新文件之后，程序控制将文件移动到指定的目录，移动后，为了方便用户寻找，使用 PHP 中的 rename 语句将文件名变成当前时间的 Unix 时间戳（Unix 时间戳是指从 1970 年 1 月 1 日（UTC/GMT 的午夜）开始到现在所经过的秒数，不考虑闰秒）。

(7)确定文件上传无误后，将图片文件当前所在的路径通过传参数的方式传到服务器程序文件 re. php。服务器中的 re. php 接收到文件名之后，将文件路径直接放到提前写好的备注文案中，展示给用户。

(8)用户进入远程桌面后，该程序界面由两个按钮和两个 groupbox 组成，用户点击浏览按钮，打开文件对话框，根据之前的网页提示，用户按照路径找到之前上传的图片并打开，如图 8 - 23 所示，这样用户就可以通过登录网络界面的方式获取水稻种子物理形态的有关信息。

本章对水稻种子类别是否为稻花香 2 号进行了鉴别，从对水稻种子图像的采集，到利用开发的图像处理软件对水稻种子图像的预处理以及对水稻种子相关变量的测量，再到应用主成分分析和余弦相似度的方法对稻花香 2 号的有效鉴别，最后实现图像处理软件网页版的开发与应用。主要结论如下。

(1)水稻种子样本图像的采集，对采集到的水稻种子的图像进行预处理，其中包括图像 RGB 彩色图像灰度化、灰度化图像线性变换、二值化降噪处理、边缘检测以及区域填充 5 个图像预处理的重要步骤。

(2)水稻种子图像处理软件的编写与水稻种类的鉴别。运用 Delphi 语言编写了水稻种子图像处理软件，该软件能够实现对水稻种子的重心 X、重心 Y、面积、周长、圆度、复杂度、深长度、球状性、长短轴比以及变动系数 10 个自变量的测量。运用主成分分析法 10 个自变量降维处理得到 3 个主成分，并且 3 个主成分的方差累计贡献率为 91. 866%，说明这 3 个主成分可以代表有关水稻种子物理形态的大部分信息，然后运用余弦相似度对所获得 3 个主成分得分进行计算，得出稻花香 2 号水稻鉴别的正确率为 88%。

(3)运用 PHP + MySQL + Apache 开发了网页版的水稻种子图像处理软件。该网页可以实现用户提取图片，经过后台解析运算，再将所测得的水稻种子变量反馈给用户，这样可以让用户通过网址的登录就可以获取有关水稻种子物理形态的 10 个变量。

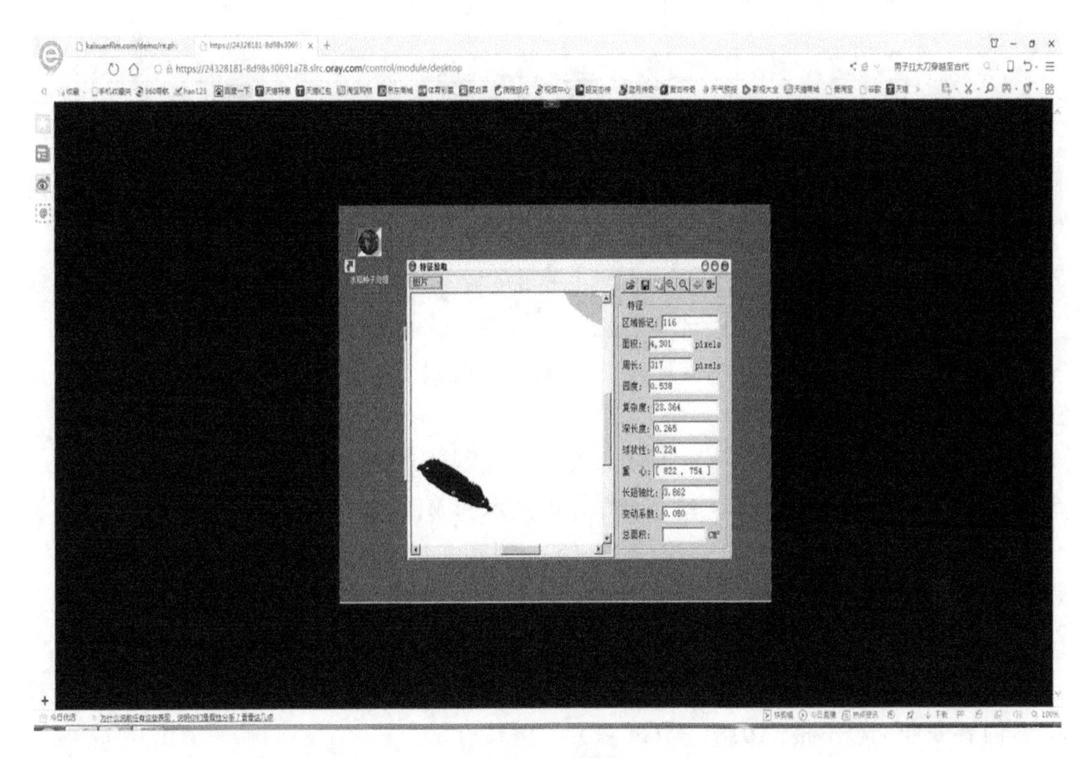

图 8－23　远程界面

参考文献

[1] 石建飞,汪东欣,田芳明,等.基于MSP430F169的蔬菜大棚多点无线温湿度检测系统设计[J].湖北农业科学,2013,52(6):1 435-1 438.

[2] 陈大鹏,毛罕平,左志宇.基于Android手机的温室环境远程监控系统设计[J].江苏农业科学,2013,41(9):375-379.

[3] 魏明锐.大棚温室作物种植环境自动调控系统设计[J].南方农业,2016,10(30):99-101.

[4] 陈丽,詹业宏,熊建文.生物电研究简史[J].工科物理,1998,8(4):45 -47.

[5] 赵东杰, 黄岚, 刘安, 等. 基于光学标测技术和MEA技术的植物电研究概述[J].大赫兹科学与电子信息学报, 2013, 11(5): 812-821.

[6] 秦勤, 郑刚, 孟妍, 等. 用于去除心电信号工频干扰的多阶自适应滤波器阶数确定策略研究[J].天津理工大学学报, 2014,30(6):39-44+60.

[7] 王子洋, 范利锋,王永千,等. 基于信号特征分析的植物体表电信号记录模式选择[J].农业工程学报, 2018, 34(5):137-143.

[8] 李彦冬. 基于卷积神经网络的计算机视觉关键技术研究[D].成都:电子科技大学,2017.

[9] 魏东,龚庆武,来文青,等.基于卷积神经网络的输电线路区内外故障判断及故障选相方法研究[J].中国电机工程学报,2016,36(S1):21-28.

[10] 王秀席,王茂宁,张建伟,等.基于改进的卷积神经网络LeNet-5的车型识别方法[J].计算机应用研究,2018,35(7):2 215-2 218.

[11] FRANCESCO C, BARTJAN H, SARAH J. VAN R, et al. Automatic classification of pulmonary peri-fissural nodules in computed tomography using an ensemble of 2D views and a convolutional neural network out-of-the-box[J]. Medical Image Analysis, 2015,26(1):195-202.

[12] KAWAHARA J, BROWN C J, MILLER S P, et al. BrainNetCNN: Convolutional neural networks for brain networks; towards predicting neurodevelopment. [J]. NeuroImage, 2017:146.

[13] 秦世宏. 农业预警与农业宏观调控分析[J]. 农业与技术, 2015, 35(11): 19+23.

[14] 于洪春,张俊华. 黑龙江省水稻病虫害及其防治[M]. 北京:中国农业科学技术出版社, 2010.

[15] KIM Y, ROH J H, KIM H. Early Forecasting of Rice Blast Disease Using Long Short-Term Memory Recurrent Neural Networks[J]. Sustainability, 2017, 10(1): 34.

[16] 黄文江, 张竞成, 师越, 等. 作物病虫害遥感监测与预测研究进展[J]. 南京信息工

程大学学报(自然科学版), 2018, 10(01): 30 -43.

[17] 王坚, 史朝辉, 郭新鹏, 等. Zadeh 模糊推理算法的直觉化扩展[J]. 航空计算技术, 2016, 46(6): 21 -23.

[18] 李宁,潘晓,徐英淇. 互联网 + 农业[M]. 北京:机械工业出版社,2015.

[19] 李婵,王俊杰,邬国锋,等. 基于叶片光谱特征的农业区域植物分类[J]. 深圳大学学报(理工版),2018,35(03):307 -315.

[20] 周飞燕,金林鹏,董军. 卷积神经网络研究综述[J]. 计算机学报,2017,40(06):1 229 -1 251.

[21] 张芸德,刘蓉,刘明,等. 基于深度卷积特征的玉米生长期识别[J]. 电子测量技术, 2018,41(16):79 -84.

[22] 周云成,许童羽,郑伟,等. 基于深度卷积神经网络的番茄主要器官分类识别方法[J]. 农业工程学报,2017,33(15):219 -226.

[23] 周曼,刘志勇,陈梦迟,等. 基于 AlexNet 的迁移学习在流程工业图像识别中的应用[J]. 工业控制计算机,2018,31(11):80 -82.

[24] 尹朝静. 气候变化对中国水稻生产的影响研究 [D]. 武汉:华中农业大学, 2017.

[25] 沈颖, 王华弟, 李仲惺, 等. 水稻白叶枯病再流行原因分析与防控对策研究 [J]. 中国农学通报, 2016, 32(24): 180 -185.

[26] 杨昕薇, 谭峰. 基于贝叶斯分类器的水稻病害识别处理的研究 [J]. 黑龙江八一农垦大学学报, 2012, 24(3): 64 -67.

[27] 马超, 袁涛, 姚鑫锋, 等. 基于 HOG + SVM 的田间水稻病害图像识别方法研究[J]. 上海农业学报, 2019, 35(05): 131.

[28] 赵洁. 基于图像处理的水培黄瓜叶片病斑识别系统设计 [D]. 西安:陕西科技大学, 2019.

[29] 李敬. 基于卷积神经网络的烟草病害自动识别研究 [D]. 泰安:山东农业大学, 2016.

[30] 郭小清, 范涛杰, 舒欣. 基于改进 Multi - Scale AlexNet 的番茄叶部病害图像识别[J]. 农业工程学报, 2019, 35(13): 162.

[31] 褚小立. 化学计量学方法与分子光谱分析技术[M]. 北京:化学工业出版社,2011.

[32] 张金艳,王亚飞. 有机化学[M]. 北京:中国农业出版社,2016.

[33] 张筱蕾,刘飞,聂鹏程,等. 高光谱成像技术在油菜叶片氮含量及分布快速检测[J]. 光谱学与光谱分析,2014,34(9):2 513 -2 518.

[34] 李水芳,单杨,尹永,等. 基于连续投影算法的油菜蜜近红外光谱真伪鉴别的研究[J]. 食品工业科技,2012,33(4):89 -91.

[35] 李栓明,郭银巧,王克如,等. 小麦籽粒蛋白质光谱特征变量筛选方法研究[J]. 中国农业科学,2015,48(12):2 317 -2 326.